新编21世纪高等职业教育精品教材
电子与信息类



山东省在线精品课程配套教材

# 数据库技术及应用（MySQL）

主　编◎吴婷婷　杜元胜
副主编◎夏道春　王　盼　武　磊　齐　慧

中国人民大学出版社
·北京·

**图书在版编目（CIP）数据**

数据库技术及应用：MySQL / 吴婷婷，杜元胜主编. 北京：中国人民大学出版社，2025. 6. --（新编21世纪高等职业教育精品教材）. --ISBN 978-7-300-33608-4

Ⅰ. TP311. 132. 3

中国国家版本馆 CIP 数据核字第 2025B8771P 号

新编21世纪高等职业教育精品教材·电子与信息类

**数据库技术及应用（MySQL）**

主　编　吴婷婷　杜元胜

副主编　夏道春　王　盼　武　磊　齐　慧

Shujuku Jishu ji Yingyong（MySQL）

| | | | |
|---|---|---|---|
| **出版发行** | 中国人民大学出版社 | | |
| **社　　址** | 北京中关村大街31号 | **邮政编码** | 100080 |
| **电　　话** | 010－62511242（总编室） | | 010－62511770（质管部） |
| | 010－82501766（邮购部） | | 010－62514148（门市部） |
| | 010－62511173（发行公司） | | 010－62515275（盗版举报） |
| **网　　址** | http://www. crup. com. cn | | |
| **经　　销** | 新华书店 | | |
| **印　　刷** | 涿州市星河印刷有限公司 | | |
| **开　　本** | 787 mm×1092 mm　1/16 | **版　　次** | 2025年6月第1版 |
| **印　　张** | 19 插页 1 | **印　　次** | 2025年6月第1次印刷 |
| **字　　数** | 423 000 | **定　　价** | 52. 00元 |

# 前　言 PREFACE

在数字化时代，信息是企业最宝贵的资产之一，而数据库作为存储、管理和检索这些信息的核心系统，其重要性不言而喻。无论是大型企业还是初创公司，构建一个高效、安全、可扩展的数据库系统都是支撑业务发展的关键。特别是在人力资源管理领域，企业员工信息管理系统的建设直接关系到企业的运营效率与决策质量。MySQL 作为最流行的开源关系数据库之一，以其性能卓越、易于使用、灵活性强等特点，在各行各业中得到了广泛应用。

《数据库技术及应用（MySQL）》正是基于这样的背景编写的，旨在通过一系列实战任务，引导读者从零开始，逐步掌握 MySQL 数据库在企业员工信息管理中的应用，进而拓展到更广泛的数据库管理与优化领域。本书不仅覆盖了 MySQL 数据库的基础知识与操作技巧，还融入了达梦数据库等国产数据库的使用，以及电商平台数据库设计与优化的高级内容，力求为读者提供一条全面、系统、实用的数据库学习路径。

本书内容概览：

单元 1 为规划与创建企业员工信息管理数据库和数据表。本单元将带领读者从需求分析出发，规划数据库结构，设计合理的数据表，并通过 SQL 语句实现数据库的创建与数据表的定义，为后续的数据操作打下坚实基础。

单元 2 为增删改查企业员工信息管理数据库记录。在掌握了数据库与数据表的基本操作后，本单元将深入讲解如何通过 SQL 语句实现数据的增、删、改、查操作，让读者能够灵活处理企业员工信息，满足其日常管理需求。

单元 3 为优化企业员工信息管理数据库。随着数据量的不断增长，数据库的性能优化与扩展成为重要课题。本单元将介绍查询、索引、事务处理、并发控制等高级技术，帮助读者提升数据库的性能与稳定性。

单元 4 为保障企业员工信息管理数据库安全。数据安全是企业不可忽视的问题，本单元将讲解数据库的安全策略，包括用户权限管理、数据加密、备份与还原等，确保企业员工信息的安全无虞。

单元 5 为在 Navicat for MySQL 中操作企业员工信息管理数据库。Navicat 作为一款流行的数据库管理工具，极大地简化了数据库的操作与管理。本单元将介绍如何在 Navicat 中完成数据库的连接、管理、备份与还原等操作，提升工作效率。

单元 6 为使用达梦数据库存储员工信息。作为国产数据库中的佼佼者，达梦数据库近年来得到了广泛关注。本单元将引导读者了解达梦数据库的基本操作，体验国产数据库的魅力，并探讨如何将企业员工信息迁移到达梦数据库中。

单元 7 为综合实例：电商平台数据库设计与优化。本单元将通过一个电商平台数据库的设计与优化实例，将前面所学的知识与技能融会贯通，让读者在实践中进一步提升数据库设计与优化的能力。

本书由山东字科数智科技有限公司资深技术专家与院校骨干教师联合编写，注重理论与实践的紧密结合，确保内容的实用性和前瞻性。

《数据库技术及应用（MySQL）》不仅是一本关于 MySQL 数据库的教程，更是一本引导读者从理论走向实践、从基础迈向高级的数据库学习指南。我们希望通过本书，帮助更多的读者掌握数据库的核心技术，提升解决实际问题的能力，为未来的职业生涯奠定坚实的基础。

# 目 录 CONTENTS

单元1

# 规划与创建企业员工信息管理数据库和数据表

- 任务1　构建企业员工信息管理数据模型
- 任务2　创建和修改企业员工信息管理数据库
- 任务3　创建和修改企业员工信息管理数据表

## 知识目标

- 掌握数据库基本概念和原理。
- 理解数据库设计与建模的基本方法和步骤。
- 掌握 MySQL 服务器的安装与配置方法。

## 技能目标

- 能够创建和查看数据库，以及切换、修改和删除数据库。
- 能够根据需求创建和修改企业员工信息管理数据表。
- 能够使用适当的数据类型创建数据表，并了解如何查看和修改数据表中的信息。
- 能够复制和删除数据表，以及应用完整性约束。

## 素质目标

- 培养对数据库管理的兴趣和热情，激发对数据库管理的敏感性和责任感。
- 通过数据库设计和建模过程中的思考与实践，培养系统化思维和解决问题的能力。
- 通过课堂中的合作学习和项目实践，提高团队协作能力和沟通能力。
- 培养理论联系实际的实践能力，能够灵活地运用数据库知识解决实际工作中遇到的挑战。

## 内容导学

随着信息化建设的深入推进，数据库技术已成为支撑企业运营和管理的关键基础设施。企业员工信息管理作为企业人力资源管理的重要环节，其数据库系统的设计与实施直接关系到企业的人力资源运营效率和管理水平。党的二十大指出，加快实施创新驱动发展战略。因此，我们要积极拥抱技术创新，深化对数据库技术的理解和应用，以优化企业运营，提高管理效能。本单元将聚焦企业员工信息管理数据库的规划与创建，旨在帮助学生系统掌握数据库的基本概念、发展历程、设计与建模方法，以及 MySQL 服务器的安装与配置、数据库与数据表的创建与修改，并通过数据类型与约束提升数据表规范性。

# 任务 1　构建企业员工信息管理数据模型

## 任务概述

本任务旨在通过数据库设计与建模的过程，构建一个全面的企业员工信息管理系统。企业员工信息管理系统是企业人力资源管理的重要工具，用于记录和管理员工的基本信息、部门归属、职位、薪资等多方面的数据。本任务将指导学生从初步的需求分析、设计 E-R 图，到将 E-R 模型转换为逻辑模型，并最终安装与配置 MySQL 服务器来实现数据库的落地。

## 知识储备

### 一、了解数据库

#### （一）数据库的发展历程

数据库的发展可以追溯到 20 世纪 50 年代中期，从那时起，随着计算机技术的发展，数据库技术也在不断演进和完善。数据库的发展历程大致划分为以下几个阶段。

**1. 人工管理阶段**

人工管理阶段主要出现在 20 世纪 50 年代中期以前。在这一阶段，计算机主要用于科学计算，外部存储器主要是磁带、卡片和纸带等，还没有磁盘等存储设备。软件系统也只有汇编语言，还没有数据管理方面的软件。数据处理方式主要是批处理，数据不易保存，也没有文件的概念，数据不具有独立性。

**2. 文件系统阶段**

文件系统阶段大致是从 20 世纪 50 年代后期到 60 年代中期。在这一阶段，计算机开始用于信息管理方面。随着数据量的增加，数据的存储、检索和维护问题日益紧迫，数据结构和数据管理技术开始迅速发展。数据已经可以长期保存，由文件系统管理数据，文件的形式多样化，数据具有一定的独立性。

**3. 数据库系统阶段**

自 20 世纪 60 年代后期开始，数据库系统开始崭露头角。数据库系统克服了文件系统的缺陷，提供了对数据更高级、更有效的管理。在这一阶段，出现了多种数据模型，如层次模型和关系模型。基于关系模型的关系数据库在商用化方面取得了巨大的成功，如 IBM 的 System R 和 Ingres 等系统。

**4. 开源与商业化并行发展**

在关系数据库逐渐成熟的同时，开源数据库也开始崭露头角。一些开源数据库项目，如 MySQL、PostgreSQL，逐渐获得了广泛的关注和应用。这些开源数据库不仅提供了强大的功能，还降低了数据库的使用成本，促进了数据库技术的普及。其中，MySQL 的崛起成为这一阶段的重要里程碑。

**5. 云原生数据库的出现**

随着云计算的崛起，云原生数据库开始逐步发展。云原生数据库充分利用了云计算的优势，提供了高可用性、弹性扩展和自动化运维管理等功能，使得数据库的使用更加便捷和高效。MySQL 作为开源数据库的代表，也积极适应云原生的发展趋势，提供了云版本的 MySQL 数据库服务，满足了用户在云环境中对数据库的需求。

### （二）MySQL 的发展史

在 MySQL 的早期版本中，它主要是一个基础的 SQL 引擎，但随着时间的推移，MySQL 不断发展和完善，增加了更多的功能和特性。例如，MySQL 4.0 版本带来了存储过程、触发器、视图和外键支持，这些功能提高了 MySQL 在复杂应用中的可用性。MySQL 5.0 版本则引入了更强大的查询优化，进一步提升了性能。

2008 年，MySQL 被 Sun Microsystems 公司收购，紧接着在 2010 年又被甲骨文（Oracle）公司收购。尽管经历了多次所有权变更，但 MySQL 依然保持着开源的特性，并继续得到开源社区的支持和开发。

在 Oracle 公司的管理下，MySQL 得到了更多的资源投入，推动了其进一步的发展。MySQL 社区版不仅可以免费下载和使用，还可以通过社区获得支持和帮助。这使得 MySQL 的用户和开发者得到了更多的选择和支持，同时也加快了 MySQL 的开发和更新进程。

随着时间的推移，MySQL 不断改进和更新，推出了更加高效、安全和可靠的版本。它逐渐扩展了应用领域，不仅广泛应用于中小型网站和应用程序，也逐渐成为企业级应用的主流数据库之一。此外，MySQL 还支持云数据库、分布式数据库和大数据等领域，是一款功能更加全面的关系数据库。

如今，MySQL 已经成为全球数百万用户和开发者的首选数据库之一，它以卓越的性能、可靠性和易用性赢得了广泛的赞誉。无论是在互联网领域还是企业级应用中，MySQL 都发挥着重要的作用，推动着数据库技术的发展和创新。

### （三）数据库的相关概念

**1. 数据**

数据（Data）是描述事物的符号记录，这些符号可以是数字、文字、图形、音频、视频等。在数据库中，数据是构成信息的基本单元，是信息的载体。

**2. 数据库**

数据库（Database，DB）是保存一组有组织的数据的容器，也是指存储在计算机系统中的有组织的数据集合。数据库能为各种用户共享，具有最小冗余度，数据间联系密切，又有较高的数据独立性。它按照一定的结构和规则组织数据，可以存储和管理大量结构化、半结构化和非结构化数据，被视为组织数据的仓库。

**3. 数据库管理系统**

数据库管理系统（Database Management System，DBMS）又称为数据库软件（数据库产品），是一种用于管理和组织数据库的软件系统，是用户与数据库之间的接口。它允许用户通过数据定义语言（Data Definition Language，DDL）、数据操纵语言（Data Manipulation Language，DML）以及数据控制语言（Data Control Language，DCL）来管理数据库中的数据。

**4. 数据库系统**

数据库系统（Database System，DBS）是指由软件、硬件和数据组成的，用于存储、管理和检索大量有组织的数据的系统。它实现了有组织地、动态地存储大量关联数据，并方便多用户访问。

**5. 数据库管理员**

数据库管理员（Database Administrator，DBA）是从事管理和维护数据库管理系统的专业人员。

### （四）数据库的分类

从数据模型的角度，数据库可以分为：关系数据库和非关系数据库两大类。

**1. 关系数据库**

关系数据库使用表格（表）来组织数据，数据以行和列的形式存储，并通过关系来连接不同表中的数据。

常见的关系数据库如下：

（1）Oracle：由 Oracle 公司开发的一款商业关系数据库，适用于大型企业的应用，特别是那些需要高可靠性、高性能和高安全性的应用。

（2）MySQL：一款开源的关系数据库，现在属于 Oracle 公司，适用于各种规模的应用，特别是那些需要快速开发和部署的 Web 应用与移动应用。

（3）Microsoft SQL Server：由微软公司开发的一款商业关系数据库，适用于各种规模的企业应用，特别是那些需要与微软技术栈（如 .NET）集成的应用。

（4）PostgreSQL：一款开源的关系数据库管理系统，适用于各种规模的应用，特别是那些需要高级数据类型和高级查询功能的应用。

（5）IBM Db2：由 IBM 公司开发的一款商业关系数据库，适用于大型企业的应用，特别是那些需要与 IBM 技术栈（如 WebSphere）集成的应用。

**2. 非关系数据库**

非关系数据库（NoSQL）是一种非结构化的数据存储系统，不使用表格来组织数据，而是使用不同的数据模型，如文档型、键值对、列簇和图形等。常见的非关系数据库包括 BigTable（Google）、Cassandra、MongoDB 等。

## 二、数据库设计与建模

数据库设计与建模是数据库系统开发中至关重要的环节，它涉及从业务需求到数据组织结构的完整规划过程。这一过程的目标是创建一个结构清晰、性能高效且易于维护的数据库系统，以满足用户的业务需求。

### （一）数据模型

数据模型是对现实世界数据特征的抽象，用于描述数据、组织数据及对数据进行操作。它是数据库系统的核心和基础。数据模型能表示实体类型及实体间联系。根据抽象层次的不同，数据模型可分为概念模型、逻辑模型和物理模型。现实世界到数据模型的过程如图 1－1 所示。

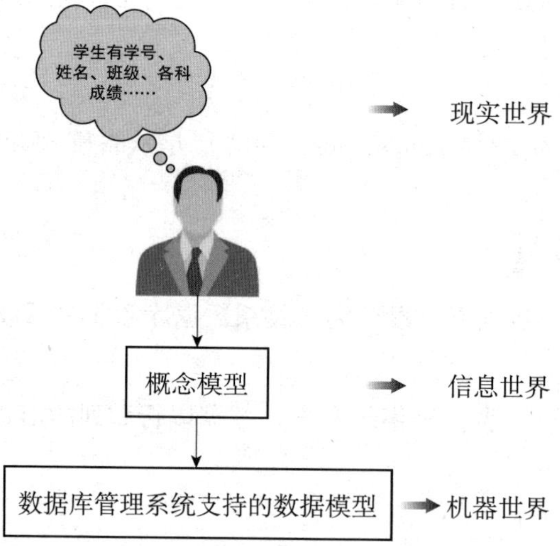


**图 1－1　现实世界到数据模型的过程**

由图 1－1 可以看出，现实世界到数据模型的过程是将现实世界中的实体和关系转化为计算机可以处理的数据模型。数据模型在软件系统中的重要性不言而喻，它决定了系统如何存储、访问和处理数据，因此设计一个好的数据模型对于软件系统的性能和可维护性非常重要。

**1. 概念模型**

概念模型是对现实世界的数据和信息进行的第一层抽象。概念模型主要用于数据库设计，按用户的观点对数据和信息进行建模。概念模型更接近人的思维，而不是机器的思维，更容易理解数据组成。概念模型可以采用多种表示方法，如 E-R 图、UML 图等。其中，E-R 图主要用于数据库设计，UML 图主要用于软件开发。E-R 模型是一种常用的概念模型，全称为实体－关系（Entity-Relationship）模型，主要目的是确保设计的数据库能够满足用户的需求，并能够正确地反映问题领域的本质特征。

E-R模型的基本概念和表示方法如下：

（1）实体（Entity）。现实世界中可以区别开的事物或对象，如人、物、事件等。在E-R图中，实体通常使用矩形框来表示，并标注实体的名称。

（2）属性（Attribute）。实体所具有的特征或性质。每个实体都有一个或多个属性，用于描述该实体的具体信息。在E-R图中，属性使用椭圆形表示，并通过直线与实体相连。

（3）关系（Relationship）。描述两个或多个实体之间的联系。关系可以是二元关系（涉及两个实体）、三元关系（涉及三个实体）等。在E-R图中，关系使用菱形表示，并通过直线与相关的实体相连。关系的类型包括一对一（1∶1）、一对多（1∶$N$）和多对多（$M$∶$N$）。

E-R图是一种直观表示E-R模型的图形化工具。在E-R图中，使用上述提到的图形元素（矩形、椭圆形、菱形）以及直线来表示实体、属性、关系和它们之间的联系。例如，企业物资管理数据库E-R图如图1－2所示。

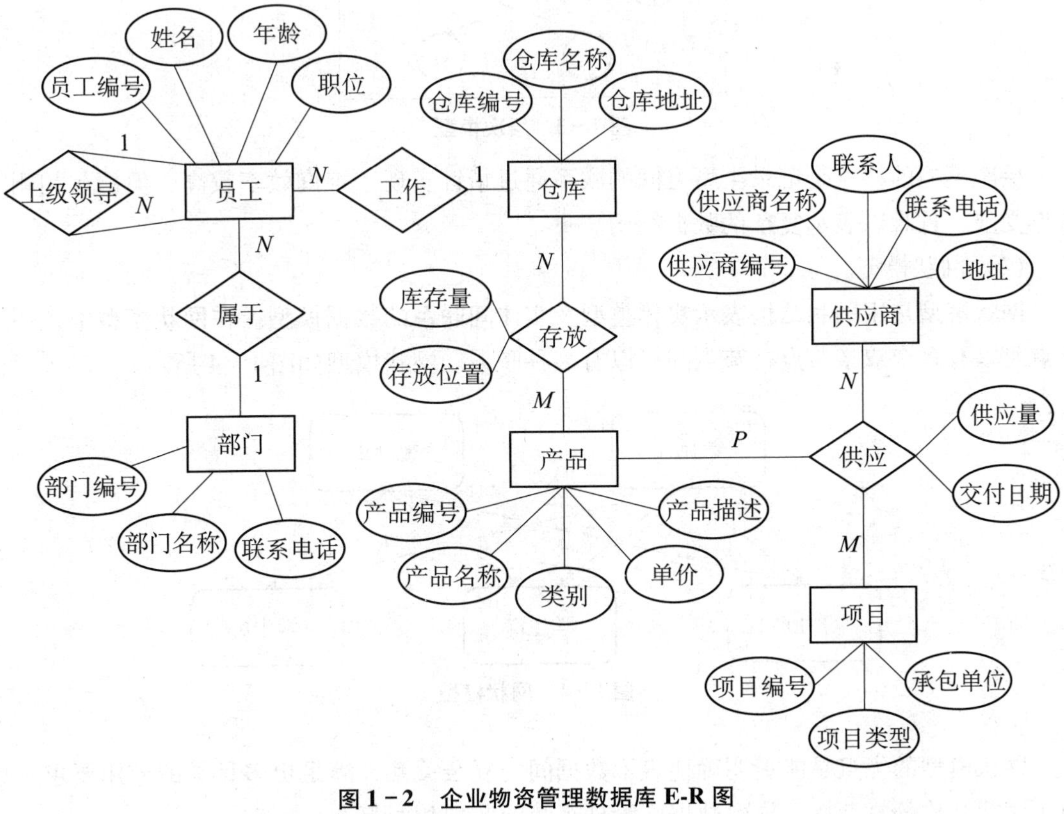


**图1－2　企业物资管理数据库E-R图**

在关系数据库中，候选码（Candidate Key，也称为候选键）是指能够唯一标识一个元组的属性组。候选码的每个属性都是主属性（Prime Attribute），如员工编号。如果一个关系存在多个候选码，数据库设计人员可以选择其中一个作为主码（Primary Key）来标识关系中的元组。不包含在任何候选码中的属性称为非主属性（Non-Prime Attribute）或非码属性（Non-Key Attribute）。

**2. 逻辑模型**

逻辑模型是对现实世界的第二层抽象，描述了数据在数据库中的组织方式，包括实体、属性、关系和约束等，是将概念模型转化为具体的数据模型的过程。常见的逻辑模型有层次模型、网状模型、关系模型、面向对象模型等。

（1）层次模型。

层次模型用树形结构来表示各类实体以及它们之间的联系。在这种模型中，实体集（记录类型）被组织成有向无环图，图中的节点表示记录类型（实体），连线表示记录类型之间的联系。层次模型如图 1－3 所示。

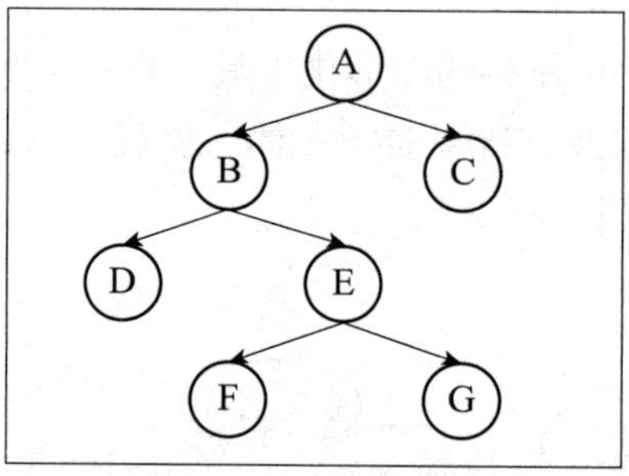


**图 1－3　层次模型**

层次模型的特点是记录类型之间的联系通过指针实现，查询效率较高，但插入和删除操作受限，且难以表示复杂的数据结构。

（2）网状模型。

网状模型是用网状结构表示实体类型及实体间联系的数据模型。在网状模型中，一个节点可以有多个双亲节点，节点间可以有多种联系。网状模型如图 1－4 所示。

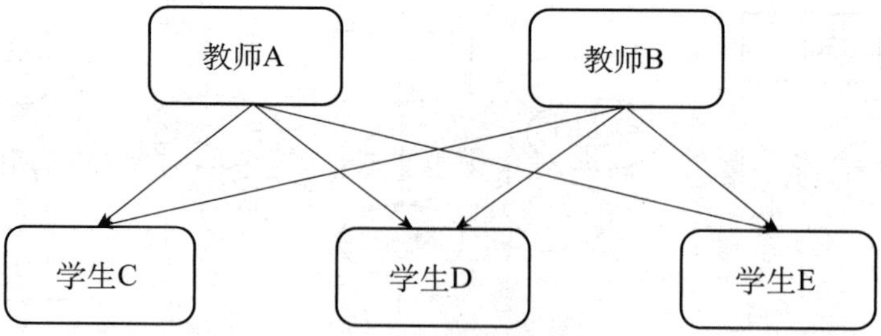


**图 1－4　网状模型**

网状模型的优点是能更明确地表示数据间的复杂关系，满足更多种类的应用要求。但由于网状结构的复杂性，导致数据库管理系统的实现相对复杂。

（3）关系模型。

关系模型是目前最常用的数据模型，它建立在集合代数的基础上。一个关系模型由一组关系模式构成，一个关系由一组属性构成。图 1－2 所示的企业物资管理数据库 E-R 图可以转换为如下的八个关系模式。

部门（部门编号，部门名称，联系电话）；

员工（员工编号，姓名，年龄，部门编号，上级领导编号，职位，仓库编号）；

仓库（仓库编号，仓库名称，仓库地址）；

存放（仓库编号，产品编号，库存量，存放位置）；

产品（产品编号，产品名称，类别，单价，产品描述）；

供应（项目编号，产品编号，供应商编号，供应量，交付日期）；

供应商（供应商编号，供应商名称，联系人，联系电话，地址）；

项目（项目编号，项目类型，承包单位）。

关系模式可以使用一张二维表进行关系呈现，字段称为属性，字段值称为属性值，记录称为元组，元组的集合称为关系或实例。二维表由行和列组成，表中的每一行表示一个记录，每一列表示一个字段。关系模式二维表如表 1－1 所示。

**表 1－1　关系模式二维表**

| 部门编号 | 部门名称 | 联系电话 |
| --- | --- | --- |
| gc001 | 产品制作部 | 3214505 |
| gc002 | 仓库管理部 | 3324677 |
| gc003 | 运输部 | 9284855 |
| gc004 | 包装部 | 5738495 |

关系模型具有严格的数学理论基础，易于理解和使用。此外，关系模型支持集合运算，使得数据查询、插入、删除和更新等操作更加灵活和高效。

（4）面向对象模型。

面向对象模型是一种新型的数据模型，它借鉴了面向对象程序设计中的概念和方法。在面向对象模型中，数据被组织成对象，对象之间通过消息传递进行通信。

面向对象模型具有封装性、继承性和多态性等特性，能够更自然地表示现实世界中的事物和它们之间的关系。此外，面向对象模型还支持复杂的对象操作和强大的数据抽象能力。

**3. 物理模型**

物理模型是对逻辑模型的进一步细化和实现，描述了数据在存储介质上的存储结构和存取方法，与具体的数据库管理系统和硬件环境密切相关。它涉及数据的存储细节，如数据的存储方式、索引的建立、数据的压缩和加密等，需要考虑数据库的性能、存储空间和数据访问效率等因素。

物理模型为数据库的物理实现提供具体的方案，数据库设计人员根据物理模型进行数据库的创建、配置和优化等工作，以确保数据库系统的高效运行。

### （二）数据库规范化

数据库规范化（Database Normalization）是一个重要的概念，它指的是消除数据库设计中的不必要重复数据，并尽可能减少数据的冗余，从而提高数据库的一致性和效率的过程。数据库规范化的实现方式通常是将表分解成更小、更精确的部分，并通过外键关系将它们联系在一起。规范化过程包括第一范式（1NF）、第二范式（2NF）、第三范式（3NF）等，是一个逐步细化的过程。

范式是符合某一种级别的关系模式的集合。关系数据库中的关系模式必须满足一定的要求，满足不同程度要求的为不同范式。对于一个不符合特定范式要求的关系模式，可以通过模式分解将其分解为满足相应范式要求的多个关系模式。各种范式之间的关系为 $5NF \subset 4NF \subset BCNF \subset 3NF \subset 2NF \subset 1NF$。在实践中，可以使用“$R \in x NF$”的形式表达一个关系模式符合哪个范式，其中 R 是关系模式的名称，$x$ 是表示范式级别的数字。例如，如果关系模式 R 满足第一范式的要求，那么称为“$R \in 1NF$”。

**1. 第一范式**

第一范式是最基本的范式，它要求数据库表的每一列都是不可分割的原子项。换句话说，表中的每个字段都应该是最小的数据单元，不能再进行拆分。第一范式要求每个属性在关系模式中有唯一的名称。

对于关系模式 R（员工编号，姓名，家庭住址），表示员工家庭住址信息，可用员工家庭住址信息表表示，如表 1－2 所示。

**表 1－2　员工家庭住址信息表**

| 员工编号 | 姓名 | 家庭住址 |
|---|---|---|
| 20240120 | 张三 | 山东省淄博市张店区×××路 66 号［255022］ |

表 1－2 中，关系模式 R 中的属性“家庭住址”可以包含多个值或集合，不符合属性的原子性要求，因此不属于第一范式。

为了满足第一范式的要求，通常需要对关系模式 R 进行调整和改进。满足 1NF 的员工家庭住址信息表如表 1－3 所示。

**表 1－3　满足 1NF 的员工家庭住址信息表**

| 员工编号 | 姓名 | 所在省 | 所在市 | 所在区（县） | 详细地址 | 邮编 |
|---|---|---|---|---|---|---|
| 20240120 | 张三 | 山东省 | 淄博市 | 张店区 | ×××路 66 号 | 255022 |

**2. 第二范式**

在满足第一范式要求的基础上，第二范式要求非主键列必须完全依赖于整个主键，而不是依赖于主键的一部分（针对复合主键）。这有助于确保表中的数据更加紧凑和一致。主键（Primary Key）是数据库表中的一个或多个字段，其值能唯一地标识表中的每一行或记录。一个表只能有一个主键，且主键中不允许有 NULL 值。主键可以是单一字段，也可以是多个字段的组合。当主键由多个字段组成时，称为复合主键或联合主键。

简而言之，如果一个关系模式 R 属于第一范式，且所有的非主属性都完全依赖于主属性，则称为第二范式，记作 R∈2NF。

关系模式 R（学生编号 Sno，学生姓名 Sname，所属系 Sdept，系主任 Mname，课程名 Cname，成绩 Grade）表示学生的信息，基于此关系模式的数据，表示为学生信息表，如表 1-4 所示。

**表1-4 学生信息表**

| Sno | Sname | Sdept | Mname | Cname | Grade |
|---|---|---|---|---|---|
| 1 | 王小数 | 英语系 | 董主任 | 大学英语 | 70 |
| 1 | 王小数 | 英语系 | 董主任 | 口语 | 90 |
| 2 | 赵晓库 | 英语系 | 董主任 | 大学英语 | 80 |
| 3 | 孙梅梅 | 工商管理系 | 李伟 | 大学英语 | 60 |
| 3 | 孙梅梅 | 工商管理系 | 李伟 | 高等数学 | 88 |

关系模式 R 中，所有属性不可再分，符合第一范式的要求。学生编号 Sno 和课程名 Cname 组成候选键（复合主键），关系模式 R 中的所有依赖关系如图 1-5 所示。

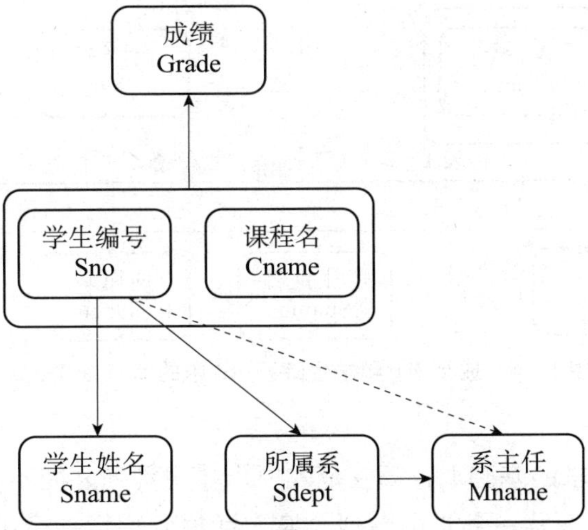


**图1-5 学生信息关系模式 R 中的所有依赖关系**

由图 1-5 可知，学生成绩 Grade 完全依赖于候选键（Sno，Cname），而学生姓名 Sname、所属系 Sdept、系主任 Mname 部分依赖于候选键（Sno，Cname），这表明存在部分函数依赖，因此学生信息关系模式 R 不符合第二范式的要求。

为了满足第二范式的要求，可以分离出部分函数依赖的属性，将其分离到新的关系模式中，并将它们与候选键建立适当的关联，通常是创建关联关系，如创建外键。

将学生信息关系模式 R 分解成两个关系模式：成绩 R1（Sno，Cname，Grade）和学生院系 R2（Sno，Sname，Sdept，Mname）。这样就完全符合第二范式了。成绩表如表 1-5 所示。

表 1-5 成绩表

| Sno | Cname | Grade |
|---|---|---|
| 1 | 大学英语 | 70 |
| 1 | 口语 | 90 |
| 2 | 大学英语 | 80 |
| 3 | 大学英语 | 60 |
| 3 | 高等数学 | 88 |

学生院系表如表 1-6 所示。

表 1-6 学生院系表

| Sno | Sname | Sdept | Mname |
|---|---|---|---|
| 1 | 王小数 | 英语系 | 董主任 |
| 2 | 赵晓库 | 英语系 | 董主任 |
| 3 | 孙梅梅 | 工商管理系 | 李伟 |

成绩 R1 和学生院系 R2 中的所有依赖关系如图 1-6 所示。

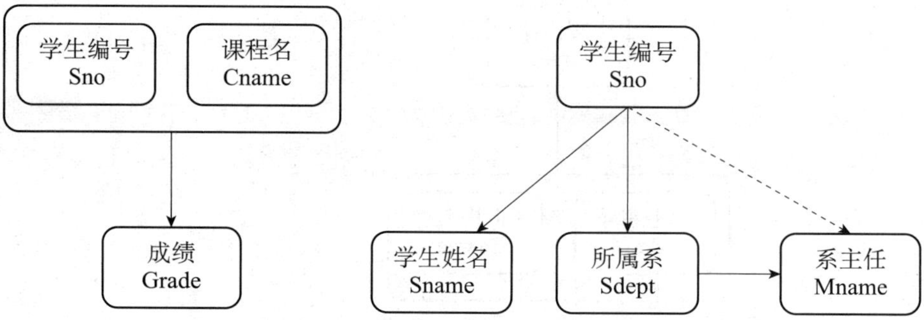


图 1-6 成绩 R1 和学生院系 R2 中的所有依赖关系

### 3. 第三范式

在满足第二范式要求的基础上，第三范式要求非主键列之间不能有传递依赖关系，即一个非主键列不能依赖于另一个非主键列。换句话说，如果一个关系模式 R 属于第二范式，且每个非主属性不传递依赖于主属性，这种关系是第三范式，记作 R∈3NF。

成绩 R1（Sno，Cname，Grade）和学生院系 R2（Sno，Sname，Sdept，Mname）虽然不存在部分依赖，但是学生院系 R2 存在传递函数依赖，即“Sno→Sdept（Sdept！→Sno），Sdept→Mname”，也就是学号无法直接推导出系主任姓名。由此可知，学生院系 R2 不符合第三范式。

为了满足第三范式的要求，可以通过分解关系模式来消除传递函数依赖。将非主属性从原始表中分离出来，创建新的关系模式，并使用主键和外键建立适当的关联关系。将学生院系 R2 分解为学生 R1-S（Sno，Sname，Sdept）和院系 R1-D（Sdept，Mname），其中学生 R1-S 的主属性为 Sno，其他属性不存在传递函数依赖；院系 R1-D 有两个属性，不存在传递函数依赖，因此符合第三范式的要求。所有关系模式的依赖关系如图1－7所示。

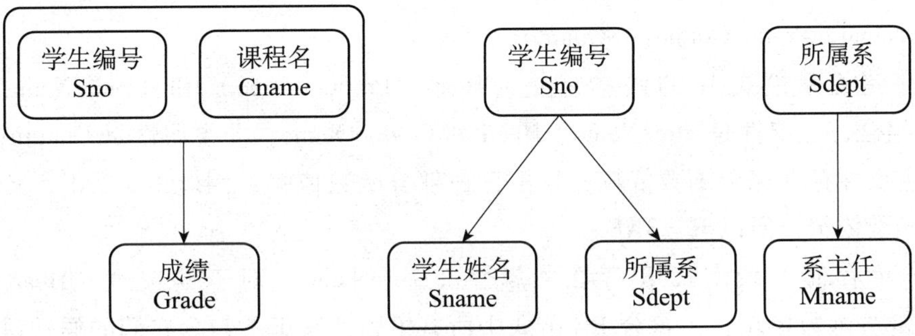


**图1－7　所有关系模式的依赖关系**

**4. BC 范式**

巴斯-科德范式也称为BC范式（Boyce Codd Normal Form，BCNF），是由Boyce与Codd提出的，是对第三范式的进一步要求和优化，通常认为BC范式是修正的第三范式，有时也称为扩充的第三范式。它主要解决了多个候选键和部分函数依赖的问题。BC范式是指对于关系模式R，若R为第一范式，且每个属性都不部分函数依赖于候选键，也不传递函数依赖于候选键，则R属于BC范式。

一个属于BC范式的关系模式R<U，F>需要满足以下条件：

- 所有非主属性对于每个候选键都是完全函数依赖的。这意味着非主属性完全函数依赖于候选键，而不是函数依赖于候选键的真子集。
- 所有主属性对于不包含它们的候选键也是完全函数依赖的。这表示主属性完全函数依赖于候选键，而不是函数依赖于候选键的真子集。
- 没有任何属性完全函数依赖于非主属性的任何属性组合。

对于关系模式R（仓库名StoreName，负责人Head，产品名称ProductName，库存量Quantity），假设一个公司有多个仓库来存储公司产品，每个仓库有一个负责人，一个负责人也只负责管理一个仓库，一个仓库存放多种产品，一种产品可以存放在多个仓库中，每个仓库存放的每种产品都有具体的数量。基于此关系模式的数据构成仓库存储表，如表1－7所示。

**表1－7　仓库存储表**

| StoreName | Head | ProductName | Quantity |
|---|---|---|---|
| 海南仓 | 李红 | 扫地机器人 | 3000 |
| 海南仓 | 李红 | 数码相机 | 1600 |
| 浙江仓 | 周坤坤 | 扫地机器人 | 5000 |
| 浙江仓 | 周坤坤 | 中央空调 | 2100 |

仓库存储关系模式R中，所有属性不可再分，符合第一范式的要求，R存在的函数依

赖关系如下：

StoreName→Head，Head→StoreName

（StoreName，ProductName）→Quantity

仓库存储关系模式 R 的候选键是（Head，ProductName）和（StoreName，ProductName）的组合，主属性是 StoreName、Head 和 ProductName，非主属性是 Quantity。由于非主属性对主属性存在完全函数依赖，且不存在部分函数依赖，因此 R∈2NF。又因为 R 不存在传递函数依赖，所以 R∈3NF。

然而仓库存储关系模式 R 存在主属性（StoreName）对于候选键（Head，ProductName）的部分函数依赖，不符合 BC 范式中所有主属性对于不包含它们的候选键也存在完全函数依赖的要求，因此 R∉BCNF。

为了符合 BC 范式的要求，可以将关系模式 R 进行分解，消除主属性对于候选键的部分或传递函数依赖，具体如下：

R1（StoreName，Head）

R2（StoreName，ProductName，Quantity）

## 任务实施

### 一、设计企业员工信息管理 E-R 图

在现代企业中，人力资源是至关重要的资产之一。随着企业规模的扩大和业务的复杂化，对员工信息的管理变得越来越重要。想象一下，一个中型企业，拥有数百名员工，分布在不同的部门和地区。管理这些员工的基本信息、薪资、考勤等数据，需要一个系统化、高效的解决方案。

在开始设计一个完整的员工信息管理系统之前，我们需要了解企业中涉及的实体（如员工、部门、薪资等级等）以及它们之间的关系。该企业员工信息管理系统主要包括以下模块：

- 员工信息管理：记录员工的基本信息、教育背景、工作经历等。
- 薪资管理：管理员工的薪资信息等。
- 考勤管理：记录员工的考勤情况、加班情况、请假情况等。
- 部门与职位管理：管理公司各部门的组织结构、职位信息等。
- 管理员权限管理：设置不同管理员的权限范围，保障数据安全和隐私。

#### （一）确认实体

（1）员工（Employee）：记录员工的基本信息。

（2）教育背景（Education）：记录员工的教育经历。

（3）工作经历（WorkExperience）：记录员工的工作经历。

（4）薪资（Salary）：记录员工的薪资信息。

（5）考勤记录（AttendanceRecord）：记录员工的考勤情况。

（6）部门（Department）：记录公司内部各个部门的信息。

（7）职位（Position）：定义公司内各个职位的信息。

（8）管理员（Administrator）：记录系统管理员的信息。

### （二）确定属性

（1）员工：员工 ID（主键）、姓名、性别、年龄、入职时间、联系方式等。

（2）教育背景：教育 ID（主键）、员工 ID（外键）、最高学历、毕业院校、专业、毕业时间等。

（3）工作经历：工作 ID（主键）、员工 ID（外键）、公司名称、职位、工作时长等。

（4）薪资：薪资 ID（主键）、基本工资、津贴、奖金、罚款等。

（5）考勤记录：记录 ID（主键）、员工 ID（外键）、考勤日期、上班时间、下班时间、加班时长、请假类型等。

（6）部门：部门 ID（主键）、部门名称、负责人、办公地点等。

（7）职位：职位 ID（主键）、部门 ID（外键）、职位名称、职位描述等。

（8）管理员：管理员 ID（主键）、姓名、权限范围等。

### （三）确定关系

（1）员工与教育背景之间是一对一的关系，一个员工有一个教育背景，一个教育背景只能对应一个员工。

（2）员工与工作经历之间是一对多的关系，一个员工可以有多个工作经历，一个工作经历只能对应一个员工。

（3）员工与薪资之间是一对多的关系，一个员工有多个薪资记录，一个薪资记录只能对应一个员工。

（4）员工与考勤记录之间是一对多的关系，一个员工可能有多个考勤记录，一个考勤记录只能对应一个员工。

（5）部门与员工之间是一对多的关系，一个部门可以有多个员工，一个员工只能属于一个部门。

（6）部门与职位之间是一对多的关系，一个部门可以有多个职位，一个职位只能属于一个部门。

（7）职位与员工之间是一对多的关系，一个职位可以有多个员工，一个员工只能有一个职位。

（8）管理员与员工之间是一对多的关系，一个管理员可以管理多个员工，一个员工只能由一个管理员管理。

（9）管理员与薪资之间是一对多的关系，一个管理员可以管理多个薪资记录，一个薪资记录只能由一个管理员管理。

企业员工信息数据模型的实体之间的关系如图 1－8 所示。

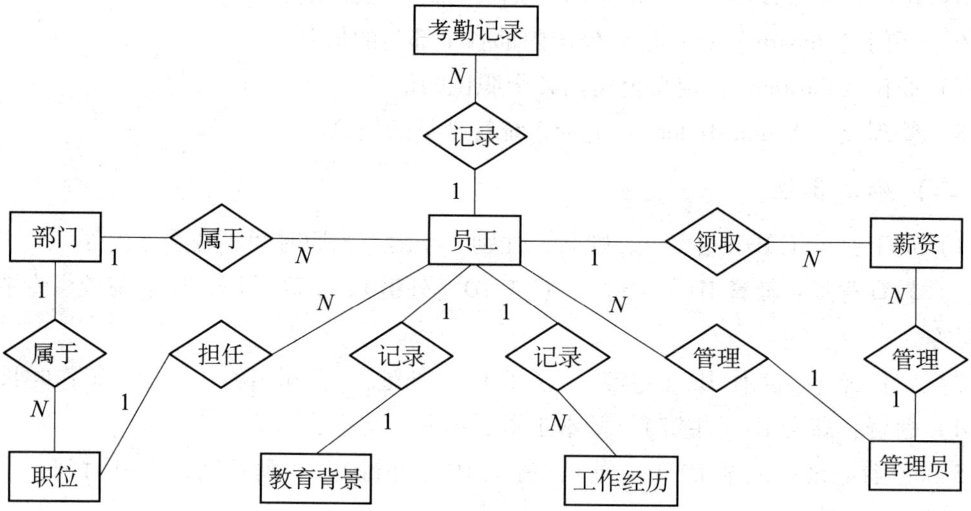


**图1-8　企业员工信息数据模型的实体之间的关系**

### （四）绘制 E-R 图

企业员工信息管理 E-R 图如图 1-9 所示。

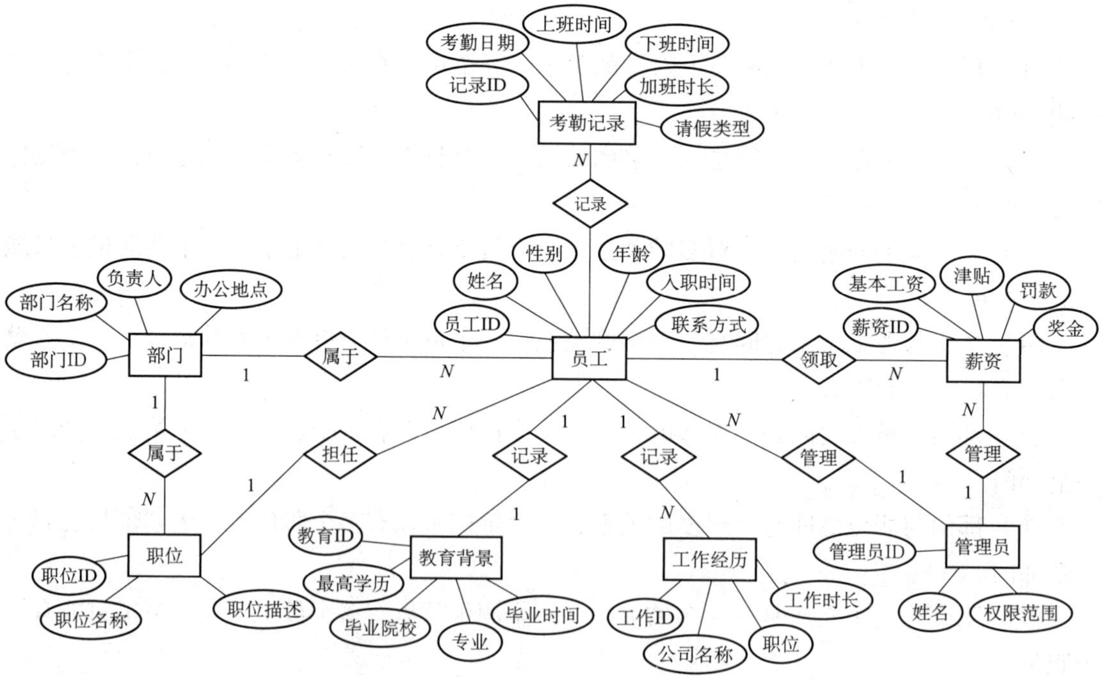


**图1-9　企业员工信息管理 E-R 图**

设计企业员工信息管理 E-R 图是为了帮助我们理清企业内部各个实体之间的关系，为后续的系统设计和开发提供指导。通过 E-R 图，我们可以更好地规划系统的结构，确定需要存储的数据以及它们之间的关联，为建立高效、可靠的人力资源管理数据库系统打下坚实的基础。

## 二、将概念模型转换为逻辑模型

概念模型描述了系统中的实体以及它们之间的关系，逻辑模型则将这些概念转换为数据库中的表和表之间的关系。下面是将概念模型转换为逻辑模型的详细步骤。

### （一）将企业员工信息管理 E-R 图转换为八个关系模式

动画

逻辑模型

员工信息表（Employee_tb）（员工 ID，部门 ID，职位 ID，姓名，性别，年龄，入职时间，联系方式，管理员 ID）

教育背景表（Education_tb）（教育 ID，员工 ID，最高学历，毕业院校，专业，毕业时间）

工作经历表（WorkExperience_tb）（工作 ID，员工 ID，公司名称，职位，工作时长）

薪资表（Salary_tb）（薪资 ID，员工 ID，基本工资，津贴，奖金，罚款，管理员 ID）

考勤记录表（AttendanceRecord_tb）（记录 ID，员工 ID，考勤日期，上班时间，下班时间，加班时长，请假类型）

部门表（Department_tb）（部门 ID，部门名称，负责人，办公地点）

职位表（Position_tb）（职位 ID，部门 ID，职位名称，职位描述）

管理员表（Administrator_tb）（管理员 ID，姓名，权限范围）

注：“—”代表主键；“～”代表外键。

### （二）将关系模式转换为数据表

（1）员工信息表（Employee_tb）如表 1－8 所示。

**表 1－8　员工信息表（Employee_tb）**

| 字段 | 说明 |
| --- | --- |
| employee_id | 员工 ID |
| department_id | 部门 ID |
| position_id | 职位 ID |
| emp_name | 姓名 |
| emp_sex | 性别 |
| emp_age | 年龄 |
| hire_data | 入职时间 |
| contact | 联系方式 |
| administrator_id | 管理员 ID |

（2）教育背景表（Education_tb）如表 1－9 所示。

表1-9　教育背景表（Education_tb）

| 字段 | 说明 |
| --- | --- |
| education_id | 教育 ID |
| employee_id | 员工 ID |
| highest_degree | 最高学历 |
| graduate_school | 毕业院校 |
| major | 专业 |
| graduation_date | 毕业时间 |

（3）工作经历表（WorkExperience_tb）如表1-10所示。

表1-10　工作经历表（WorkExperience_tb）

| 字段 | 说明 |
| --- | --- |
| work_id | 工作 ID |
| employee_id | 员工 ID |
| company_name | 公司名称 |
| position | 职位 |
| work_duration | 工作时长 |

（4）薪资表（Salary_tb）如表1-11所示。

表1-11　薪资表（Salary_tb）

| 字段 | 说明 |
| --- | --- |
| salary_id | 薪资 ID |
| employee_id | 员工 ID |
| basic_salary | 基本工资 |
| allowance | 津贴 |
| bonus | 奖金 |
| penalty | 罚款 |
| administrator_id | 管理员 ID |

（5）考勤记录表（AttendanceRecord_tb）如表1-12所示。

表1-12　考勤记录表（AttendanceRecord_tb）

| 字段 | 说明 |
| --- | --- |
| record_id | 记录 ID |
| employee_id | 员工 ID |
| attendance_date | 考勤日期 |
| start_time | 上班时间 |
| end_time | 下班时间 |
| overtime_hours | 加班时长 |
| leave_type | 请假类型 |

（6）部门表（Department_tb）如表1－13所示。

**表1－13　部门表（Department_tb）**

| 字段 | 说明 |
|---|---|
| department_id | 部门ID |
| department_name | 部门名称 |
| department_head | 负责人 |
| office_location | 办公地点 |

（7）职位表（Position_tb）如表1－14所示。

**表1－14　职位表（Position_tb）**

| 字段 | 说明 |
|---|---|
| position_id | 职位ID |
| department_id | 部门ID |
| position_name | 职位名称 |
| position_description | 职位描述 |

（8）管理员表（Administrator_tb）如表1－15所示。

**表1－15　管理员表（Administrator_tb）**

| 字段 | 说明 |
|---|---|
| administrator_id | 管理员ID |
| administrator_name | 姓名 |
| administrator_permission | 权限范围 |

## 三、安装与配置MySQL服务器

MySQL虽然支持跨平台部署和使用，但是在不同平台上安装MySQL的方式存在差异。此处介绍MySQL 8.0在Windows平台上的下载、安装与配置、启动与停止的详细步骤以及相关命令。

### （一）MySQL的下载

MySQL的版本主要有社区版和企业版两种。其中，社区版是免费开源的，自由下载，不提供官方技术支持，适合大多数普通用户使用。

登录MySQL官网下载界面，选择MySQL 8.0.36版本号和Windows操作系统，如图1－10所示。当在Windows平台上下载MySQL 8.0时，用户可以选择MSI或者ZIP软件包进行安装。MSI文件是Windows平台上的标准安装程序格式，可自动执行安装过程；ZIP包是一个压缩文件，需手动解压并配置。

此处可以使用MSI软件包安装MySQL。单击MSI软件包格式的下载链接“Go to Download Page”，进入MSI软件包的下载界面，如图1－11所示。

mysql-installer-web-community-8.0.36.0.msi安装程序需要联网安装组件；mysql-installer-

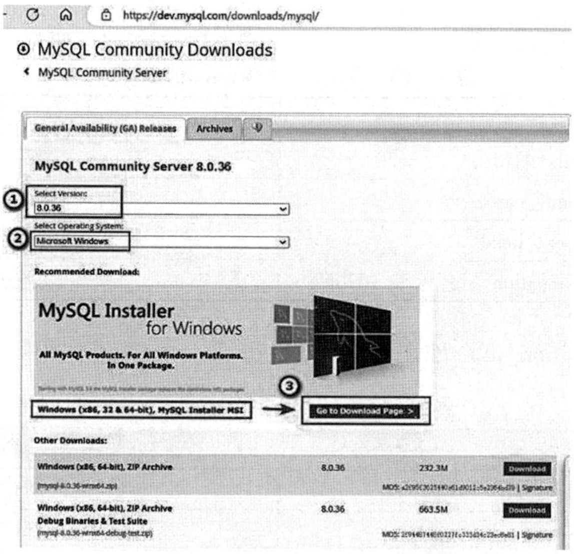


**图 1－10　登录 MySQL 官网下载界面**

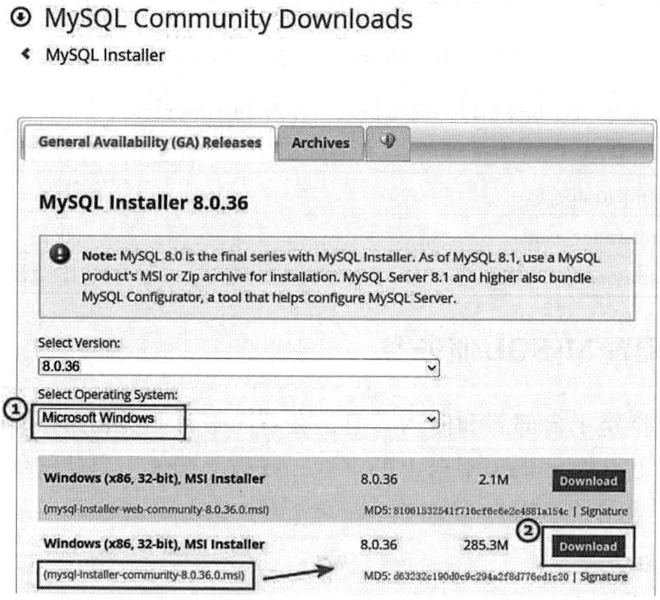


**图 1－11　MSI 软件包的下载界面**

community-8. 0. 36. 0. msi 安装程序可以离线安装。此处选择下载 mysql-installer-community-8. 0. 36. 0. msi 安装程序。单击对应“Download”按钮，进入 MySQL 用户登录界面，如图 1－12所示。此处可以选择不登录 MySQL 官网，仅下载 MySQL 安装程序包。已下载到本地的 mysql-installer-community-8. 0. 36. 0. msi 安装程序文件，如图 1－13 所示。

至此，下载完成 MySQL 的 MSI 安装程序文件。

**1. 安装向导**

双击图 1－13 中的 mysql-installer-community-8. 0. 36. 0 安装程序文件，进入 MySQL 的安装向导。首先进入 MySQL 的选择安装类型界面，如图 1－14 所示。

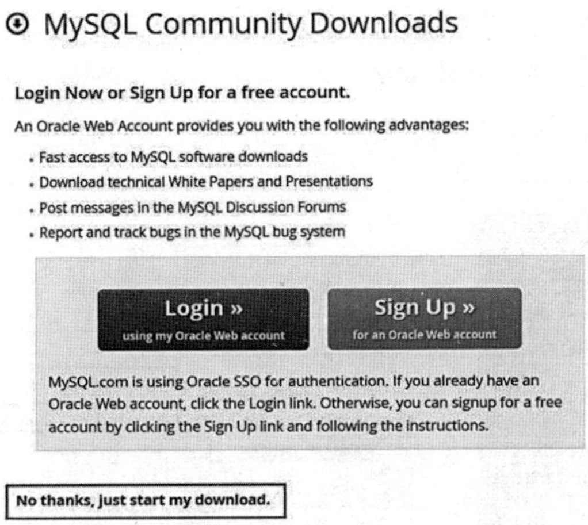


**图1－12　MySQL 用户登录界面**

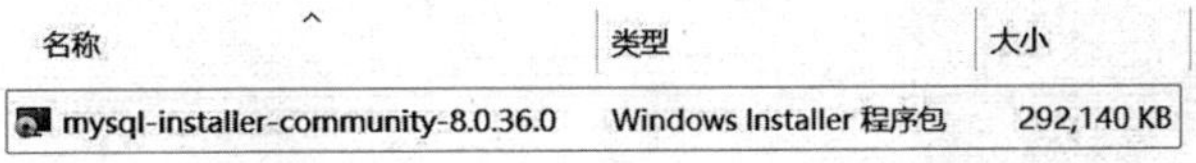


**图1－13　mysql-installer-community-8.0.36.0 安装程序文件**

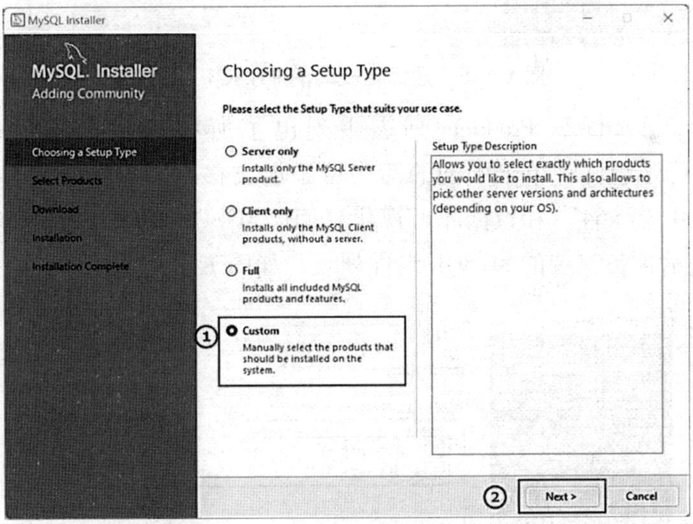


**图1－14　选择安装类型界面**

MySQL 有四种可选择的安装类型，具体说明如下：

（1）Server only（仅安装服务器）：该类型仅安装 MySQL 服务器产品，不包含任何客户端工具或其他附加功能，适用于只需要使用 MySQL 服务器而不需要其他组件的用户。

（2）Client only（仅安装客户端）：该类型只安装 MySQL 客户端产品，不安装 MySQL 服务器产品，适用于只需要通过客户端与远程数据库交互的用户。

（3）Full（完全安装）：该类型安装 MySQL 安装类型中的所有组件，以及所有可用的附加组件，如 MySQL 的 GUI 工具和其他插件，适用于需要使用 MySQL 的高级用户和开发人员。

（4）Custom（自定义安装）：该类型允许用户自定义安装 MySQL 的各个组件，根据用户自身需求选择需要安装的组件，适用于需要对 MySQL 进行定制的用户和开发人员。

此处选择“Custom”，选择自定义安装 MySQL，然后单击“Next”按钮，进入选择要安装的 MySQL 组件界面，如图 1－15 所示。

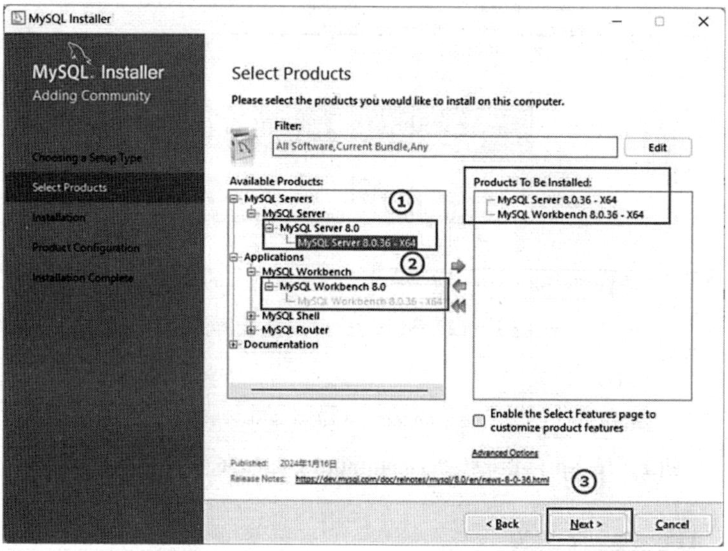


**图 1－15　选择要安装的 MySQL 组件**

图 1 － 15 中，Available Products 列表中列出了所有 MySQL 组件；Products To Be Installed列表显示已选组件；单击中间的箭头可添加或移除待安装的组件。此处选择安装“MySQL Server 8. 0. 36-x64”和数据库可视化界面“MySQL Workbench 8. 0. 36-x64”，单击“Next”按钮，显示预备安装的 MySQL 组件列表，如图 1－16 所示。

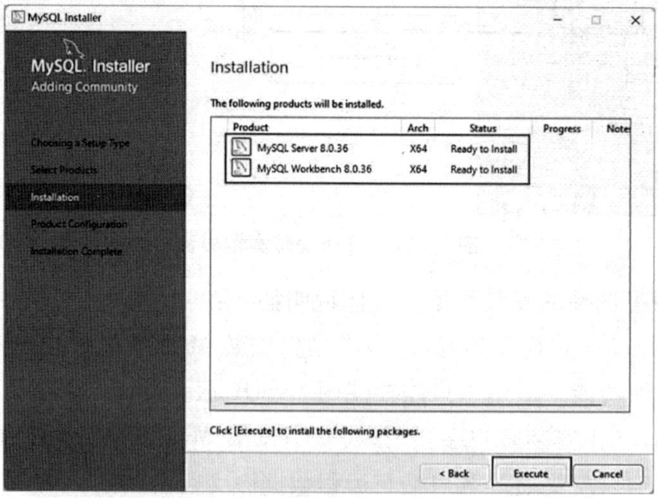


**图 1－16　预备安装的 MySQL 组件列表**

单击“Execute”按钮开始安装 MySQL 组件。MySQL 组件安装完成界面如图 1－17 所示。单击“Show Details”按钮（单击后为“Hide Details”）可以显示安装细节，如文件名称、存储路径、文件尺寸等信息。

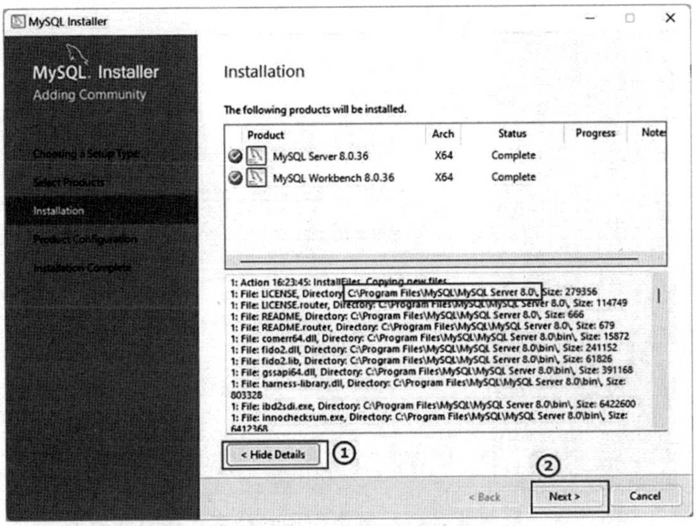


图 1－17 MySQL 组件安装完成界面

**2. 配置向导**

单击图 1－17 中的“Next”按钮，进入 MySQL 配置向导，如图 1－18 所示。

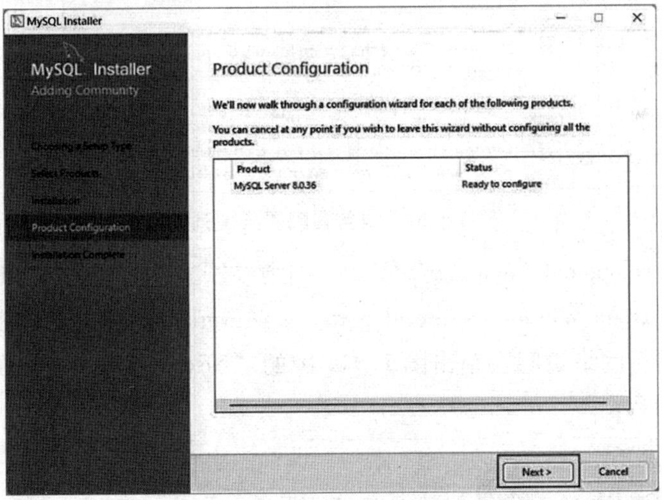


图 1－18 MySQL 配置向导

单击“Next”按钮，进入选择服务器配置类型和数据库连接方式界面，如图 1－19 所示。单击“Config Type”下拉列表框，将显示服务器配置类型列表，如图 1－20 所示。

由图 1－20 可知，MySQL 提供了三种可选的服务器配置类型，说明如下。

（1）Development Computer（开发者类型）：该类型配置相对较低，占用较少的系统资源，主要用于开发和测试，适用于个人或小型团队的开发环境。

（2）Server Computer（服务器类型）：该类型配置相对较高，以满足服务器运行的需求，适用于大型团队或企业级应用的生产环境。

（3）Dedicated Computer（专用 MySQL 服务器）：该类型适用于专门运行 MySQL 服务器的计算机，通常不运行其他应用程序，适用于需要高可用性和可扩展性的企业级应用。

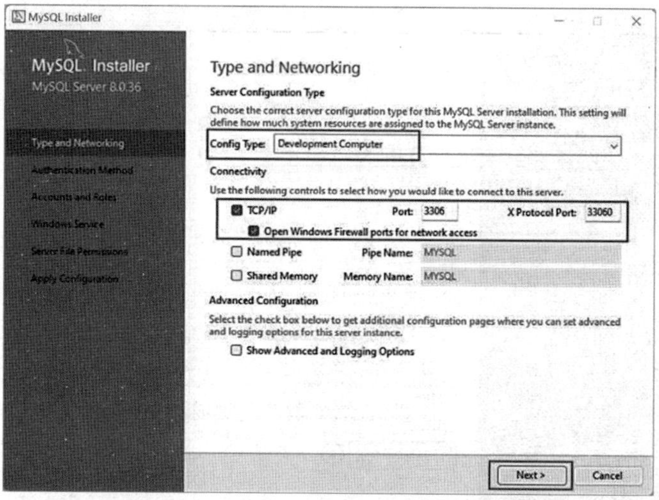


图 1-19　选择服务器配置类型和数据库连接方式界面

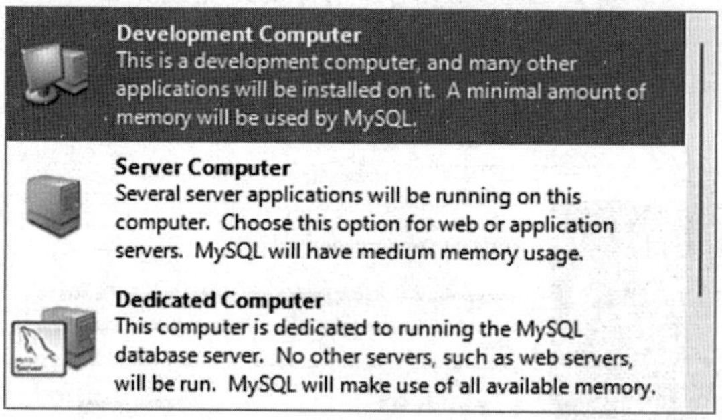


图 1-20　服务器配置类型列表

此处选择“Development Computer”类型，连接方式保持默认的 TCP/IP，保持默认端口号 3306。选中“Open Windows Firewall ports for network access”复选框，设置开启 Windows 防火墙端口进行网络访问。单击图 1-19 中的“Next”按钮，进入选择用户验证方式界面，如图 1-21 所示。

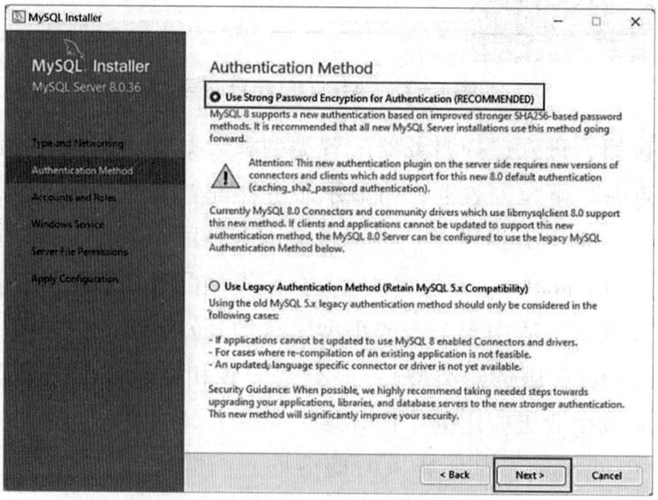


图 1-21　选择用户验证方式界面

图1－21中提供了两种用户验证方式：第一种是使用强密码加密，使身份认证更加安全；第二种是使用遗留身份验证方法，该方法可兼容MySQL 5. x版本。此处选择第一种身份验证方式，并单击“Next”按钮，进入账户密码设置界面，如图1－22所示。

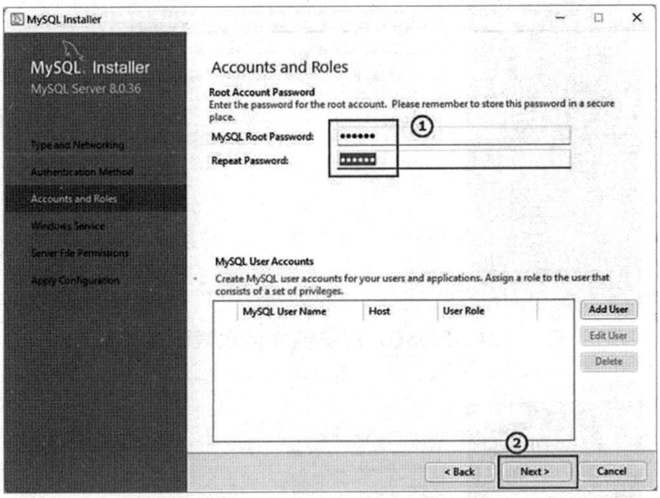


**图1－22　账户密码设置界面**

图1－22中，在MySQL Root Passwords密码框中输入Root密码，此密码很重要，后续会经常用到，建议把密码记录下来，防止遗忘。单击“Next”按钮，进入Windows服务配置界面，如图1－23所示。

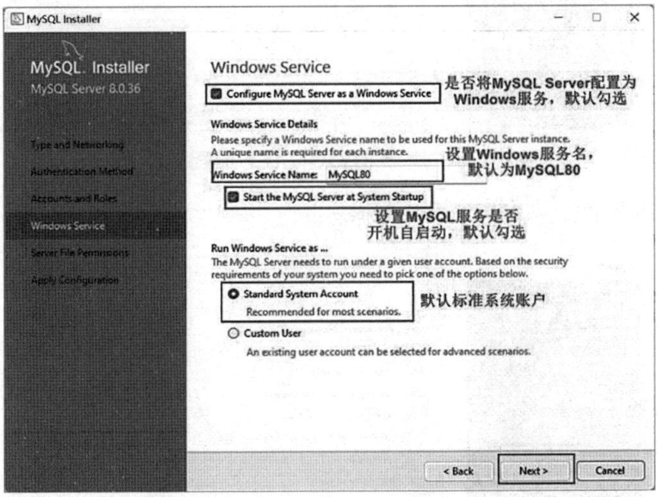


**图1－23　Windows服务配置界面**

单击图1－23中的“Next”按钮，进入MySQL服务器文件权限配置界面，如图1－24所示。

单击图1－24中的“Next”按钮，进入执行MySQL服务器配置界面，如图1－25所示。

单击图1－25中的“Execute”按钮，MySQL会根据配置向导的设置进行配置，配置

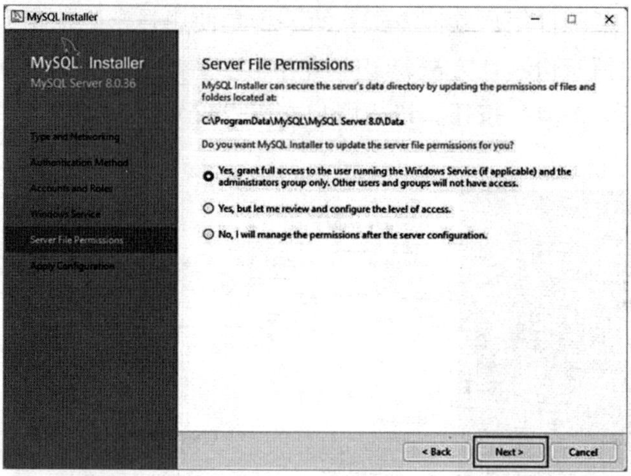


图 1－24　MySQL 服务器文件权限配置界面

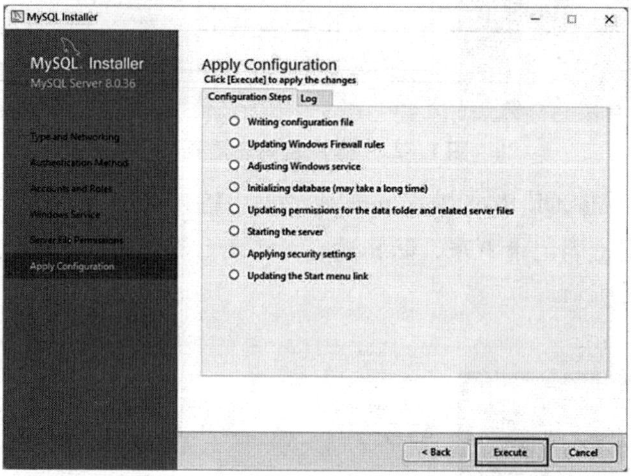


图 1－25　执行 MySQL 服务器配置界面

完成后显示配置完成界面，如图 1－26 所示。

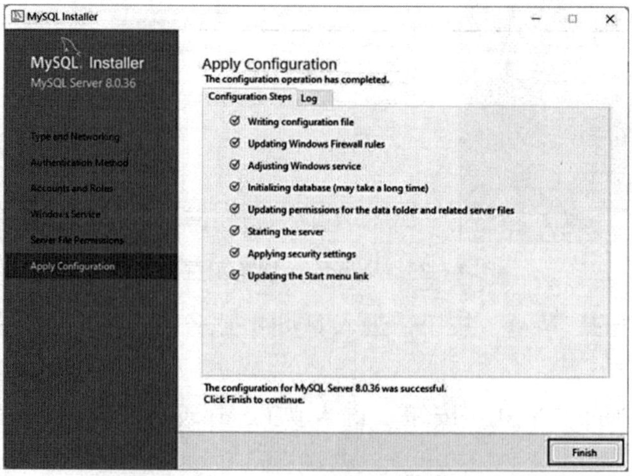


图 1－26　配置完成界面

单击图1－26中的“Finish”按钮，会显示MySQL安装组件和产品，如图1－27所示。

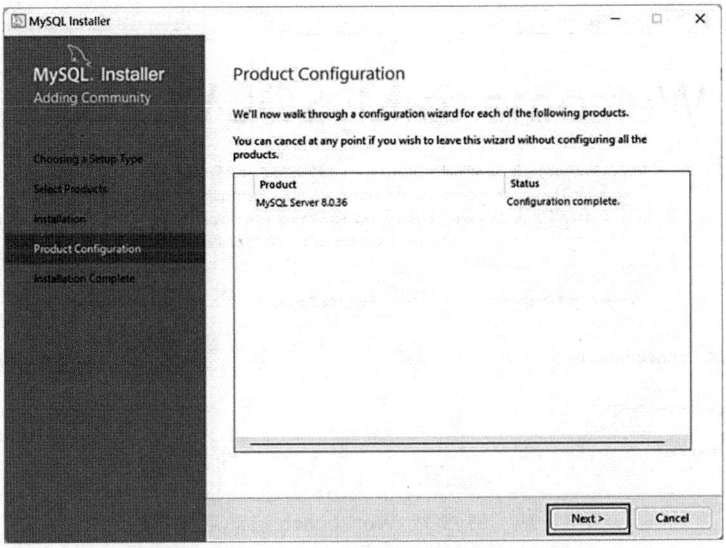


**图1－27　显示MySQL安装组件和产品**

此处安装产品只有MySQL Server 8.0.36需要配置。单击图1－27中的“Next”按钮，显示MySQL安装完成界面，如图1－28所示。

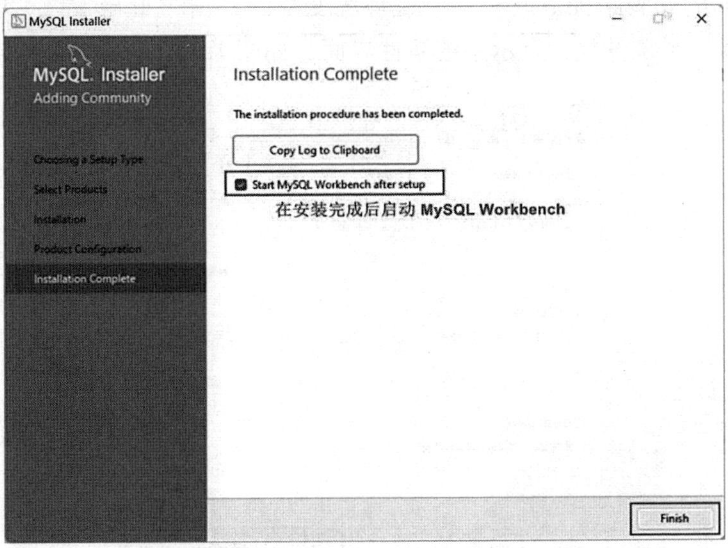


**图1－28　MySQL安装完成界面**

单击图1－28中的“Finish”按钮，退出MySQL配置向导。至此，已经完成MySQL的安装和配置。

在退出MySQL配置向导后会自动开启MySQL Workbench 8.0.36。MySQL Workbench启动后的界面如图1－29所示。

**3. 配置系统环境变量**

在Windows操作系统中，配置MySQL的环境变量可以让用户在命令行中更方便地启

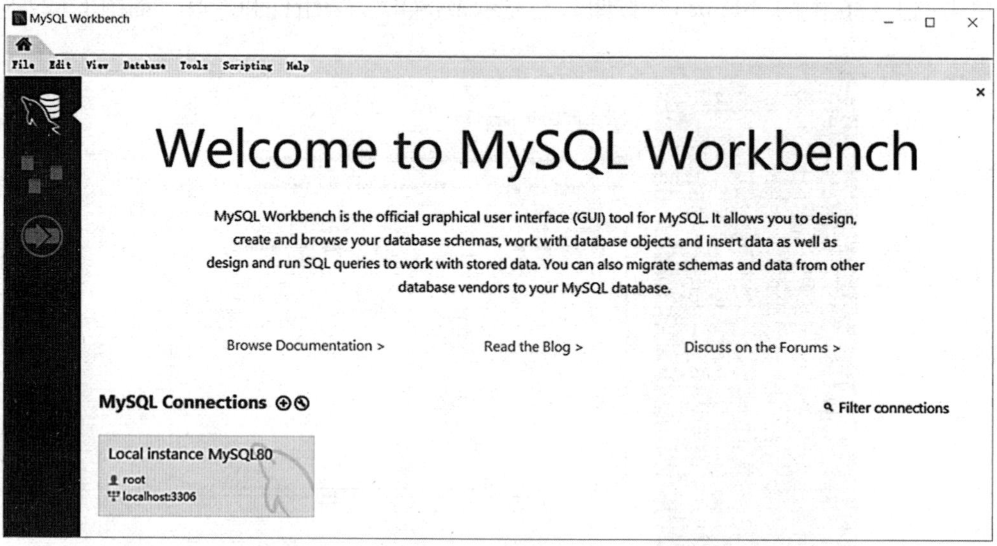


**图 1－29　MySQL Workbench 启动后的界面**

动 MySQL，而无须每次都切换到 MySQL 安装目录。通常，MySQL 默认安装在“C：\ Program Files \ MySQL \ MySQL Server 8.0”，默认的数据存储路径是“C：\ ProgramData \ MySQL \ MySQL Server 8.0”。

找到 MySQL 的安装路径后，开始配置环境变量。右击“此电脑”，单击“属性”按钮，选择“高级”系统设置，显示系统属性界面，如图 1－30 所示。

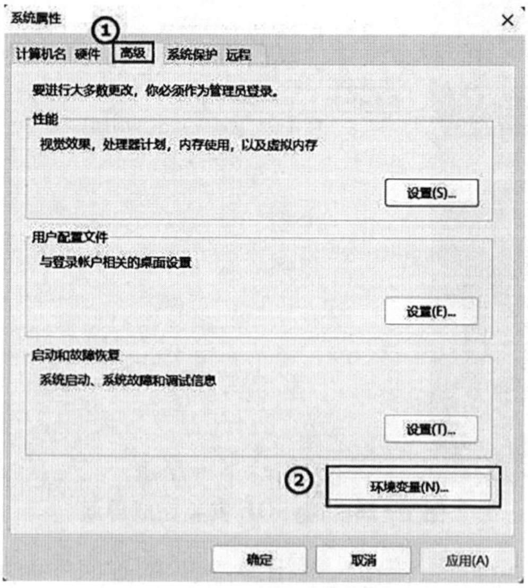


**图 1－30　系统属性界面**

单击图 1－30 中的“环境变量”按钮，弹出环境变量设置窗口，如图 1－31 所示。

双击图 1－31 中的“Path”系统变量，然后单击“新建”按钮，添加 MySQL 的环境变量，单击“确定”按钮。

在高级系统属性界面单击“确定”按钮即可完成 MySQL 环境变量的配置。

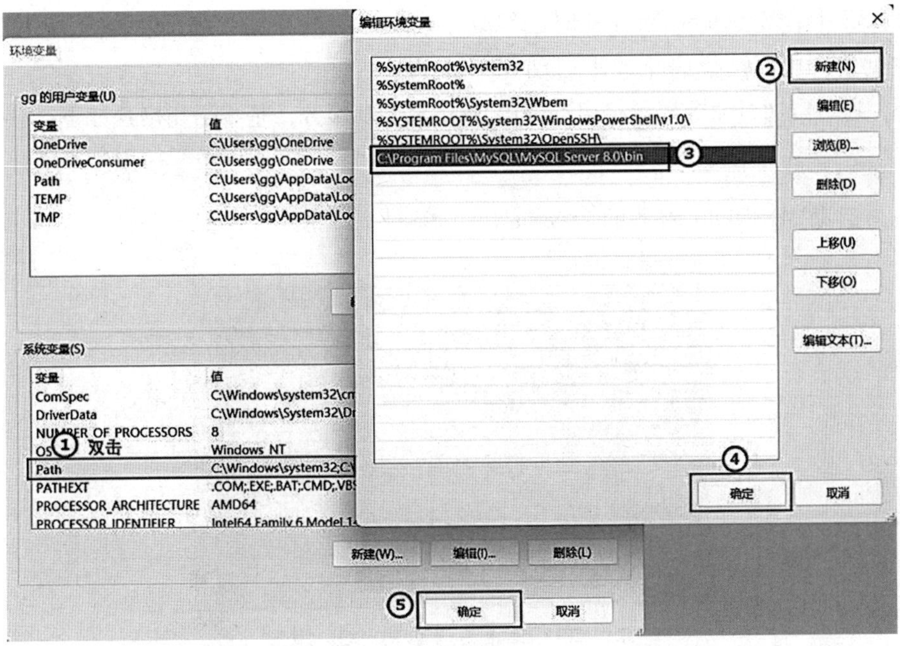


图 1－31　环境变量设置窗口

## （二）启动与登录 MySQL

### 1. 启动 MySQL 服务

在 Windows 操作系统中，MySQL 服务通常作为后台服务运行。为了启动 MySQL 服务，可以右击桌面图标“此电脑”，在弹出的快捷菜单中选择“管理”，打开计算机管理界面，在左侧导航栏中展开“服务和应用程序”，单击“服务”选项，将显示 Windows 提供的所有服务，找到“MySQL80”，如图 1－32 所示。

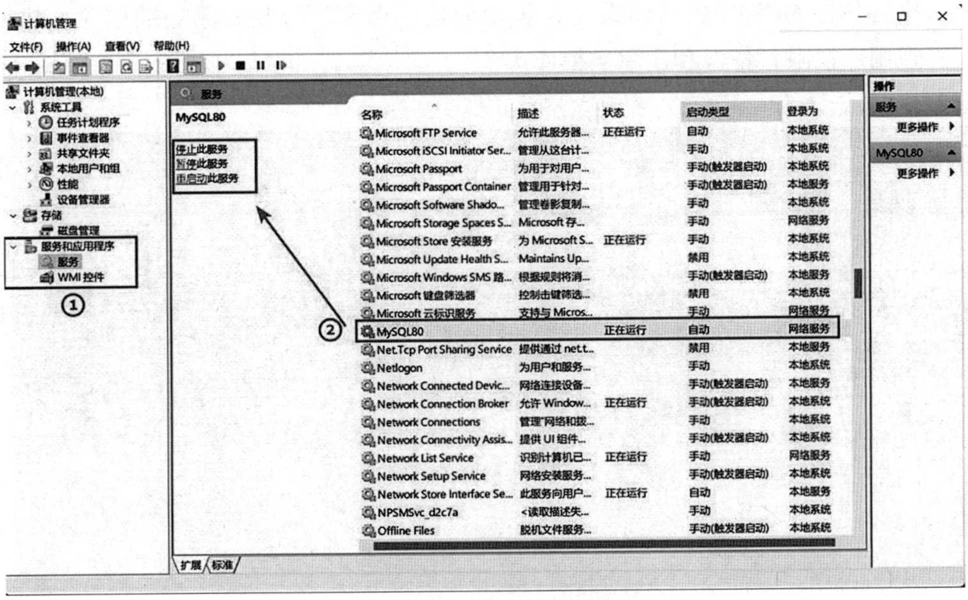


图 1－32　计算机管理界面

图 1－32 中，MySQL80 服务此时已经处于启动状态。单击“MySQL80”服务，在服务界面的左上角，可以选择停止或重启动 MySQL80。

另外，还可以通过命令提示符启动或停止 MySQL80 服务，基本语句格式如下。

```
net {start | stop} mysql80
```

停止与启动 MySQL80 服务的命令和界面如图 1－33 所示。

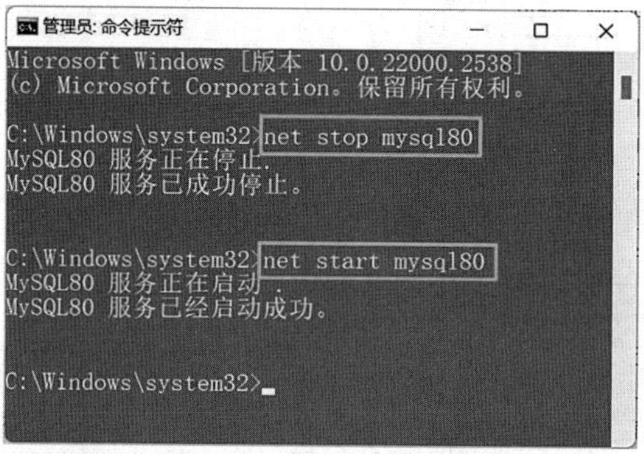


**图 1－33　停止与启动 MySQL 服务**

**2. 登录 MySQL 数据库**

在成功启动 MySQL 8.0 服务之后，用户可以通过多种途径登录并使用 MySQL 数据库。以下是两种主要的登录方式。

（1）通过 Windows 命令行界面。

打开命令提示符窗口，执行 mysql -u root -p 登录命令，再输入密码，即可登录 MySQL 数据库，如图 1－34 所示。成功登录 MySQL 数据库后，则会显示“mysql >”命令行提示符，表示用户已登录到 MySQL 服务器，并且现在可以在提示符后执行 MySQL 数据库命令。用户可以执行各种 MySQL 数据库操作，包括创建、查询、修改和删除数据库，执行 SQL 查询，管理用户权限，备份和还原数据库等。

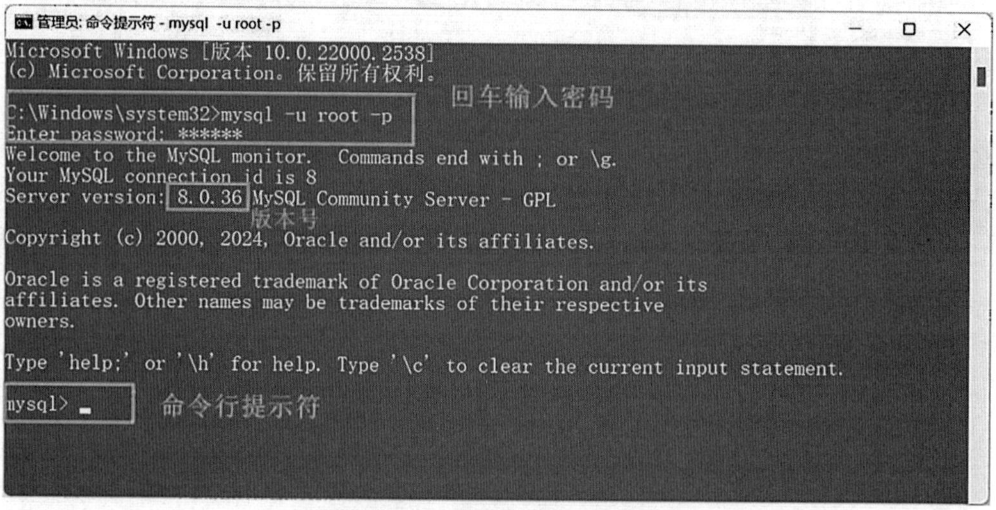


**图 1－34　登录 MySQL 数据库**

退出 MySQL 数据库可以执行 exit 命令或 quit 命令。

（2）使用 MySQL 自带的客户端工具。

Command Line Client 是 MySQL 官方提供的一个客户端工具，它允许用户使用命令行与 MySQL 服务器进行交互。在 Windows 上，可以通过“开始”菜单找到 MySQL 的安装目录，并在其中找到“MySQL 8.0 Command Line Client”或类似的快捷方式。单击这个快捷方式，将打开一个新的命令行窗口，并自动连接到 MySQL 服务器。“开始”菜单如图 1－35 所示。

**图 1－35　“开始”菜单**

单击“MySQL 8.0 Command Line Client”程序，进入 MySQL 命令行界面，输入 MySQL 的登录密码，然后按下 Enter 键，即可登录 MySQL 数据库，如图 1－36 所示。

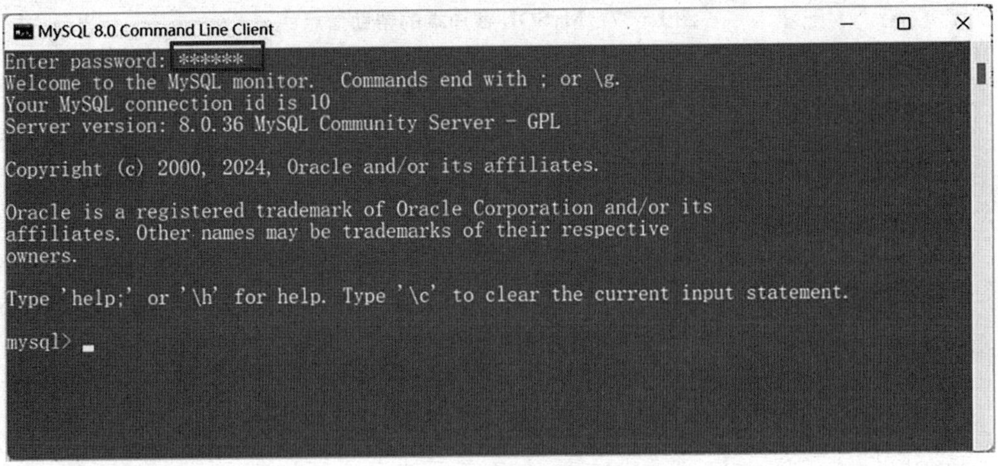


**图 1－36　登录 MySQL 数据库**

若需要退出 MySQL 数据库，执行 exit 命令或者 quit 命令即可。

**3. MySQL 客户端的帮助信息**

在命令行中输入 help 或者\h + 命令可以获取关于 MySQL 客户端的帮助信息，如图 1 – 37 所示。

```
MySQL 8.0 Command Line Client
Type 'help;' or '\h' for help. Type '\c' to clear the current input statement.

mysql> help

For information about MySQL products and services, visit:
   http://www.mysql.com/
For developer information, including the MySQL Reference Manual, visit:
   http://dev.mysql.com/
To buy MySQL Enterprise support, training, or other products, visit:
   https://shop.mysql.com/

List of all MySQL commands:
Note that all text commands must be first on line and end with ';'
?         (\?) Synonym for `help'.
clear     (\c) Clear the current input statement.
connect   (\r) Reconnect to the server. Optional arguments are db and host.
delimiter (\d) Set statement delimiter.
ego       (\G) Send command to mysql server, display result vertically.
exit      (\q) Exit mysql. Same as quit.
go        (\g) Send command to mysql server.
help      (\h) Display this help.
notee     (\t) Don't write into outfile.
print     (\p) Print current command.
prompt    (\R) Change your mysql prompt.
quit      (\q) Quit mysql.
rehash    (\#) Rebuild completion hash.
source    (\.) Execute an SQL script file. Takes a file name as an argument.
status    (\s) Get status information from the server.
system    (\!) Execute a system shell command.
tee       (\T) Set outfile [to_outfile]. Append everything into given outfile.
use       (\u) Use another database. Takes database name as argument.
charset   (\C) Switch to another charset. Might be needed for processing binlog with multi-byte charsets.
warnings  (\W) Show warnings after every statement.
nowarning (\w) Don't show warnings after every statement.
resetconnection(\x) Clean session context.
query_attributes Sets string parameters (name1 value1 name2 value2 ...) for the next query to pick up.
ssl_session_data_print Serializes the current SSL session data to stdout or file

For server side help, type 'help contents'

mysql> _
```

**图 1 – 37　MySQL 客户端的帮助信息**

单元 1 – 任务 1

# 任务2　创建和修改企业员工信息管理数据库

## 任务概述

本任务旨在创建和管理企业员工信息管理数据库，以便在数据库中存储和管理企业员工的各种信息。一个良好的数据库管理系统是企业信息化建设的基础。通过本任务，学生将学习如何创建、查看、切换、修改和删除数据库，掌握数据库的基本操作，为后续的数据表设计和数据操作打下坚实基础。

## 知识储备

### 一、创建和查看数据库

MySQL是一种关系数据库，结构化查询语言（Structured Query Language，SQL）是一种用于管理关系数据库的标准化语言。MySQL使用SQL作为其查询语言，并且支持SQL标准中的大部分语法和功能。

#### （一）创建数据库

数据库是用于存储和组织数据的容器。在MySQL中，创建一个指定名称的数据库，语法格式如下。

```
CREATE DATABASE 数据库名称;
```

在上述语法格式中，“数据库名称”表示需要创建的数据库名称。数据库命名需要注意以下三点。

（1）数据库名称是唯一的，且区分大小写（Windows中不区分大小写）。

（2）可以由字母、数字、下划线、@、#、$组成。

（3）不能使用关键字。

动画

数据如何在MySQL中存储和管理

需要注意，在 SQL 语句中，分号（;）通常用于标记语句的结束。每条 SQL 语句必须以分号结束，以便数据库系统能够识别语句的结束位置。

例如，创建一个企业物资管理数据库 InventoryManagementDB。

```
CREATE DATABASE InventoryManagementDB;
```

执行结果如图 1－38 所示。

```
mysql> CREATE DATABASE InventoryManagementDB;
Query OK, 1 row affected (0.01 sec)
```

**图 1－38　创建企业物资管理数据库 InventoryManagementDB**

## （二）查看数据库

### 1. 查看所有数据库

查看 MySQL 中所有的数据库，语法格式如下。

```
SHOW DATABASES;
```

执行结果如图 1－39 所示。

```
mysql> SHOW DATABASES;
+-----------------------+
| Database              |
+-----------------------+
| information_schema    |
| inventorymanagementdb |
| mysql                 |
| performance_schema    |
| sys                   |
+-----------------------+
5 rows in set (0.00 sec)
```

**图 1－39　查看所有数据库**

在初始情况下，MySQL 默认的数据库包括 information_schema、mysql、performance_schema 和 sys。MySQL 默认数据库及说明如表 1－16 所示。

**表 1－16　MySQL 默认数据库及说明**

| 数据库名称 | 说明 |
|---|---|
| information_schema | 此数据库保存了 MySQL 服务器所有数据库的信息，如数据库的名称、数据库的表、数据库的访问权限、表的数据类型、数据库的索引信息等 |
| mysql | MySQL 的核心数据库，主要负责存储数据库的用户、权限设置、关键字、MySQL 需要使用的控制和管理信息 |
| performance_schema | 主要用于收集数据库服务器性能的参数，可用于监控服务器在一个较低级别的运行过程中的资源消耗、资源等待等 |
| sys | 此数据库中的所有数据源均来自 performance_schema 库，sys 库主要负责把 performance_schema 库的复杂度降低，便于数据库管理员管理数据库 |

需要注意，MySQL 提供的默认数据库不能删除，删除后可能会造成 MySQL 文件系统

的损坏。

**2. 查看数据库的创建信息**

查看指定数据库的创建语句和属性信息，语法格式如下。

```
SHOW CREATE DATABASE 数据库名称;
```

例如，查看 InventoryManagementDB 数据库的创建语句和属性信息。

```
SHOW CREATE DATABASE InventoryManagementDB;
```

执行结果如图 1－40 所示。

```
mysql> SHOW CREATE DATABASE InventoryManagementDB;
+-----------------------+------------------------------------------------------------------------------------------------------------------------------------------+
| Database              | Create Database                                                                                                                          |
+-----------------------+------------------------------------------------------------------------------------------------------------------------------------------+
| InventoryManagementDB | CREATE DATABASE `InventoryManagementDB` /*!40100 DEFAULT CHARACTER SET utf8mb4 COLLATE utf8mb4_0900_ai_ci */ /*!80016 DEFAULT ENCRYPTION='N' */ |
+-----------------------+------------------------------------------------------------------------------------------------------------------------------------------+
1 row in set (0.00 sec)
```

**图 1－40　查看 InventoryManagementDB 数据库的创建语句和属性信息**

MySQL 返回了一个结果集，其中包含了创建数据库 InventoryManagementDB 的 SQL 语句以及相关的属性信息。其中 utf8mb4 表示默认的字符集，utf8mb4_0900_ai_ci 表示校对规则，ENCRYPTION ='N'表示加密选项为 N，即数据库中的数据不使用默认的加密方式进行加密。

从 MySQL 8.0 开始，使用 utf8mb4 作为 MySQL 的默认字符集。创建数据库时，除了使用默认字符集，还可以指定字符集。例如，创建一个名为 test_1 的数据库，编码指定为 gbk（Chinese Internal Code Specification，汉字编码字符集），具体如下。

```
CREATE DATABASE test_1 CHARACTER SET gbk;
```

查看数据库 test_1 的信息，具体如下。

```
SHOW CREATE DATABASE test_1;
```

执行结果如图 1－41 所示。

```
mysql> SHOW CREATE DATABASE test_1;
+----------+--------------------------------------------------------------------------------------------------+
| Database | Create Database                                                                                  |
+----------+--------------------------------------------------------------------------------------------------+
| test_1   | CREATE DATABASE `test_1` /*!40100 DEFAULT CHARACTER SET gbk */ /*!80016 DEFAULT ENCRYPTION='N' */ |
+----------+--------------------------------------------------------------------------------------------------+
1 row in set (0.00 sec)
```

**图 1－41　查看数据库 test_1 的信息**

## 二、切换、修改和删除数据库

### （一）切换数据库

使用 USE 命令切换到一个已经存在的数据库，语法格式如下。

```
USE 数据库名
```

在 SQL 语句中，命令通常以“;”结尾，而 USE 不是 SQL 语句，所以并不强制要求以“;”结尾。除上述语法外，“USE 数据库名”也可以使用“\u 数据库名”代替。

例如，切换到数据库 InventoryManagementDB。

```
USE InventoryManagementDB
```

如果返回 Database changed 则表示已经切换到数据库 InventoryManagementDB。如果需要在指定数据库中进行操作，则需要切换至该数据库。

查看当前使用的数据库，具体如下。

```
SELECT database();
```

执行结果如图 1－42 所示。

```
mysql> SELECT database();
+----------------------+
| database()           |
+----------------------+
| inventorymanagementdb |
+----------------------+
1 row in set (0.00 sec)
```

**图 1－42　查看当前使用的数据库**

## （二）修改数据库

在创建数据库时可选择使用自定义的或者默认的字符集。数据库创建完成之后，若想修改数据库的字符编码，可以使用 ALTER DATABASE 语句实现，语法格式如下。

```
ALTER DATABASE 数据库名称 DEFAULT CHARACTER SET 编码方式 COLLATE 编码方式_bin;
```

在 MySQL 8.0.36 中，字符集有 41 种。查看字符集的语句如下。

```
SHOW CHARACTER SET;
```

执行结果如图 1－43 所示。

例如，将数据库 test_1 的编码修改为 utf8mb4。

```
ALTER DATABASE test_1 CHARACTER SET = utf8mb4 COLLATE = utf8mb4_general_ci;
-- 接着查看数据库 test_1 的字符编码进行验证
SHOW CREATE DATABASE test_1;
```

执行结果如图 1－44 所示。

## （三）删除数据库

在数据库管理中，删除数据库是一个敏感且需要谨慎处理的操作，因为一旦执行，它将永久删除该数据库及其所有相关的表、数据、索引、视图等对象，即数据库分配的空间被收回。

删除数据库的语法格式如下。

```
DROP DATABASE 数据库名称;
```

例如，将数据库 test_1 删除。

```
DROP DATABASE test_1;
```

```
mysql> SHOW CHARACTER SET;
+----------+---------------------------------+---------------------+--------+
| Charset  | Description                     | Default collation   | Maxlen |
+----------+---------------------------------+---------------------+--------+
| armscii8 | ARMSCII-8 Armenian              | armscii8_general_ci |      1 |
| ascii    | US ASCII                        | ascii_general_ci    |      1 |
| big5     | Big5 Traditional Chinese        | big5_chinese_ci     |      2 |
| binary   | Binary pseudo charset           | binary              |      1 |
| cp1250   | Windows Central European        | cp1250_general_ci   |      1 |
| cp1251   | Windows Cyrillic                | cp1251_general_ci   |      1 |
| cp1256   | Windows Arabic                  | cp1256_general_ci   |      1 |
| cp1257   | Windows Baltic                  | cp1257_general_ci   |      1 |
| cp850    | DOS West European               | cp850_general_ci    |      1 |
| cp852    | DOS Central European            | cp852_general_ci    |      1 |
| cp866    | DOS Russian                     | cp866_general_ci    |      1 |
| cp932    | SJIS for Windows Japanese       | cp932_japanese_ci   |      2 |
| dec8     | DEC West European               | dec8_swedish_ci     |      1 |
| eucjpms  | UJIS for Windows Japanese       | eucjpms_japanese_ci |      3 |
| euckr    | EUC-KR Korean                   | euckr_korean_ci     |      2 |
| gb18030  | China National Standard GB18030 | gb18030_chinese_ci  |      4 |
| gb2312   | GB2312 Simplified Chinese       | gb2312_chinese_ci   |      2 |
| gbk      | GBK Simplified Chinese          | gbk_chinese_ci      |      2 |
| geostd8  | GEOSTD8 Georgian                | geostd8_general_ci  |      1 |
| greek    | ISO 8859-7 Greek                | greek_general_ci    |      1 |
| hebrew   | ISO 8859-8 Hebrew               | hebrew_general_ci   |      1 |
| hp8      | HP West European                | hp8_english_ci      |      1 |
| keybcs2  | DOS Kamenicky Czech-Slovak      | keybcs2_general_ci  |      1 |
| koi8r    | KOI8-R Relcom Russian           | koi8r_general_ci    |      1 |
| koi8u    | KOI8-U Ukrainian                | koi8u_general_ci    |      1 |
| latin1   | cp1252 West European            | latin1_swedish_ci   |      1 |
| latin2   | ISO 8859-2 Central European     | latin2_general_ci   |      1 |
| latin5   | ISO 8859-9 Turkish              | latin5_turkish_ci   |      1 |
| latin7   | ISO 8859-13 Baltic              | latin7_general_ci   |      1 |
| macce    | Mac Central European            | macce_general_ci    |      1 |
| macroman | Mac West European               | macroman_general_ci |      1 |
| sjis     | Shift-JIS Japanese              | sjis_japanese_ci    |      2 |
| swe7     | 7bit Swedish                    | swe7_swedish_ci     |      1 |
| tis620   | TIS620 Thai                     | tis620_thai_ci      |      1 |
| ucs2     | UCS-2 Unicode                   | ucs2_general_ci     |      2 |
| ujis     | EUC-JP Japanese                 | ujis_japanese_ci    |      3 |
| utf16    | UTF-16 Unicode                  | utf16_general_ci    |      4 |
| utf16le  | UTF-16LE Unicode                | utf16le_general_ci  |      4 |
| utf32    | UTF-32 Unicode                  | utf32_general_ci    |      4 |
| utf8mb3  | UTF-8 Unicode                   | utf8mb3_general_ci  |      3 |
| utf8mb4  | UTF-8 Unicode                   | utf8mb4_0900_ai_ci  |      4 |
+----------+---------------------------------+---------------------+--------+
41 rows in set (0.01 sec)
```

图 1－43　查看字符集

```
mysql> ALTER DATABASE test_1 CHARACTER SET = utf8mb4 COLLATE = utf8mb4_general_ci;
Query OK, 1 row affected (0.01 sec)

mysql> SHOW CREATE DATABASE test_1;
+----------+-------------------------------------------------------------------------------------------------------------------------------+
| Database | Create Database                                                                                                               |
+----------+-------------------------------------------------------------------------------------------------------------------------------+
| test_1   | CREATE DATABASE `test_1` /*!40100 DEFAULT CHARACTER SET utf8mb4 COLLATE utf8mb4_general_ci */ /*!80016 DEFAULT ENCRYPTION='N' */ |
+----------+-------------------------------------------------------------------------------------------------------------------------------+
1 row in set (0.00 sec)
```

图 1－44　修改数据库 test_1 的字符编码

## 任务实施

### 一、创建和查看企业员工信息管理数据库

随着企业规模的扩大和信息化程度的提高，管理和维护大量员工信息变得越来越重要。因此，有必要建立一个专门的数据库来存储和管理员工的基本信息、工作经历、薪资信息、考勤记录等数据。通过这个数据库，企业能够更有效地管理员工信息，提高工作效率和管理水平。

（1）创建 employee_management_db 数据库。

```
CREATE DATABASE employee_management_db;
```

执行结果如图 1－45 所示。

```
mysql> CREATE DATABASE employee_management_db;
Query OK, 1 row affected (0.01 sec)
```

**图 1－45　创建 employee_management_db 数据库**

（2）查看 employee_management_db 数据库的创建信息。

```
SHOW CREATE DATABASE employee_management_db;
```

执行结果如图 1－46 所示。

```
mysql> SHOW CREATE DATABASE employee_management_db;
+------------------------+-----------------------------------------------------------------------------------------------------------------------------------------------+
| Database               | Create Database                                                                                                                               |
+------------------------+-----------------------------------------------------------------------------------------------------------------------------------------------+
| employee_management_db | CREATE DATABASE `employee_management_db` /*!40100 DEFAULT CHARACTER SET utf8mb4 COLLATE utf8mb4_0900_ai_ci */ /*!80016 DEFAULT ENCRYPTION='N' */ |
+------------------------+-----------------------------------------------------------------------------------------------------------------------------------------------+
1 row in set (0.00 sec)
```

**图 1－46　查看 employee_management_db 数据库的创建信息**

### 二、切换、修改和删除企业员工信息管理数据库

（1）切换至 employee_management_db 数据库。

```
USE employee_management_db;
```

执行结果如图 1－47 所示。

```
mysql> USE employee_management_db;
Database changed
```

**图 1－47　切换至 employee_management_db 数据库**

（2）修改 employee_management_db 数据库的字符编码为 gb2312。

```
ALTER DATABASE employee_management_db DEFAULT CHARACTER SET gb2312 COLLATE gb2312_
chinese_ci;
```

执行结果如图 1－48 所示。

```
mysql> ALTER DATABASE employee_management_db DEFAULT CHARACTER SET gb2312 COLLATE gb2312_chinese_ci;
Query OK, 1 row affected (0.01 sec)
```

**图1-48　修改 employee_management_db 数据库的字符编码为 gb2312**

（3）删除 employee_management_db 数据库。

```
DROP DATABASE employee_management_db;
```

执行结果如图1-49所示。

```
mysql> DROP DATABASE employee_management_db;
Query OK, 0 rows affected (0.01 sec)
```

**图1-49　删除 employee_management_db 数据库**

单元1-任务2

# 任务 3 创建和修改企业员工信息管理数据表

## 任务概述

本任务旨在创建和修改企业员工信息管理数据库中的数据表。通过本任务，学生将了解如何定义数据表的结构、应用完整性约束，以及如何查看和修改数据表，为企业员工信息管理系统的设计和维护打下坚实的基础。

## 知识储备

### 一、认识数据类型

在 MySQL 中，数据类型定义了存储在数据库中的数据的种类。MySQL 支持所有标准的 SQL 数据类型，包括数值类型、字符串类型及日期和时间类型等，说明如下。

#### （一）数值类型

MySQL 中常见的数值类型包括整数类型、浮点数类型和定点数类型等。MySQL 数值类型具体如表 1－17 所示。

**表 1－17 MySQL 数值类型**

| 数据类型 | 字节数 | 无符号数的取值范围 | 有符号数的取值范围 |
|---|---|---|---|
| TINYINT | 1 | 0～255 | －128～127 |
| SMALLINT | 2 | 0～65535 | －32768～32767 |
| MEDIUMINT | 3 | 0～16777215 | －8388608～8388607 |
| INT / INTEGER | 4 | 0～4294967295 | －2147483648～2147483647 |
| BIGINT | 8 | 0～18446744073709551615 | －9223372036854775808～9223372036854775807 |
| FLOAT | 4 | 0 和 1.175494351E－38～3.402823466E＋38 | －3.402823466E＋38～－1.175494351E－38 |

续表

| 数据类型 | 字节数 | 无符号数的取值范围 | 有符号数的取值范围 |
| --- | --- | --- | --- |
| DOUBLE | 8 | 0 和 2. 2250738585072014E－308～1. 7976931348623157E＋308 | －1. 7976931348623157E＋308～2. 2250738585072014E－308 |
| DECIMAL（*M*，*D*） | 可变 | 0～10^（*M*－*D*）－1 | －10^（*M*－*D*）（或稍大一些的负数，取决于小数点调整）～10^（*M*－*D*）－1 |

其中，TINYINT、SMALLINT、MEDIUMINT、INT 和 BIGINT 属于整数类型，用于存储整数值；FLOAT 和 DOUBLE 属于浮点数类型，用于存储带有小数部分的数值；DECIMAL 是定点数类型，用于存储固定小数位数的数值。

### （二）字符串类型

MySQL 提供了四种基本的字符串类型，分别为定长字符串类型、变长字符串类型、二进制字符串类型和文本类型。字符串类型可以存储的范围为从简单的一个字符到巨大的文本块或二进制字符串数据。常见的字符串类型如表 1－18 所示。

**表 1－18　常见的字符串类型**

| 数据类型 | 字节数 | 类型描述 |
| --- | --- | --- |
| CHAR | 0～255 | 定长字符串 |
| VARCHAR | 0～65535 | 变长字符串 |
| BINARY（*M*） | 0～*M* | 允许长度 0～*M* 字节的定长字节字符集 |
| VARBINARY（*M*） | 0～*M* | 允许长度 0～*M* 字节的变长字节字符集 |
| TINYBLOB | 0～255 | 不超过 255 个字符的二进制字符串 |
| TINYTEXT | 0～255 | 短文本字符串 |
| BLOB | 0～65535 | 二进制形式的长文本数据 |
| TEXT | 0～65535 | 长文本数据 |
| MEDIUMBLOB | 0～16777215 | 二进制形式的中等长度文本数据 |
| MEDIUMTEXT | 0～16777215 | 中等长度文本数据 |
| LOGNGBLOB | 0～4294967295 | 二进制形式的极大文本数据 |
| LONGTEXT | 0～4294967295 | 极大文本数据 |

其中，CHAR 是定长字符串类型，用于存储固定长度的字符串；VARCHAR 是变长字符串类型，用于存储可变长度的字符串；BINARY 和 VARBINARY 是二进制字符串类型，用于存储二进制数据的字符串；TINYTEXT、TEXT、MEDIUMTEXT 和 LONGTEXT 是文本类型，用于存储较长的文本数据。

### （三）日期和时间类型

MySQL 提供了五种日期和时间类型，它们对应的字节数和取值范围如表 1－19 所示。

表 1-19　MySQL 日期和时间类型

| 数据类型 | 字节数 | 取值范围 | 日期格式 | 零值 |
| --- | --- | --- | --- | --- |
| YEAR | 1 | 1901～2155 | YYYY | 0000 |
| DATE | 3 | 1000-01-01～9999-12-31 | YYYY-MM-DD | 0000-00-00 |
| TIME | 3 | -838：59：59～838：59：59 | hh：mm：ss | 00：00：00 |
| DATETIME | 8 | 1000-01-01 00：00：00～9999-12-31 23：59：59 | YYYY-MM-DD hh：mm：ss | 0000-00-00 00：00：00 |
| TIMESTAMP | 4 | 1970-01-01 00：00：01～2038-01-19 03：14：07 | YYYY-MM-DD hh：mm：ss | 0000-00-00 00：00：00 |

其中，YEAR 类型表示时间，DATE 类型表示日期，TIME 类型表示时间，DATETIME 和 TIMESTAMP 表示日期和时间。

### （四）其他数据类型

除了数值类型、字符串类型及日期和时间类型，MySQL 还支持其他一些常用的数据类型。例如：

（1）JSON 类型：用于存储 JSON 格式的数据。

（2）集合（SET）类型：SET 是一个字符串对象，可以有零个或多个值，其值来自预定义的列表。

（3）枚举（ENUM）类型：ENUM 是一个字符串对象，其值必须来自预定义的列表。与 SET 不同，ENUM 列只能有一个值。

## 二、创建数据表

创建数据表即定义数据库中存储数据的结构和属性的过程，同时也是实现数据库数据完整性和约束性的过程。在 MySQL 中，创建数据表的基本语法格式如下。

```
CREATE TABLE 表名(
字段名 1 数据类型 [约束条件],
字段名 2 数据类型 [约束条件],
……
字段名 n 数据类型 [约束条件]
)表选项;
```

在上述语法格式中，关键字的说明如表 1-20 所示。

表 1-20　关键字的说明

| 关键字 | 说明 |
| --- | --- |
| 表名 | 表示需要创建表的名称 |
| 字段名 | 表示数据列的名字 |
| 数据类型 | 指的是每列参数对应的数值类型，可以为 INT、CHAR、VARCHAR 等 |

续表

| 关键字 | 说明 |
|---|---|
| 约束条件 | 可选，包括各种约束，如 NOT NULL、DEFAULT、PRIMARY KEY、UNIQUE、FOREIGN KEY 等 |
| 表选项 | 代表在创建表时可以单独指定使用的存储引擎和默认的字符编码。例如：ENGINE = InnoDB DEFAULT CHARSET = utf8 |

例如，在数据库 InventoryManagementDB 中创建一个数据表 departments。departments 表结构如表 1－21 所示。

**表 1－21　departments 表结构**

| 字段名称 | 数据类型 | 说明 |
|---|---|---|
| department_id | INT | 部门编号 |
| department_name | VARCHAR（50） | 部门名称 |
| contact_phone | VARCHAR（20） | 联系电话 |

（1）在创建表之前需要使用“USE 数据库名”切换到要操作的数据库。切换至数据库 InventoryManagementDB，具体如下。

```
USE InventoryManagementDB;
```

执行结果如图 1－50 所示。

```
mysql> USE InventoryManagementDB
Database changed
```

**图 1－50　切换至数据库 InventoryManagementDB**

（2）创建数据表 departments，具体如下。

```
CREATE TABLE departments (
department_id INT,
department_name VARCHAR（50),
contact_phone VARCHAR（20）
);
```

执行结果如图 1－51 所示。

```
mysql> CREATE TABLE departments (
    -> department_id INT,
    -> department_name VARCHAR(50),
    -> contact_phone VARCHAR(20)
    -> );
Query OK, 0 rows affected (0.02 sec)
```

**图 1－51　创建数据表 departments**

（3）为了验证数据表 departments 是否被创建成功，使用 SHOW TABLES 语句查看当前数据库中的所有数据表，具体如下。

```
SHOW TABLES;
```

执行结果如图 1－52 所示。

```
mysql> SHOW TABLES;
+--------------------------------+
| Tables_in_inventorymanagementdb |
+--------------------------------+
| departments                     |
+--------------------------------+
1 row in set (0.00 sec)
```

**图 1－52　查看当前数据库中的所有数据表**

## 三、查看数据表信息

### （一）使用 SHOW 语句查看数据表信息

SHOW CREATE TABLE 语句用于显示创建指定数据表的完整 SQL 语句，包含表结构、字段定义、索引设置、表引擎以及字符集等所有相关的创建信息，语法格式如下。

```
SHOW CREATE TABLE 表名;
```

例如，查看 departments 表的创建语句。

```
SHOW CREATE TABLE departments;
```

执行结果如图 1－53 所示。

```
mysql> SHOW CREATE TABLE departments;
+------------+--------------------------------------------------------------------------------------------------
--------------------------------------------------------------------------------------------------+
| Table      | Create Table

                   |
+------------+--------------------------------------------------------------------------------------------------
--------------------------------------------------------------------------------------------------+
| departments | CREATE TABLE `departments` (
  `department_id` int DEFAULT NULL,
  `department_name` varchar(50) DEFAULT NULL,
  `contact_phone` varchar(20) DEFAULT NULL
) ENGINE=InnoDB DEFAULT CHARSET=utf8mb4 COLLATE=utf8mb4_0900_ai_ci |
+------------+--------------------------------------------------------------------------------------------------
--------------------------------------------------------------------------------------------------+
1 row in set (0.01 sec)
```

**图 1－53　查看 departments 表的创建语句**

如图 1－54 所示，返回结果以行的方式显示了创建数据表时字段的定义信息，其中第二列显示了创建表的 CREATE TABLE 语句，可以用这个语句来重新创建相同结构的表。

为了便于观察，可以在查询语句后加上参数“\G”，对返回信息进行格式化，具体如下。

```
SHOW CREATE TABLE departments \G
```

执行结果如图 1－54 所示。

```
mysql> SHOW CREATE TABLE departments\G
*************************** 1. row ***************************
       Table: departments
Create Table: CREATE TABLE `departments` (
  `department_id` int DEFAULT NULL,
  `department_name` varchar(50) DEFAULT NULL,
  `contact_phone` varchar(20) DEFAULT NULL
) ENGINE=InnoDB DEFAULT CHARSET=utf8mb4 COLLATE=utf8mb4_0900_ai_ci
1 row in set (0.00 sec)
```

**图1-54 使用参数“\G”对返回信息进行格式化**

### (二) 使用DESCRIBE语句查看表信息

使用DESCRIBE（或简写为DESC）语句可以查看特定数据表的结构，包括字段名、数据类型、约束条件等信息，语法格式如下。

```
DESCRIBE | DESC 表名;
```

例如，使用DESCRIBE语句查看departments表的表信息。

```
DESCRIBE departments;
```

执行结果如图1-55所示。

```
mysql> DESCRIBE departments;
+-----------------+-------------+------+-----+---------+-------+
| Field           | Type        | Null | Key | Default | Extra |
+-----------------+-------------+------+-----+---------+-------+
| department_id   | int         | YES  |     | NULL    |       |
| department_name | varchar(50) | YES  |     | NULL    |       |
| contact_phone   | varchar(20) | YES  |     | NULL    |       |
+-----------------+-------------+------+-----+---------+-------+
3 rows in set (0.00 sec)
```

**图1-55 使用DESCRIBE语句查看departments表的表信息**

如图1-55所示，departments表的字段信息以表格的形式返回给用户。表格中各字段的说明如下。

- Field：字段名。
- Type：数据类型。
- Null：是否允许为空（YES或NO）。
- Key：是否已被索引（PRI表示主键，UNI表示唯一索引，MUL表示非唯一索引）。
- Default：默认值。
- Extra：额外的信息（例如，auto_increment表示该字段是自动递增的）。

## 四、复制和删除数据表

### (一) 复制数据表

**1. 复制表结构到新表**

使用CREATE TABLE...LIKE...语句会创建一个新的空表，其结构与旧表完全相同，但不会复制任何数据，语法格式如下。

```
CREATE TABLE 新表 LIKE 旧表;
```

例如，创建一个数据表 new_departments，其结构与数据表 departments 相同，具体如下。

```
CREATE TABLE new_departments LIKE departments;
```

执行结果如图 1－56 所示。

```
mysql> CREATE TABLE new_departments LIKE departments;
Query OK, 0 rows affected (0.02 sec)
```

**图 1－56　创建一个数据表 new_departments**

**2. 复制表数据到新表**

如果两个表结构相同，可以使用 INSERT INTO…SELECT…语句将旧表中的数据插入新表，语法格式如下。

```
INSERT INTO 新表 SELECT * FROM 旧表;
```

如果两个表结构不同，但需要复制特定的列，那么可以指定字段名进行复制，语法格式如下。

```
INSERT INTO 新表（字段 1,字段 2…）SELECT 字段 A,字段 B…FROM 旧表;
```

**3. 复制表结构和数据到新表**

使用 CREATE TABLE…AS SELECT…语句可以在复制旧表数据的同时创建一个新表，并且新表的结构与旧表相同（基于 SELECT 语句中的列），语法格式如下。

```
CREATE TABLE 新表 AS SELECT * FROM 旧表;
```

### （二）删除数据表

在 MySQL 中使用 DROP TABLE 语句删除数据表，语法格式如下。

```
DROP TABLE 表名;
```

删除数据表后，将会永久删除表及其所有数据。

例如，删除数据表 new_departments，具体如下。

```
DROP TABLE new_departments;
-- 查看 new_departments 表信息
DESC new_departments;
```

执行结果如图 1－57 所示。

```
mysql> DROP TABLE new_departments;
Query OK, 0 rows affected (0.01 sec)

mysql> DESC new_departments;
ERROR 1146 (42S02): Table 'factoryinventorydb.new_departments' doesn't exist
```

**图 1－57　删除数据表 new_departments**

## 五、使用完整性约束

在数据库设计中，完整性约束是用来确保数据完整性和一致性的重要手段。MySQL 提供了多种完整性约束，包括主键约束、唯一约束、自动增长列、非空约束、默认值约束、外键约束等。下面详细讲解如何使用这些完整性约束。

### （一）主键约束

主键约束用于标识数据表中的唯一记录，每个表只能有一个主键。主键可以是一个字段，也可以是多个字段的组合。在 MySQL 中，使用 PRIMARY KEY 字段来定义数据表中的主键，主键约束确保主键列中的值是唯一且不为空的。

（1）在创建表时可以为单字段添加主键约束，语法格式如下。

```
CREATE TABLE 表名（
字段名 数据类型 PRIMARY KEY,
[字段名 n 数据类型 ]
);
```

例如，在创建仓库表 warehouses 时，添加主键约束，具体如下。

```
CREATE TABLE warehouses (
warehouse_id INT PRIMARY KEY,
warehouse_name VARCHAR（100),
warehouse_address VARCHAR（100)
);
```

执行结果如图 1－58 所示。

```
mysql> CREATE TABLE warehouses (
    -> warehouse_id INT PRIMARY KEY,
    -> warehouse_name VARCHAR(100),
    -> warehouse_address VARCHAR(100)
    -> );
Query OK, 0 rows affected (0.02 sec)
```

**图 1－58　创建仓库表 warehouses 并添加主键约束**

（2）添加多字段的主键约束，即复合主键，语法格式如下。

```
CREATE TABLE 表名（
字段名 1 数据类型,
字段名 2 数据类型,
……
PRIMARY KEY（字段名 1, 字段名 2, …, 字段名 n）
);
```

例如，创建存放表 storages，其字段“仓库编号”和“库存编号”为复合主键，具体如下。

```
CREATE TABLE storages (
warehouse_id INT,
product_id VARCHAR (10),
stock_quantity INT,
storage_location VARCHAR (100),
PRIMARY KEY (warehouse_id, product_id)
);
```

执行结果如图 1 - 59 所示。

```
mysql> CREATE TABLE storages (
    -> warehouse_id INT,
    -> product_id VARCHAR(10),
    -> stock_quantity INT,
    -> storage_location VARCHAR(100),
    -> PRIMARY KEY (warehouse_id, product_id)
    -> );
Query OK, 0 rows affected (0.01 sec)
```

**图 1 - 59　创建存放表 storages**

（3）在表创建完成后，也可以为表添加主键约束，语法格式如下。

```
ALTER TABLE 表名 ADD PRIMARY KEY (字段名);
```

例如，为 departments 表添加主键约束，具体如下。

```
ALTER TABLE departments ADD PRIMARY KEY (department_id);
```

执行结果如图 1 - 60 所示。

```
mysql> ALTER TABLE departments ADD PRIMARY KEY(department_id);
Query OK, 0 rows affected (0.04 sec)
Records: 0  Duplicates: 0  Warnings: 0
```

**图 1 - 60　为 departments 表添加主键约束**

（4）删除主键约束的语法格式如下。

```
ALTER TABLE 表名 DROP PRIMARY KEY;
```

例如，删除存放表 storages 的主键约束，即删除字段“仓库编号”和“库存编号”复合主键，具体如下。

```
ALTER TABLE storages DROP PRIMARY KEY;
```

执行结果如图 1 - 61 所示。

```
mysql> ALTER TABLE storages DROP PRIMARY KEY;
Query OK, 0 rows affected (0.03 sec)
Records: 0  Duplicates: 0  Warnings: 0
```

**图 1 - 61　删除存放表 storages 的主键约束**

需要注意的是，复合主键是由多个字段组成的联合主键，其中每个字段都是主键的一部分。在一个复合主键中，无法仅删除其中一个字段的主键约束。

### （二）唯一约束

唯一约束（Unique Constraint）确保某列或一组列中的值是唯一的，但允许包含空值。一个数据表可以有多个唯一约束。在 MySQL 中，使用 UNIQUE 字段来设置数据表中的唯一约束。

（1）使用创建表语句为某个字段设置唯一约束，语法格式如下。

```
CREATE TABLE 表名（
字段名 数据类型 UNIQUE,
……
);
```

（2）为多个字段设置唯一约束，语法格式如下。

```
CREATE TABLE 表名（
字段 1 数据类型,
字段 2 数据类型,
……
字段 N 数据类型,
[CONSTRAINT 约束名] UNIQUE（字段 1, 字段 2, …, 字段 M）
);
```

（3）在已创建的表中添加唯一约束，语法格式如下。

```
ALTER TABLE 表名 ADD UNIQUE（字段名);
```

例如，设置 departments 表的 department_name（部门名称）字段为唯一约束，具体如下。

```
ALTER TABLE departments ADD UNIQUE（department_name);
```

执行结果如图 1－62 所示。

```
mysql> ALTER TABLE departments ADD UNIQUE(department_name);
Query OK, 0 rows affected (0.01 sec)
Records: 0  Duplicates: 0  Warnings: 0
```

**图 1－62 设置 departments 表的 department_name 字段为唯一约束**

（4）删除唯一约束的语法格式如下。

```
ALTER TABLE 表名 DROP INDEX 字段名;
```

### （三）自动增长列

自动增长列（通常称为自增列）在 MySQL 中是一个特殊的列属性，通常用于为主键或其他唯一标识符列自动生成唯一的递增值。

设置自动增长列的语法格式如下。

```
CREATE TABLE 表名 (
字段名 数据类型 AUTO_INCREMENT,
……
);
```

在上述语法格式中，字段的数据类型为整数类型，AUTO_INCREMENT 默认的初始值是 1，每增加一条记录，字段值自动加 1。

例如，创建数据表 departments，并将 department_id 字段设置为主键以及自动增长列，具体如下。

```
-- 创建前先删除 departments 表
DROP TABLE departments;
CREATE TABLE departments (
department_id INT PRIMARY KEY AUTO_INCREMENT,
department_name VARCHAR (50),
contact_phone VARCHAR (20)
);
```

执行结果如图 1-63 所示。

```
mysql> DROP TABLE departments;
Query OK, 0 rows affected (0.01 sec)

mysql> CREATE TABLE departments (
    -> department_id INT PRIMARY KEY AUTO_INCREMENT,
    -> department_name VARCHAR(50),
    -> contact_phone VARCHAR(20)
    -> );
Query OK, 0 rows affected (0.02 sec)
```

**图 1-63　创建数据表 departments 时设置 department_id 字段为自动增长列**

为了验证自动增长列是否设置成功，使用 DESC 语句查看 departments 表结构，具体如下。

```
DESC departments;
```

执行结果如图 1-64 所示。

```
mysql> DESC departments;
+-----------------+-------------+------+-----+---------+----------------+
| Field           | Type        | Null | Key | Default | Extra          |
+-----------------+-------------+------+-----+---------+----------------+
| department_id   | int         | NO   | PRI | NULL    | auto_increment |
| department_name | varchar(50) | YES  |     | NULL    |                |
| contact_phone   | varchar(20) | YES  |     | NULL    |                |
+-----------------+-------------+------+-----+---------+----------------+
3 rows in set (0.00 sec)
```

**图 1-64　查看 departments 表结构**

### （四）非空约束

非空约束（Not Null Constraint）要求数据表中某个字段的值不能为空，即不能为

NULL。非空约束确保该列的值在插入或更新时不会为空，为空时，系统提示错误。

（1）在创建表语句中，为某个字段添加非空约束的语法格式如下。

```
CREATE TABLE 表名（
字段名 数据类型 NOT NULL,
……
）;
```

（2）为已经创建的表的字段设置非空约束，语法格式如下。

```
ALTER TABLE 表名 MODIFY 字段名 数据类型 NOT NULL;
```

例如，设置 departments 表的 contact_phone 字段的值不能为空，具体如下。

```
ALTER TABLE departments MODIFY contact_phone VARCHAR（50）　NOT NULL;
-- 查看 departments 表信息进行验证
DESC departments;
```

执行结果如图 1－65 所示。

```
mysql> ALTER TABLE departments MODIFY contact_phone VARCHAR(50)  NOT NULL;
Query OK, 0 rows affected (0.03 sec)
Records: 0  Duplicates: 0  Warnings: 0

mysql> DESC departments;
+-----------------+-------------+------+-----+---------+----------------+
| Field           | Type        | Null | Key | Default | Extra          |
+-----------------+-------------+------+-----+---------+----------------+
| department_id   | int         | NO   | PRI | NULL    | auto_increment |
| department_name | varchar(50) | YES  |     | NULL    |                |
| contact_phone   | varchar(50) | NO   |     | NULL    |                |
+-----------------+-------------+------+-----+---------+----------------+
3 rows in set (0.00 sec)
```

**图 1－65　设置 departments 表的 contact_phone 字段的值不能为空**

### （五）默认值约束

默认值约束（Default Value Constraint）是指为某个列指定一个默认值，当插入新记录时，如果未提供该列的值，将使用指定的默认值。

（1）在创建表语句中为字段添加默认值约束的语法格式如下。

```
CREATE TABLE 表名（
字段名 数据类型 DEFAULT 默认值,
……
）;
```

（2）为已经创建的表的字段设置默认值约束，语法格式如下。

```
ALTER TABLE 表名 MODIFY 字段名 数据类型 DEFAULT 默认值;
```

例如，为存放表 storages 的库存量字段 stock_quantity 设置默认值为 0，具体如下。

```
ALTER TABLE storages MODIFY stock_quantity INT DEFAULT '0';
-- 查看 storages 表信息进行验证
DESC storages;
```

执行结果如图 1-66 所示。

```
mysql> ALTER TABLE storages MODIFY stock_quantity INT DEFAULT '0';
Query OK, 0 rows affected (0.01 sec)
Records: 0  Duplicates: 0  Warnings: 0

mysql> DESC storages;
+------------------+--------------+------+-----+---------+-------+
| Field            | Type         | Null | Key | Default | Extra |
+------------------+--------------+------+-----+---------+-------+
| warehouse_id     | int          | NO   | PRI | NULL    |       |
| product_id       | varchar(10)  | NO   | PRI | NULL    |       |
| stock_quantity   | int          | YES  |     | 0       |       |
| storage_location | varchar(100) | YES  |     | NULL    |       |
+------------------+--------------+------+-----+---------+-------+
4 rows in set (0.00 sec)
```

**图 1-66　设置 storages 表的 stock_quantity 字段默认值为 0**

## （六）外键约束

外键约束（Foreign Key Constraint）要求一个表的外键（引用键）必须在另一个表的主键（被引用键）中存在。也就是说，在一个表中创建对另一个表中数据的引用时，要确保数据的完整性和一致性。

外键是一个字段或字段组合，它引用了另一个表中的主键或唯一键。通过外键，可以建立表与表之间的关系。例如，员工表（employees）中的部门编号（department_id）字段可以作为外键引用部门表（departments）中的部门编号字段（department_id），仓库编号字段（warehouse_id）可以作为外键引用仓库表（warehouses）中的仓库编号字段（warehouse_id）。外键引用示例如图 1-67 所示。

| 员工编号 | 员工姓名 | 员工年龄 | 部门编号 | 职位 | 上级领导编号 | 仓库编号 |
|---|---|---|---|---|---|---|
| 240001 | 王维维 | 53 | 01 | 主任 | NULL | NULL |
| 240012 | 杜小甫 | 29 | 01 | 装配工 | 240033 | 101 |
| 240013 | 李慕白 | 27 | 01 | 质量控制员 | 240001 | 201 |
| 240033 | 钱大壮 | 33 | 03 | 机器操作员 | 240001 | 301 |

| 部门编号 | 部门名称 | 联系电话 |
|---|---|---|
| 01 | 生产部 | 05711112401 |
| 02 | 储运部 | 05711112402 |
| 03 | 设备部 | 05711112403 |

| 仓库编号 | 仓库名称 | 仓库地址 |
|---|---|---|
| 101 | 器材库 | 21#101 |
| 201 | 金属材料库 | 22#201 |
| 301 | 燃料库 | 23#301 |
| 401 | 汽车零件库 | 24#401 |

**图 1-67　外键引用示例**

（1）在创建表语句中添加外键约束，语法格式如下。

```
CREATE TABLE 表名（
字段名 数据类型,
……
FOREIGN KEY（外键字段名）REFERENCES 主表表名（主键字段名）
);
```

例如，员工表 employees 的表结构如表 1－22 所示。

**表 1－22　员工表 employees 的表结构**

| 字段 | 数据类型 | 约束 |
|---|---|---|
| employee_id | INT | PRIMARY KEY |
| employee_name | VARCHAR（255） | NOT NULL |
| employee_age | INT | — |
| department_id | INT | FOREIGN KEY |
| position | VARCHAR（255） | — |
| leader_id | INT | FOREIGN KEY |
| warehouse_id | INT | FOREIGN KEY |

根据表 1－22，创建员工表 employees 并添加外键约束，具体如下。

```
CREATE TABLE employees (
employee_id INT PRIMARY KEY,
name VARCHAR（255）NOT NULL,
age INT,
department_id INT,
position VARCHAR（255),
leader_id INT ,
warehouse_id INT,
FOREIGN KEY（department_id）REFERENCES departments（department_id),
FOREIGN KEY（leader_id）REFERENCES employees（employee_id),
FOREIGN KEY（warehouse_id）REFERENCES warehouses（warehouse_id）
);
```

执行结果如图 1－68 所示。

（2）为已创建的表添加外键约束的语法格式如下。

```
ALTER TABLE 表名 ADD FOREIGN KEY（外键字段名）REFERENCES 主表表名（主键字段名);
```

例如，家庭信息数据库 family_db 中，存在 parent 表和 children 表，其中 parent 包含两个字段（父编号 p_id，父姓名 p_name），children 表包含三个字段（子编号 c_id，子姓名 c_name，父编号 p_id）。

```
mysql> CREATE TABLE employees (
    -> employee_id INT PRIMARY KEY,
    -> name VARCHAR(255) NOT NULL,
    -> age INT,
    -> department_id INT,
    -> position VARCHAR(255),
    -> leader_id INT ,
    -> warehouse_id INT,
    -> FOREIGN KEY (department_id) REFERENCES departments(department_id),
    -> FOREIGN KEY (leader_id) REFERENCES employees(employee_id),
    -> FOREIGN KEY (warehouse_id) REFERENCES warehouses(warehouse_id)
    -> );
Query OK, 0 rows affected (0.03 sec)
```

**图 1-68　创建员工表 employees 并添加外键约束**

1）首先创建 parent 表和 children 表，具体如下。

```
-- 创建家庭信息数据库 family_db
CREATE DATABASE family_db;
USE family_db;
-- 创建 parent 表
CREATE TABLE parent (
    p_id INT AUTO_INCREMENT PRIMARY KEY,        -- 父编号，自增主键
    p_name VARCHAR（255）NOT NULL               -- 父姓名，不允许为空
);
-- 创建 children 表
CREATE TABLE children (
    c_id INT AUTO_INCREMENT PRIMARY KEY,        -- 子编号，自增主键
    c_name VARCHAR（255）NOT NULL,              -- 子姓名，不允许为空
    p_id INT                                    -- 父编号
);
```

执行结果如图 1-69 所示。

```
mysql> CREATE DATABASE family_db;
Query OK, 1 row affected (0.00 sec)

mysql> USE family_db;
Database changed
mysql> CREATE TABLE parent (
    ->     p_id INT AUTO_INCREMENT PRIMARY KEY,  -- 父编号，自增主键
    ->     p_name VARCHAR(255) NOT NULL          -- 父姓名，不允许为空
    -> );
Query OK, 0 rows affected (0.01 sec)

mysql> CREATE TABLE children (
    ->     c_id INT AUTO_INCREMENT PRIMARY KEY,   -- 子编号，自增主键
    ->     c_name VARCHAR(255) NOT NULL,          -- 子姓名，不允许为空
    ->     p_id INT                               -- 父编号
    -> );
Query OK, 0 rows affected (0.01 sec)
```

**图 1-69　创建 parent 表和 children 表**

2）为 children 表添加外键约束，具体如下。

```
ALTER TABLE children ADD FOREIGN KEY (p_id) REFERENCES parent (p_id);
-- 验证 p_id 字段是否已经添加外键约束，使用 SHOW CREATE TABLE 语句查看 children 表
SHOW CREATE TABLE children;
```

执行结果如图 1-70 所示。

```
mysql> ALTER TABLE children ADD FOREIGN KEY(p_id) REFERENCES parent(p_id);
Query OK, 0 rows affected (0.06 sec)
Records: 0  Duplicates: 0  Warnings: 0

mysql> SHOW CREATE TABLE children\G
*************************** 1. row ***************************
       Table: children
Create Table: CREATE TABLE `children` (
  `c_id` int NOT NULL AUTO_INCREMENT,
  `c_name` varchar(255) NOT NULL,
  `p_id` int DEFAULT NULL,
  PRIMARY KEY (`c_id`),
  KEY `p_id` (`p_id`),
  CONSTRAINT `children_ibfk_1` FOREIGN KEY (`p_id`) REFERENCES `parent` (`p_id`)
) ENGINE=InnoDB DEFAULT CHARSET=utf8mb4 COLLATE=utf8mb4_0900_ai_ci
1 row in set (0.00 sec)
```

**图 1-70 为 children 表添加外键约束**

图 1-70 中 children_ibfk_1 是外键名。

删除外键约束的语法格式如下。

```
ALTER TABLE 表名 DROP FOREIGN KEY 外键名;
```

例如，删除 children 表的外键约束，具体如下。

```
ALTER TABLE children DROP FOREIGN KEY children_ibfk_1;
```

执行结果如图 1-71 所示。

```
mysql> ALTER TABLE children DROP FOREIGN KEY children_ibfk_1;
Query OK, 0 rows affected (0.01 sec)
Records: 0  Duplicates: 0  Warnings: 0
```

**图 1-71 删除 children 表的外键约束**

## 六、修改数据表

此部分涉及对数据表结构的调整以适应业务需求的变化。在修改数据表之前，必须确保数据库中已经存在该表。修改数据表实际上是指修改数据库中已经存在的数据表的结构，如修改表名、修改字段、修改字段的数据类型、添加新字段、删除字段、修改字段的排列位置等。

### （一）修改表名

表名用来区分同一数据库中不同的数据表，修改数据表名称的语法格式如下。

```
ALTER TABLE 原表名 RENAME [TO] 新表名;
```

例如，将 warehouses 表的表名修改为 new_warehouses。

```
USE InventoryManagementdb
ALTER TABLE warehouses RENAME new_warehouses;
-- 使用 SHOW TABLES 命令
SHOW TABLES;
```

执行结果如图 1－72 所示。

```
mysql> USE InventoryManagementdb
Database changed
mysql> ALTER TABLE warehouses RENAME new_warehouses;
Query OK, 0 rows affected (0.01 sec)

mysql> SHOW TABLES;
+-------------------------------+
| Tables_in_inventorymanagementdb |
+-------------------------------+
| departments                   |
| employees                     |
| new_warehouses                |
| storages                      |
+-------------------------------+
4 rows in set (0.00 sec)
```

**图 1－72　将 warehouses 表的表名修改为 new_warehouses**

## （二）修改字段

数据表中的字段是通过字段名划分的，字段名也称为列名。当数据表中的字段存在变更需求时，用户可对字段进行修改，修改字段的语法格式如下。

```
ALTER TABLE 表名 CHANGE 原字段名 新字段名 新数据类型;
```

例如，将 departments 表的 contact_phone 字段修改为 level（部门层级）字段。

```
ALTER TABLE departments CHANGE contact_phone level VARCHAR(50);
```

执行结果如图 1－73 所示。

```
mysql> ALTER TABLE departments CHANGE contact_phone level VARCHAR(50);
Query OK, 0 rows affected (0.04 sec)
Records: 0  Duplicates: 0  Warnings: 0
```

**图 1－73　contact_phone 字段修改为 level 字段**

## （三）修改字段的数据类型

使用 MODIFY 关键字修改表中字段的数据类型，语法格式如下。

```
ALTER TABLE 表名 MODIFY 字段名 数据类型;
```

例如，将 departments 表的 level 字段的数据类型修改为 ENUM 类型，预定义列表为“高”“中”“低”，具体如下。

```
ALTER TABLE departments MODIFY level ENUM ("高","中","低");
-- 验证数据类型是否被修改
DESC departments;
```

执行结果如图 1－74 所示。

```
mysql> ALTER TABLE departments MODIFY level ENUM("高","中","低");
Query OK, 0 rows affected (0.03 sec)
Records: 0  Duplicates: 0  Warnings: 0

mysql> DESC departments;
+-----------------+--------------------+------+-----+---------+----------------+
| Field           | Type               | Null | Key | Default | Extra          |
+-----------------+--------------------+------+-----+---------+----------------+
| department_id   | int                | NO   | PRI | NULL    | auto_increment |
| department_name | varchar(50)        | YES  |     | NULL    |                |
| level           | enum('高','中','低') | YES  |     | NULL    |                |
+-----------------+--------------------+------+-----+---------+----------------+
3 rows in set (0.00 sec)
```

**图 1－74　level 字段的数据类型修改为 ENUM 类型**

## （四）添加新字段

在实际开发的过程中，随着需求的逐渐增加，数据库中的内容也会增加，其中也包括字段，因此相应的数据表中就需要添加新字段。在 MySQL 中添加新字段的语法格式如下。

```
ALTER TABLE 表名 ADD 新字段名 数据类型;
```

例如，向 departments 表添加名为 remark（备注）的新字段，具体如下。

```
ALTER TABLE departments ADD remark VARCHAR（100）;
-- 验证是否添加 remark 字段
DESC departments;
```

执行结果如图 1－75 所示。

```
mysql> ALTER TABLE departments ADD remark VARCHAR(100);
Query OK, 0 rows affected (0.03 sec)
Records: 0  Duplicates: 0  Warnings: 0

mysql> DESC departments;
+-----------------+--------------------+------+-----+---------+----------------+
| Field           | Type               | Null | Key | Default | Extra          |
+-----------------+--------------------+------+-----+---------+----------------+
| department_id   | int                | NO   | PRI | NULL    | auto_increment |
| department_name | varchar(50)        | YES  |     | NULL    |                |
| level           | enum('高','中','低') | YES  |     | NULL    |                |
| remark          | varchar(100)       | YES  |     | NULL    |                |
+-----------------+--------------------+------+-----+---------+----------------+
4 rows in set (0.00 sec)
```

**图 1－75　向 departments 表添加名为 remark（备注）的新字段**

## （五）删除字段

在 MySQL 中，删除字段是指将某个字段从数据表中删除，语法格式如下。

```
ALTER TABLE 表名 DROP 字段名;
```

例如，将 departments 表中的 remark 字段删除，具体如下。

```
ALTER TABLE departments DROP remark;
```

执行结果如图 1－76 所示。

```
mysql> ALTER TABLE departments DROP remark;
Query OK, 0 rows affected (0.01 sec)
Records: 0  Duplicates: 0  Warnings: 0
```

图 1－76　将 departments 表中的 remark 字段删除

### （六）修改字段的排列位置

字段在表中的排列位置在创建表时就已经确定，在 MySQL 中修改字段排列位置的语法格式如下。

```
ALTER TABLE 表名 MODIFY 字段名 1 数据类型 FIRST | AFTER 字段名 2;
```

例如，将 departments 表中 department_name 字段放到 level 字段后面的位置，具体如下。

```
ALTER TABLE departments MODIFY department_name VARCHAR (50) AFTER level;
```

执行结果如图 1－77 所示。

```
mysql> ALTER TABLE departments MODIFY department_name VARCHAR(50) AFTER level;
Query OK, 0 rows affected (0.03 sec)
Records: 0  Duplicates: 0  Warnings: 0
```

图 1－77　将 departments 表中 department_name 字段放到 level 字段后面的位置

## 任务实施

### 一、创建企业员工信息管理数据表

通过建立规范的数据表结构和完整性约束，可以使员工信息管理更加规范和高效。管理员工信息的数据库系统可以使企业更快速地开展员工信息的录入、修改、查询和删除等操作。

首先创建 employee_management_db 数据库，然后在该数据库中创建部门表、职位表、管理员表、员工信息表、教育背景表、工作经历表、薪资表和考勤记录表。

（1）创建 employee_management_db 数据库。

```
CREATE DATABASE employee_management_db;
USE employee_management_db;
```

（2）创建部门表（Department_tb）。

```
CREATE TABLE Department_tb (
department_id INT PRIMARY KEY,
department_name VARCHAR (100),
department_head VARCHAR (255),
office_location VARCHAR (255)
);
```

（3）创建职位表（Position_tb）。

```
CREATE TABLE Position_tb (
position_id INT PRIMARY KEY,
department_id INT,
position_name VARCHAR (100),
position_description TEXT,
FOREIGN KEY (department_id) REFERENCES Department_tb (department_id)
);
```

（4）创建管理员表（Administrator_tb）。

```
CREATE TABLE Administrator_tb (
administrator_id INT AUTO_INCREMENT PRIMARY KEY,
administrator_name VARCHAR (255),
administrator_permission ENUM ('Low', 'Medium', 'High')
);
```

（5）创建员工信息表（Employee_tb）。

```
CREATE TABLE Employee_tb (
employee_id INT PRIMARY KEY,
department_id INT,
position_id INT,
emp_name VARCHAR (255),
emp_sex ENUM ('Male', 'Female'),
emp_age INT,
hire_date DATE,
contact VARCHAR (20),
administrator_id INT,
FOREIGN KEY (department_id) REFERENCES Department_tb (department_id),
FOREIGN KEY (position_id) REFERENCES Position_tb (position_id),
FOREIGN KEY (administrator_id) REFERENCES Administrator_tb (administrator_id)
);
```

（6）创建教育背景表（Education_tb）。

```
CREATE TABLE Education_tb (
education_id INT PRIMARY KEY,
employee_id INT,
highest_degree VARCHAR (50),
graduate_school VARCHAR (255),
major VARCHAR (100),
graduation_date DATE,
FOREIGN KEY (employee_id) REFERENCES Employee_tb (employee_id)
);
```

（7）创建工作经历表（WorkExperience_tb）。

```
CREATE TABLE WorkExperience_tb (
work_id INT AUTO_INCREMENT PRIMARY KEY,
employee_id INT,
company_name VARCHAR (255),
position VARCHAR (100),
work_duration INT,
FOREIGN KEY (employee_id) REFERENCES Employee_tb (employee_id)
);
```

（8）创建薪资表（Salary_tb）。

```
CREATE TABLE Salary_tb (
salary_id INT AUTO_INCREMENT PRIMARY KEY,
employee_id INT,
basic_salary DECIMAL (10, 2),
allowance DECIMAL (10, 2),
bonus DECIMAL (10, 2),
penalty DECIMAL (10, 2),
FOREIGN KEY (employee_id) REFERENCES Employee_tb (employee_id)
);
```

（9）创建考勤记录表（AttendanceRecord_tb）。

```
CREATE TABLE AttendanceRecord_tb (
record_id INT AUTO_INCREMENT PRIMARY KEY,
employee_id INT,
attendance_date DATE,
start_time TIME,
end_time TIME,
overtime_hours INT,
leave_type ENUM ('Annual', 'Sick', 'Personal'),
FOREIGN KEY (employee_id) REFERENCES Employee_tb (employee_id)
);
```

## 二、查看 employee_management_db 数据库中的数据表

查看 employee_management_db 数据库中所有数据表。

```
SHOW TABLES;
```

执行结果如图 1－78 所示。

```
mysql> SHOW TABLES;
+----------------------------------+
| Tables_in_employee_management_db |
+----------------------------------+
| Administrator_tb                 |
| AttendanceRecord_tb              |
| Department_tb                    |
| Education_tb                     |
| Employee_tb                      |
| Position_tb                      |
| Salary_tb                        |
| WorkExperience_tb                |
+----------------------------------+
8 rows in set (0.00 sec)
```

图1-78　查看 employee_management_db 数据库中所有数据表

## 三、修改企业员工信息管理数据表

(1) 将 AttendanceRecord_tb 表的请假类型字段（leave_type）的数据类型修改为 ENUM 类型，预定义列表为“年假”“病假”“个人”“出差”。

```
ALTER TABLE AttendanceRecord_tb MODIFY COLUMN leave_type ENUM ("年假","病假","个人","出差");
```

查看 AttendanceRecord_tb 表结构进行验证，具体如下。

```
DESC AttendanceRecord_tb;
```

执行结果如图1-79所示。

```
mysql> DESC AttendanceRecord_tb;
+-----------------+-------------------------------------+------+-----+---------+----------------+
| Field           | Type                                | Null | Key | Default | Extra          |
+-----------------+-------------------------------------+------+-----+---------+----------------+
| record_id       | int                                 | NO   | PRI | NULL    | auto_increment |
| employee_id     | int                                 | YES  | MUL | NULL    |                |
| attendance_date | date                                | YES  |     | NULL    |                |
| start_time      | time                                | YES  |     | NULL    |                |
| end_time        | time                                | YES  |     | NULL    |                |
| overtime_hours  | int                                 | YES  |     | NULL    |                |
| leave_type      | enum('年假','病假','个人','出差')   | YES  |     | NULL    |                |
+-----------------+-------------------------------------+------+-----+---------+----------------+
7 rows in set (0.00 sec)
```

图1-79　查看 AttendanceRecord_tb 表结构

(2) 向管理员表中添加一个名为 email 的新字段，数据类型为 VARCHAR，长度为255。

```
ALTER TABLE Administrator_tb ADD COLUMN email VARCHAR (255);
```

查看 AttendanceRecord_tb 表结构进行验证，具体如下。

```
DESC Administrator_tb;
```

执行结果如图1-80所示。

(3) 向薪资表中添加一个名为 Administrator_id 的新字段，数据类型为 INT。

```
ALTER TABLE Salary_tb ADD COLUMN Administrator_id INT;
```

```
mysql> DESC Administrator_tb;
+--------------------------+------------------------------+------+-----+---------+----------------+
| Field                    | Type                         | Null | Key | Default | Extra          |
+--------------------------+------------------------------+------+-----+---------+----------------+
| administrator_id         | int                          | NO   | PRI | NULL    | auto_increment |
| administrator_name       | varchar(255)                 | YES  |     | NULL    |                |
| administrator_permission | enum('Low','Medium','High')  | YES  |     | NULL    |                |
| email                    | varchar(255)                 | YES  |     | NULL    |                |
+--------------------------+------------------------------+------+-----+---------+----------------+
4 rows in set (0.00 sec)
```

**图 1-80　查看 AttendanceRecord_tb 表结构**

查看 Salary_tb 表结构进行验证，具体如下。

```
DESC Salary_tb;
```

执行结果如图 1-81 所示。

```
mysql> DESC Salary_tb;
+------------------+---------------+------+-----+---------+----------------+
| Field            | Type          | Null | Key | Default | Extra          |
+------------------+---------------+------+-----+---------+----------------+
| salary_id        | int           | NO   | PRI | NULL    | auto_increment |
| employee_id      | int           | YES  | MUL | NULL    |                |
| basic_salary     | decimal(10,2) | YES  |     | NULL    |                |
| allowance        | decimal(10,2) | YES  |     | NULL    |                |
| bonus            | decimal(10,2) | YES  |     | NULL    |                |
| penalty          | decimal(10,2) | YES  |     | NULL    |                |
| Administrator_id | int           | YES  |     | NULL    |                |
+------------------+---------------+------+-----+---------+----------------+
7 rows in set (0.01 sec)
```

**图 1-81　查看 Salary_tb 表结构**

（4）设置薪资表中的 Administrator_id 字段为外键，并关联管理员表中的 Administrator_id 字段。

```
ALTER TABLE Salary_tb ADD FOREIGN KEY（administrator_id）REFERENCES Administrator_tb（administrator_id）;
```

查看 Salary_tb 表结构进行验证，具体如下。

```
DESC Salary_tb;
```

执行结果如图 1-82 所示。

```
mysql> DESC Salary_tb;
+------------------+---------------+------+-----+---------+----------------+
| Field            | Type          | Null | Key | Default | Extra          |
+------------------+---------------+------+-----+---------+----------------+
| salary_id        | int           | NO   | PRI | NULL    | auto_increment |
| employee_id      | int           | YES  | MUL | NULL    |                |
| basic_salary     | decimal(10,2) | YES  |     | NULL    |                |
| allowance        | decimal(10,2) | YES  |     | NULL    |                |
| bonus            | decimal(10,2) | YES  |     | NULL    |                |
| penalty          | decimal(10,2) | YES  |     | NULL    |                |
| Administrator_id | int           | YES  | MUL | NULL    |                |
+------------------+---------------+------+-----+---------+----------------+
7 rows in set (0.00 sec)
```

**图 1-82　查看 Salary_tb 表结构**

单元 1-任务 3

## 拓展延伸

### 一、数据库系统各概念之间的关系

数据库系统各概念之间的关系如图 1－83 所示。

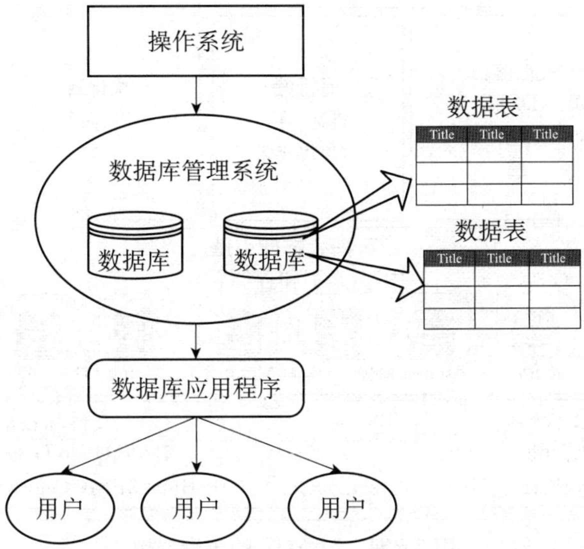


**图 1－83　数据库系统各概念之间的关系**

### 二、MySQL 系统的运行原理

MySQL 系统的运行原理涉及多个方面，从数据存储、查询处理到事务处理等都有一套完整的机制，并且多个组件之间协同工作。MySQL 系统涉及的各个组件之间的交互和连接方式的逻辑架构如图 1－84 所示。

MySQL 的运行原理解释了这些组件如何协同工作以实现数据的存储和检索，可以简要概括为以下步骤。

（1）连接与授权：当客户端（如应用程序或命令行工具）尝试连接 MySQL 服务器时，服务器会验证客户端的身份和权限。验证成功后，服务器会为每个客户端连接分配一个线程，并允许客户端发送查询请求。

（2）查询接收：客户端发送 SQL 查询语句到服务器。服务器接收查询语句，并将其传递给查询解析器。

（3）查询解析：解析器会检查 SQL 语句的语法和语义是否正确。如果语句有错误，服务器会返回一个错误消息给客户端；如果语句正确，解析器会生成一个“解析树”，这个“解析树”描述了查询的结构。

（4）查询优化：优化器会接收“解析树”，并尝试找到执行查询的最有效方式。优化

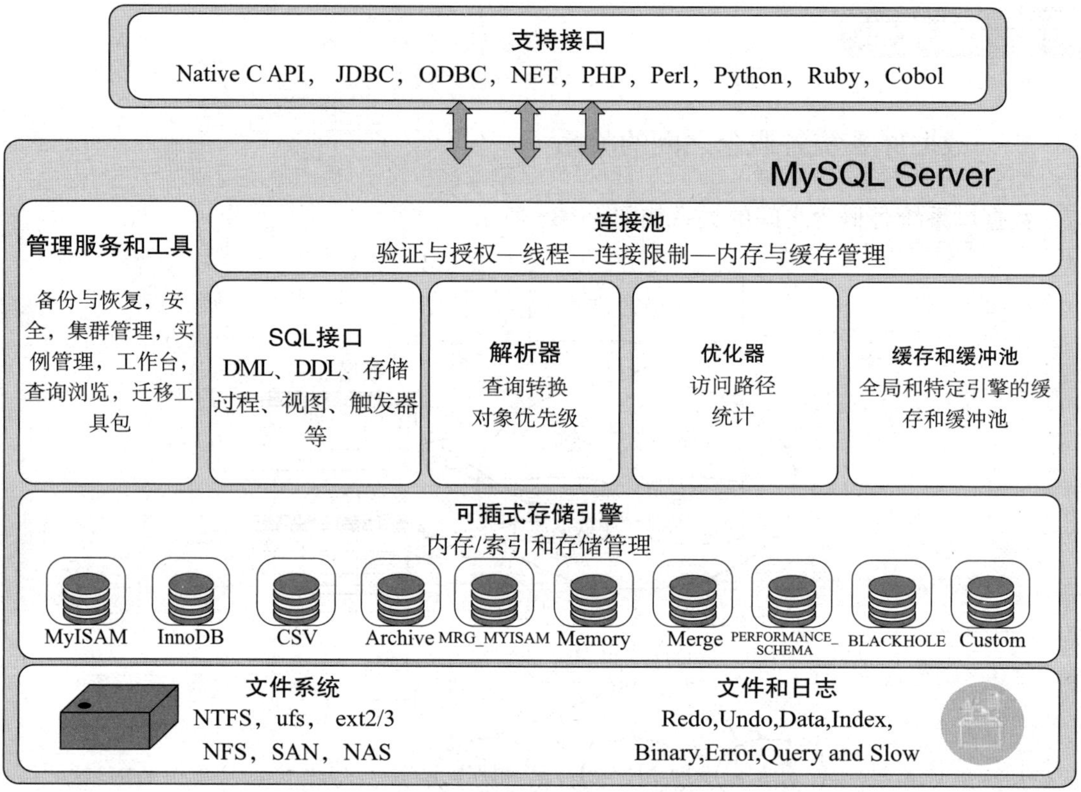


**图 1－84　MySQL 的逻辑架构**

器会考虑多种因素，如表的大小、索引的存在与否、统计信息等。优化器会生成一个“执行计划”，这个“执行计划”描述了如何检索数据。

（5）缓存和缓冲池：缓存部分查询结果和执行计划。如果后续有相同的查询请求，服务器可以直接从缓存中获取结果，而无须再次执行查询语句，从而提高系统的响应速度。

（6）存储引擎处理：存储引擎是 MySQL 用于管理和检索数据的底层系统。不同的存储引擎具有不同的实现方式，但大多数都支持增删改查（CRUD）操作。InnoDB 是 MySQL 的默认存储引擎，它支持事务处理、行级锁定和外键约束等特性。

（7）返回结果：一旦数据被检索出来，执行器会将结果集返回给客户端。如果查询是一个更新或删除操作，执行器会通知存储引擎更新数据，并返回受影响的行数给客户端。

（8）断开连接：当客户端完成与 MySQL 服务器的交互后，它会发送一个断开连接的请求。服务器会关闭与客户端的连接，并释放相关资源。

以上就是 MySQL 如何协同工作以实现数据存储和检索的简要步骤。需要注意的是，这个过程是一个高度简化的版本，实际的 MySQL 系统要复杂得多，包含更多的组件和优化策略。

## 三、MySQL 支持的存储引擎

MySQL 支持的存储引擎及说明如表 1－23 所示。

**表 1－23　MySQL 支持的存储引擎及说明**

| 存储引擎 | 默认的支持级别 | 是否支持事务 | 是否支持分布式事务 | 是否支持保存点 | 简要说明 |
|---|---|---|---|---|---|
| Memory | YES | NO | NO | NO | 基于散列，存储在内存中，速度快但数据容易丢失，适用于临时表 |
| MRG_MYISAM | YES | NO | NO | NO | 收集相同 MyISAM 表的集合 |
| CSV | YES | NO | NO | NO | 将数据存储在 CSV 文件中 |
| PERFORMANCE_SCHEMA | YES | NO | NO | NO | 提供 MySQL 服务器的性能监控和分析功能 |
| MyISAM | YES | NO | NO | NO | 支持全文索引 |
| InnoDB | DEFAULT | YES | YES | YES | 支持事务、行级锁和外键 |
| BLACKHOLE | YES | NO | NO | NO | 黑洞引擎，写入的数据都会消失，适合做中继存储 |
| Archive | YES | NO | NO | NO | 适用于存储海量数据，有压缩功能，但不支持索引 |

## 单元小结

本单元旨在引领学生深入理解和掌握数据库的基本知识与操作，特别是针对企业员工信息管理系统的数据库设计与实现。通过本次学习，学生将掌握从数据库基础概念到 MySQL 服务器的安装配置，再到数据库与数据表的创建、修改及管理的完整流程。

## 课堂思考

在深入学习贯彻党的二十大精神的同时，学生应当深刻认识到科技创新在推动各行各业发展中的核心作用。在探索新技术如何优化企业管理的同时，学生还需要拓宽视野，关注如环保行业等其他领域的特性和需求。通过实际案例分析，学生能更精准地把握知识的精髓和实际应用价值。

通过本单元的系统学习，学生将能够独立规划和创建“企业员工信息管理”数据库，为企业人力资源管理提供强有力的信息技术支撑。此外，还可以进一步思考：在环保行业中，如何结合行业特点设计高效的数据模型，以支持环保工作的数据管理和分析？

## 课后练习

### 一、填空题

1. 常见的关系数据库有________、________、________等。

2. 数据库管理系统（DBMS）允许用户通过________、________、________管理数据库中的数据。

3. 数据在数据库中的组织方式，包括________、________、________和约束等。

4. MySQL 中常见的数值数据类型包括________、________和________。

5.“生日”字段采用________数据类型，“考勤打卡”字段采用________数据类型。

## 二、选择题

1. 下列选项中，不属于逻辑数据模型的是（　　）。

A. 层次模型　　B. E-R 模型　　C. 关系模型　　D. 树状模型

2. 下列选项中，不符合数据库命名规则的是（　　）。

A. dept_11　　B. school@123　　C. birthday　　D. name

3. 下列选项中，关于主键约束的描述正确的是（　　）。

A. 用于标识数据表中的唯一记录　　B. 只能设置一个字段

C. 自动生成唯一的递增值　　D. 可以为空值

4. 下列选项中，不能查看数据库表结构的 SQL 关键字是（　　）。

A. SHOW CREATE TABLE　　B. DESCRIBE

C. SELECT FROM　　D. DESC

5. 下列选项中，将 student 表的 name 字段的数据类型修改为 VARCHAR（50）的 SQL 语句是（　　）。

A. ALTER TABLE student MODIFY name VARCHAR（50）;

B. ALTER TABLE student ADD name VARCHAR（50）;

C. ALTER TABLE student MODIFY name VARCHAR（50）FIRST | AFTER id;

D. ALTER TABLE student RENAME [TO] student VARCHAR（50）;

## 三、简答题

1. 简述 E-R 模型的基本概念和表示方法。

2. 简述 CHAR 和 VARCHAR 类型的异同。

3. 简述主键约束和外键约束的概念。

## 四、操作题

设计一个名为 StudentGradesDB 的数据库，用于存储学生的成绩信息，数据库相关信息包括学生、班级、课程信息、教师。请完成以下操作。

1. 绘出数据库信息的 E-R 图。

2. 根据 E-R 图转换为关系模型。

3. 创建 StudentGradesDB 数据库。

4. 在 StudentGradesDB 数据库中创建合理的数据表，并设置合理的完整性约束。

单元 2

# 增删改查企业员工信息管理数据库记录

- 任务 1　增删改企业员工信息管理数据表数据
- 任务 2　查询企业员工信息管理数据表数据

## 知识目标

- 掌握插入（INSERT）、修改（UPDATE）和删除（DELETE）数据的SQL语句。
- 掌握无条件查询和有条件查询的SQL语句。
- 掌握统计查询、排序查询和分页查询的SQL语句。
- 掌握嵌套查询和多表查询（内连接和外连接）的SQL语句。
- 掌握联合查询的SQL语句。

## 技能目标

- 熟练使用SQL语句对数据表进行增、删、改操作。
- 熟练使用SQL语句对数据表进行各种查询操作。
- 熟练使用GROUP BY和HAVING子句进行数据统计。
- 熟练使用ORDER BY子句进行数据排序，使用LIMIT子句进行分页查询。
- 熟练进行嵌套查询、多表查询和联合查询。

## 素质目标

- 培养逻辑思维能力，通过编写和优化SQL查询语句，增强分析和解决问题的能力。
- 培养坚韧执着、刻苦钻研、迎难而上的品质。
- 培养信息保密和主动学习意识。
- 养成信息筛选、信息汇总、信息有序的思维意识。

## 内容导学

在数字化浪潮的推动下，企业对于智能化、精细化管理的需求越发强烈，员工信息管理作为企业管理的核心环节，也需紧跟时代步伐，持续提升管理效能。企业需更加精准地掌握员工信息，充分挖掘信息价值，实现人力资源的有效配置与利用。本单元将聚焦企业员工信息管理数据库的操作，系统学习数据表中数据的增删改查操作，提升企业管理员工信息的专业能力，为企业在人力资源管理方面的协调发展和资源优化配置提供坚实的支持，助力企业在激烈的市场竞争中赢得先机。

# 任务1　增删改企业员工信息管理数据表数据

## 任务概述

本任务主要学习在企业员工信息管理数据库中对数据表进行增、删、改操作的技能。这些基本操作是日常数据库管理和维护的核心内容，通过学习和实践这些操作，将能够高效地管理员工信息，确保数据的准确性及完整性。

## 知识储备

### 一、插入数据

在 MySQL 中，使用 INSERT INTO 语句向表中插入新的数据、行或者记录。接下来讲解插入数据的三种方式，分别是不指定列名、指定列名和批量导入。

#### （一）不指定列名

当不指定列名时，需要为数据表中的每一列都提供一个值，并且这些值的顺序必须与数据表中列的顺序完全一致。使用 INSERT INTO…VALUES 语句向表中所有列插入数据，语法格式如下。

```
INSERT INTO 表名 VALUES (值 1, 值 2...);
```

在上述语法格式中，“值 1”“值 2”表示要插入每个字段的数据，每个值的顺序和数据类型必须与表定义的字段顺序和数据类型相匹配。需要注意的是，除数值和空值之外，字符、日期和时间数据类型的值必须使用单引号。

例如，不指定列名向 departments 表中插入数据“department_id 为 01，level 为低，department_name 为生产部”，具体如下。

```
-- 查看字段顺序
DESC departments;
INSERT INTO departments VALUES (01,'低','生产部');
```

执行结果如图 2－1 所示。

```
mysql> DESC departments;
+-----------------+----------------------+------+-----+---------+----------------+
| Field           | Type                 | Null | Key | Default | Extra          |
+-----------------+----------------------+------+-----+---------+----------------+
| department_id   | int                  | NO   | PRI | NULL    | auto_increment |
| level           | enum('高','中','低') | YES  |     | NULL    |                |
| department_name | varchar(50)          | YES  |     | NULL    |                |
+-----------------+----------------------+------+-----+---------+----------------+
3 rows in set (0.00 sec)

mysql> INSERT INTO departments VALUES (01, '低', '生产部');
Query OK, 1 row affected (0.00 sec)
```

**图 2－1　不指定列名向 departments 表中插入数据**

为了进一步验证是否已成功插入数据，使用 SELECT 语句查看 departments 表中的所有数据，具体如下。

```
SELECT * FROM departments;
```

执行结果如图 2－2 所示。

```
mysql> SELECT * FROM departments;
+---------------+-------+-----------------+
| department_id | level | department_name |
+---------------+-------+-----------------+
|             1 | 低    | 生产部          |
+---------------+-------+-----------------+
1 rows in set (0.00 sec)
```

**图 2－2　查看 departments 表中的所有数据**

在本任务中，使用“SELECT ＊ FROM 表名”命令查看表中的所有数据，可以进一步验证对数据的操作是否成功，后文将不再赘述。

### （二）指定列名

标准的 INSERT 语法要为每个插入值指定相应的列。通过使用 INSERT INTO 语句指定列名向表中插入数据，语法格式如下。

```
INSERT INTO 表名（字段名 1, 字段名 2...）VALUES（值 1, 值 2...）;
```

在上述语法格式中，“字段名 1”“字段名 2”是数据表中的字段名称，即列名，“值 1”“值 2”是对应字段需要插入的数据，每个值的顺序、类型必须与字段名相对应。

例如，指定列名向 departments 表中插入数据“department_id 值为 02，level 值为低，department_name 值为储运部”，具体如下。

```
INSERT INTO departments（department_id, level, department_name）
VALUES（02,'低','储运部'）;
```

执行结果如图 2－3 所示。

```
mysql> INSERT INTO departments(department_id,level,department_name)
    -> VALUES(02,'低','储运部');
Query OK, 1 row affected (0.00 sec)
```

**图 2－3　指定列名向 departments 表中插入数据**

除此之外，使用 INSERT INTO...SET 语句也可以指定列名及对应的值向表中插入数据，语法格式如下。

```
INSERT INTO 表名 SET 字段名 1 = 值 1, 字段名 2 = 值 2…;
```

INSERT INTO…SET 语句用于直接给表中的字段名指定对应的列值。实际上，在 SET 子句中，可以指定要插入数据的字段名，并在等号后提供相应的数据。对于未在 SET 子句中指定的字段名，其列值为该字段的默认值。

例如，指定列名向 departments 表中插入数据 “department_id 值为 03，level 值为低，department_name 值为设备部”，具体如下。

```
INSERT INTO departments
SET department_id = 03, level = '低', department_name = '设备部';
```

执行结果如图 2－4 所示。

```
mysql> INSERT INTO departments
    ->  SET department_id=03,level='低',department_name='设备部';
Query OK, 1 row affected (0.00 sec)
```

**图 2－4　指定列名向 departments 表中插入数据**

### （三）批量导入

在 MySQL 中，批量导入数据是指一次性插入多条记录。相比于单行插入，它可以极大地减少与数据库的交互次数，从而提高性能。

在 INSERT INTO 语句中，使用多个 VALUES 子句插入多行数据。与插入单条数据类似，批量插入时只需在语句中列出多组 VALUES 对应的值即可，语法格式如下。

```
INSERT INTO 表名 [(字段名 1, 字段名 2…)]
VALUES (值 1, 值 2…), (值 1, 值 2…), …, (值 1, 值 2…);
```

例如，new_warehouses 表数据如表 2－1 所示。

**表 2－1　new_warehouses 表数据**

| warehouse_id | warehouse_name | warehouse_address |
|---|---|---|
| 101 | 器材库 | 21#101 |
| 201 | 金属材料库 | 22#201 |
| 301 | 燃料库 | 23#301 |
| 401 | 汽车零件库 | 24#401 |

向 new_warehouses 表中插入多行数据，SQL 语句如下。

```
INSERT INTO new_warehouses VALUES
(101, '器材库', '21#101'),
(201, '金属材料库', '22#201'),
(301, '燃料库', '23#301'),
(401, '汽车零件库', '24#401');
```

执行结果如图 2－5 所示。

```
mysql> INSERT INTO new_warehouses VALUES
    -> (101,'器材库','21#101'),
    -> (201,'金属材料库','22#201'),
    -> (301,'燃料库','23#301'),
    -> (401,'汽车零件库','24#401');
Query OK, 4 rows affected (0.00 sec)
Records: 4  Duplicates: 0  Warnings: 0
```

**图 2－5　向 new_warehouses 表中插入多行数据**

当需要插入部分列或者列的顺序与表结构不一致时，可以指定列名的批量导入，其他列则按默认值处理。

## 二、修改数据

在 MySQL 中使用 UPDATE 语句更新表中的数据，语法格式如下。

```
UPDATE 表名
SET 字段名 1 = 值 1 [,字段名 2 = 值 2...]
[WHERE 条件表达式];
```

UPDATE 语句用于更新表中的现有记录，可以指定要更新的列和相应的新值。“WHERE 条件表达式”是可选的，用于指定更新数据需要满足的条件。

例如，创建一个员工工资表 emp_salary_tb，具体如下。

```
CREATE TABLE emp_salary_tb (
id INT PRIMARY KEY,                -- 员工 ID
name VARCHAR (100),                -- 员工姓名
position VARCHAR (100),            -- 员工职位
salary_account int,                -- 工资卡账户
salary_password int,               -- 工资卡密码
salary DECIMAL (10,2)              -- 工资金额
);
```

表中的部分数据如下。

```
INSERT INTO emp_salary_tb VALUES
(1,'凯斯','开发工程师',2024111,123,60000.00),
(2,'鲍勃','经理',202411,123,80000.00),
(3,'查理','分析师',202411,123,50000.00),
(4,'杰克','维修工',202411,123,50000.00);
```

（1）使用 UPDATE 语句将 emp_salary_tb 表中 salary_password 字段的所有值更新为默认密码 000000。

```
UPDATE emp_salary_tb SET salary_password = '000000';
```

执行结果如图2－6所示。

```
mysql> UPDATE emp_salary_tb SET salary_password='000000';
Query OK, 4 rows affected (0.00 sec)
Rows matched: 4  Changed: 4  Warnings: 0
```

**图2－6　更新salary_password字段的所有值**

执行完成后提示了“Rows matched：4　Changed：4　Warnings：0”，说明在执行UPDATE语句时，有4行数据与条件匹配。实际上进行了数据修改的行数为4，并且在执行UPDATE语句时产生的警告数量为0。

（2）将鲍勃的职位从经理修改为高级经理，具体如下。

```
UPDATE emp_salary_tb SET position '高级经理' WHERE name '鲍勃';
```

执行结果如图2－7所示。

```
mysql> UPDATE emp_salary_tb SET position = '高级经理' WHERE name = '鲍勃';
Query OK, 1 row affected (0.00 sec)
Rows matched: 1  Changed: 1  Warnings: 0
```

**图2－7　将鲍勃的职位从经理修改为高级经理**

## 三、删除数据

在MySQL中，可以使用DELETE语句或TRUNCATE语句来删除与用户关联的数据。DELETE语句用于删除表中的现有记录，可以通过WHERE子句来限定删除的范围。与DELETE语句不同，TRUNCATE语句不是逐行删除数据，而是直接删除整个表的内容，包括所有记录和索引，从而提供更高的执行效率。

### （一）使用DELETE删除数据

使用DELETE语句删除表中的数据，语法格式如下。

```
DELETE FROM 表名 [WHERE 条件表达式];
```

在上述语法格式中，通过WHERE子句来限定删除的范围。未加WHERE条件的DELETE语句会删除表中的所有记录。

**1. 删除全部数据**

例如，删除departments表中的所有数据，具体如下。

```
DELETE FROM departments;
```

执行结果如图2－8所示。

```
mysql> DELETE FROM departments;
Query OK, 3 rows affected (0.01 sec)
```

**图2－8　删除departments表中的所有数据**

**2. 删除部分数据**

在实际开发中，常见的需求是删除表中的特定数据。通常情况下，使用WHERE子句可以指定删除数据的条件。

例如，删除 emp_salary_tb 表中 position 字段值为高级经理的记录，具体如下。

```
DELETE FROM emp_salary_tb WHERE position = '高级经理';
```

执行结果如图 2－9 所示。

```
mysql> DELETE FROM emp_salary_tb WHERE position = '高级经理';
Query OK, 1 row affected (0.01 sec)
```

**图 2－9　删除 emp_salary_tb 表中 position 字段值为高级处理的记录**

### （二）使用 TRUNCATE 删除数据

TRUNCATE 语句是一种快速清空表中所有数据的方法。TRUNCATE 语句还可以用于重置带有自动递增值的字段的计数。TRUNCATE 语句的语法格式如下。

```
TRUNCATE [TABLE] 表名;
```

需要注意的是，TRUNCATE TABLE 语句属于高风险操作，因为它会立即删除表中的所有数据，且无法撤销。因此，在执行 TRUNCATE 操作之前，请务必确保已经备份了需要保留的数据，并确认不再需要表中的数据，以防止意外丢失重要数据。

例如，清空 emp_salary_tb 表中的数据，具体如下。

```
TRUNCATE TABLE emp_salary_tb;
```

执行结果如图 2－10 所示。

```
mysql> TRUNCATE TABLE emp_salary_tb;
Query OK, 0 rows affected (0.02 sec)
```

**图 2－10　清空 emp_salary_tb 表中的数据**

## 任务实施

在企业员工信息管理中，对数据表进行增删改操作是日常管理的重要任务之一。这些操作包含向数据表中插入新数据、修改已有数据以及删除不再需要的数据。此次任务实施的目的在于确保员工信息数据库的数据始终保持准确、完整和及时更新，以支持企业对人力资源的有效管理和决策。

（1）向部门表（Department_tb）中添加数据。

```
INSERT INTO Department_tb (department_id, department_name, department_head, office_location)
VALUES
(101,'销售部','张经理','办公楼 A-101'),
(102,'研发部','王经理','办公楼 B-102'),
(103,'人力资源部','李经理','办公楼 C-103'),
(104,'财务部','赵经理','办公楼 D-104');
```

（2）向职位表（Position_tb）中添加数据。

```
INSERT INTO Position_tb (position_id, department_id, position_name, position_description)
VALUES
(1011,101,'销售经理','负责销售团队管理和销售业绩达成'),
(1012,101,'销售代表','负责客户拜访和销售业务洽谈'),
(1021,102,'软件工程师','负责软件产品的设计与开发'),
(1022,102,'测试工程师','负责软件产品的测试与质量保证'),
(1031,103,'人力资源专员','负责招聘、培训和员工关系管理'),
(1032,103,'薪资福利专员','负责薪资福利制度的管理与执行'),
(1041,104,'财务经理','负责公司财务管理和财务报表编制'),
(1042,104,'会计','负责公司日常财务核算和账务处理');
```

(3) 向管理员表(Administrator_tb)中添加数据。

```
INSERT INTO Administrator_tb (administrator_name, administrator_permission)
VALUES ('管理员 A','High'), ('管理员 B','High');
```

(4) 向员工信息表(Employee_tb)中添加数据。

```
INSERT INTO Employee_tb (employee_id, department_id, position_id, emp_name, emp_sex, emp_age,
hire_date, contact, administrator_id)
VALUES
(1,101,1011,'张三','Male',35,'2022-05-01','123456789',1),
(2,101,1012,'李四','Male',28,'2023-03-15','987654321',1),
(3,102,1021,'王五','Female',30,'2022-07-20','135792468',1),
(4,102,1022,'赵六','Male',25,'2023-08-10','246813579',1),
(5,103,1031,'小七','Female',27,'2022-09-05','111222333',1),
(6,103,1032,'小八','Male',33,'2021-10-02','444555666',1),
(7,104,1041,'小九','Female',29,'2022-11-18','777888999',1),
(8,104,1042,'小十','Male',31,'2023-12-25','888999000',1);
```

(5) 向薪资表(Salary_tb)中添加数据。

```
INSERT INTO Salary_tb (employee_id, basic_salary, allowance, bonus, penalty)
VALUES
(1,5000,1000,200,0),
(2,4800,800,150,0),
(3,6000,1200,300,0),
(4,5800,1000,250,0),
(5,5500,900,180,0),
(6,6200,1100,320,0),
(7,6300,1150,350,0),
(8,6000,1000,280,0);
```

（6）将员工信息表的 administrator_id 字段的值都改成 2。

```
UPDATE Employee_tb SET administrator_id = 2;
```

（7）将姓名为小十的员工的联系方式修改为 123123123。

```
UPDATE Employee_tb SET contact ='123123123' WHERE emp_name '小十';
```

（8）若员工王五已离职，则需要删除该员工的相关信息。

当要删除员工王五的相关信息时，由于薪资表（Salary_tb）中使用了员工 ID 作为外键，直接删除员工信息表（Employee_tb）中王五的信息将违反外键约束。这是因为外键约束确保数据的一致性和完整性，防止在薪资表中引用已经不存在的员工。

为了解决这个问题，可以采取以下三种方法。

1）级联删除（CASCADE）。

既可以在定义外键约束时添加“ON DELETE CASCADE”关键字设置级联删除，也可以通过修改现有的外键约束设置。当删除员工信息表中的一行数据时，相关联的薪资表中的数据也会被自动删除。这种方法适用于在员工离职时同时删除其相关的薪资信息，具体如下。

```
-- 查看薪资表（Salary_tb）的外键约束名
SHOW CREATE TABLE salary_tb \G
-- 修改薪资表（Salary_tb）的外键约束，添加级联删除
ALTER TABLE Salary_tb
DROP FOREIGN KEY salary_tb_ibfk_1, -- 首先删除现有的外键约束
ADD CONSTRAINT salary_tb_ibfk_11 FOREIGN KEY（employee_id）REFERENCES Employee_tb（employee_id）ON DELETE CASCADE; -- 然后添加新的外键约束，并指定级联删除选项
```

执行结果如图 2－11 所示。

```
mysql> -- 查看薪资表 (Salary_tb) 的外键约束名
mysql> SHOW CREATE TABLE salary_tb\G
*************************** 1. row ***************************
       Table: salary_tb
Create Table: CREATE TABLE `salary_tb` (
  `salary_id` int NOT NULL AUTO_INCREMENT,
  `employee_id` int DEFAULT NULL,
  `basic_salary` decimal(10,2) DEFAULT NULL,
  `allowance` decimal(10,2) DEFAULT NULL,
  `bonus` decimal(10,2) DEFAULT NULL,
  `penalty` decimal(10,2) DEFAULT NULL,
  `Administrator_id` int DEFAULT NULL,
  PRIMARY KEY (`salary_id`),
  KEY `employee_id` (`employee_id`),
  KEY `Administrator_id` (`Administrator_id`),
  CONSTRAINT `salary_tb_ibfk_1` FOREIGN KEY (`employee_id`) REFERENCES `employee_tb` (`employee_id`),
  CONSTRAINT `salary_tb_ibfk_2` FOREIGN KEY (`Administrator_id`) REFERENCES `administrator_tb` (`administrator_id`)
) ENGINE=InnoDB AUTO_INCREMENT=9 DEFAULT CHARSET=utf8mb4 COLLATE=utf8mb4_0900_ai_ci
1 row in set (0.00 sec)

mysql> -- 修改薪资表 (Salary_tb) 的外键约束, 添加级联删除
mysql> ALTER TABLE Salary_tb
    -> DROP FOREIGN KEY salary_tb_ibfk_1,
    -> ADD CONSTRAINT salary_tb_ibfk_11 FOREIGN KEY (employee_id) REFERENCES Employee_tb(employee_id) ON DELETE CASCADE;

Query OK, 8 rows affected (0.08 sec)
Records: 8  Duplicates: 0  Warnings: 0
```

**图 2－11　设置级联删除**

2）设置员工状态。

在员工信息表中添加一个状态字段，用于标记员工是否离职。当员工离职时，只需将其状态修改为“离职”，而不是直接删除其信息。这样可以保留与员工相关的数据，同时避免了外键约束的问题。

3）手动删除关联数据。

在删除员工信息表（Employee_tb）中王五的信息之前，手动删除薪资表（Salary_tb）中与该员工相关的数据。

无论采取哪种方法，都需要在删除员工信息之前考虑与之相关联的数据，并采取适当的措施来保持数据库的一致性和完整性。

单元2-任务1

# 任务 2 查询企业员工信息管理数据表数据

## 任务概述

本任务学习和掌握如何在数据库中查询企业员工信息管理数据表的数据；学习并应用各种 SQL 查询语句，包括无条件查询、有条件查询、统计数据、排序查询与分页查询、嵌套查询、多表连接查询及联合查询。

## 知识储备

### 一、无条件查询

无条件查询是指从表中检索所有记录，而不加任何过滤条件。

#### （一）查询所有列

在 SQL 中，通常使用 SELECT 语句配合 FROM 子句来实现无条件查询，基本语法格式如下。

```
SELECT 字段名 1, 字段名 2, ..., 字段名 n FROM 表名;
```

在上述语法格式中，查询结果只包含所选字段的数据，并按照 SELECT 语句中指定的字段顺序进行显示。如果忘记了字段名称，可以使用 DESCRIBE 命令来查看表的结构，以获取表中的字段名等信息。

例如，查询 new_warehouses 表中仓库名（warehouse_name）和仓库地址（warehouse_address）的数据，具体如下。

```
SELECT warehouse_name, warehouse_address FROM new_warehouses;
```

执行结果如图 2 - 12 所示。

如果只是查询表中的所有字段数据，并且无须调整查询结果中字段的显示顺序，使用上述 SQL 语法会比较烦琐。为了简化这一过程，MySQL 中提供了通配符“ * ”来代替所

```
mysql> use inventorymanagementdb
Database changed
mysql> SELECT warehouse_name, warehouse_address FROM new_warehouses;
+----------------+-------------------+
| warehouse_name | warehouse_address |
+----------------+-------------------+
| 器材库         | 21#101            |
| 金属材料库     | 22#201            |
| 燃料库         | 23#301            |
| 汽车零件库     | 24#401            |
+----------------+-------------------+
4 rows in set (0.00 sec)
```

**图2-12 查询 new_warehouses 表的部分数据**

有的字段名。语法格式如下。

```
SELECT * FROM 表名;
```

在上述语法格式中，使用通配符“*”表示选择所有的字段名，便于书写 SQL 语句。

例如，查询 new_warehouses 表中的全部数据，具体如下。

```
SELECT * FROM new_warehouses;
```

执行结果如图2-13所示。

```
mysql> SELECT * FROM new_warehouses;
+--------------+----------------+-------------------+
| warehouse_id | warehouse_name | warehouse_address |
+--------------+----------------+-------------------+
|          101 | 器材库         | 21#101            |
|          201 | 金属材料库     | 22#201            |
|          301 | 燃料库         | 23#301            |
|          401 | 汽车零件库     | 24#401            |
+--------------+----------------+-------------------+
4 rows in set (0.00 sec)
```

**图2-13 查询 new_warehouses 表中的全部数据**

## (二) 查询特定列

有时只需要查询表中的特定列，而不是所有列。在这种情况下，可以在 SELECT 语句中明确指定需要查询的字段名。

例如，查询 new_warehouses 表中 warehouse_name 字段的数据，具体如下。

```
SELECT warehouse_name FROM new_warehouses;
```

执行结果如图2-14所示。

```
mysql> SELECT warehouse_name FROM new_warehouses;
+----------------+
| warehouse_name |
+----------------+
| 器材库         |
| 金属材料库     |
| 燃料库         |
| 汽车零件库     |
+----------------+
4 rows in set (0.00 sec)
```

**图2-14 查询 new_warehouses 表中的特定列**

### （三）消除重复值

在查询结果中，如果某列的值有重复，可以使用 DISTINCT 关键字消除重复值，只返回不同的值。语法格式如下。

```
SELECT DISTINCT 列名 FROM 表名;
```

### （四）使用计算列

计算列是指在查询时进行简单的算术运算或函数操作，直接在结果中显示计算后的值。语法格式如下。

```
SELECT 字段名1,字段名2 + 字段名3 AS 计算列名 FROM 表名;
```

### （五）聚合函数

聚合函数是数据库中用于对数据进行计算和汇总的一类函数，可以在 SELECT 语句中使用，用于计算和返回单个值，而不是返回多行数据。常用的聚合函数包括 COUNT、SUM、AVG、MAX 和 MIN。下面详细讲解这些聚合函数的用法。

#### 1. COUNT（）函数

COUNT（）函数用于计算某列非 NULL 值数量或表中的行数，如统计表中的记录数量或某列的非空值数量，语法格式如下。

```
SELECT COUNT（* |1 |字段名）FROM 表名;
```

在上述语法格式中，COUNT（）函数有三个可选参数，具体使用方法如下。

- COUNT（*）：返回表中的总行数，包含 NULL 值的行数。
- COUNT（字段名）：返回指定列的非 NULL 值的行数。
- COUNT（1）：与 COUNT（*）返回的结果相同，但在没有主键的数据表中，COUNT（1）的执行效率更高。

#### 2. SUM（）函数

SUM（）函数用于计算某列值的总和，通常用于数值类型的列，语法格式如下。

```
SELECT SUM（字段名）FROM 表名;
```

如果指定列的类型不是数值类型，那么计算结果为 0。

假设 storages 表中有以下数据需要添加，具体如表 2-2 所示。

**表 2-2 向 storages 表添加的数据**

| warehouse_id | product_id | stock_quantity | storage_location |
|---|---|---|---|
| 101 | P001 | 100 | A1 |
| 101 | P002 | 150 | A2 |
| 201 | P003 | 200 | B1 |
| 201 | P004 | 180 | B2 |

续表

| warehouse_id | product_id | stock_quantity | storage_location |
|---|---|---|---|
| 301 | P005 | 220 | C1 |
| 301 | P006 | 120 | C2 |
| 401 | P007 | 170 | D1 |
| 401 | P008 | 90 | D2 |

使用以下的 INSERT 语句向 storages 表中添加数据。

```
INSERT INTO storages（warehouse_id, product_id, stock_quantity, storage_location）VALUES
(101,'P001',100,'A1'),
(101,'P002',150,'A2'),
(201,'P003',200,'B1'),
(201,'P004',180,'B2'),
(301,'P005',220,'C1'),
(301,'P006',120,'C2'),
(401,'P007',170,'D1'),
(401,'P008',90,'D2');
```

例如，计算 storages 表中库存数量（stock_quantity）的总和，具体如下。

```
SELECT SUM（stock_quantity）AS total FROM storages;
```

执行结果如图 2－15 所示。

```
mysql> SELECT SUM(stock_quantity) AS total FROM storages;
+-------+
| total |
+-------+
|  1230 |
+-------+
1 row in set (0.01 sec)
```

**图 2－15　计算 storages 表中库存数量（stock_quantity）的总和**

为了提高可读性，上述 SQL 语句使用 AS 关键字将查询结果的列名指定为 total。AS 关键字在 MySQL 中用于为列或表达式指定别名，以便在查询结果中提供更具描述性或易读性的名称。

**3. AVG（）函数**

AVG（）函数用于计算某列或表中数值列的平均值，语法格式如下。

```
SELECT AVG（字段名）FROM 表名;
```

如果指定列的类型不是数值类型，那么计算结果为 0。

**4. MAX（）函数**

MAX（）函数用于返回表中某列的最大值，NULL 值不在计算范围内，语法格式如下。

```
SELECT MAX（字段名）FROM 表名;
```

如果指定列是字符串类型，那么使用字符串排序运算，按照字符的 ASCII 码值大小进行比较。在 ASCII 码排序中，a 的 ASCII 码值最小，z 的 ASCII 码值最大。

**5. MIN（）函数**

MIN（）函数用于返回表中某列的最小值，语法格式如下。

```
SELECT MIN（字段名）FROM 表名;
```

在上述语法格式中，NULL 值不在计算之内，如果指定列是字符串类型，那么使用字符串排序运算。

### （六）替换结果中的数据

在查询结果中替换数据时，可以使用条件表达式或函数。

例如，将 storages 表中以 A 开头的库存位置（storage_location）标记为“主要存储区”或“次要存储区”，并在查询结果中显示新的列，具体如下。

```
SELECT product_id, storage_location,
IF（storage_location LIKE 'A%','主要存储区','次要存储区'）AS storage_area
FROM storages;
```

执行结果如图 2－16 所示。

```
mysql> SELECT product_id,storage_location,
    -> IF(storage_location LIKE 'A%', '主要存储区', '次要存储区') AS storage_area
    -> FROM storages;
+------------+------------------+--------------+
| product_id | storage_location | storage_area |
+------------+------------------+--------------+
| P001       | A1               | 主要存储区   |
| P002       | A2               | 主要存储区   |
| P003       | B1               | 次要存储区   |
| P004       | B2               | 次要存储区   |
| P005       | C1               | 次要存储区   |
| P006       | C2               | 次要存储区   |
| P007       | D1               | 次要存储区   |
| P008       | D2               | 次要存储区   |
+------------+------------------+--------------+
8 rows in set (0.00 sec)
```

**图 2－16　替换结果中的数据**

上述 SQL 语句中，IF（）函数是 MySQL 提供的条件函数，可以根据条件返回不同的结果；LIKE 关键字和通配符% 用于实现模糊查询，具体用法将在后文中讲解。

## 二、有条件查询

动画

有条件查询

有条件查询是数据库中最常用的操作之一，它允许用户根据特定的条件从数据库中检索所需的数据。这种查询允许用户提供过滤条件，以便返回符合条件的记录，从而更有效地获取需要的信息。

有条件查询通常使用 WHERE 子句来指定过滤条件，基本语法如下。

```
SELECT 字段名 1, 字段名 2...FROM 表名
WHERE 条件表达式;
```

在上述语法格式中，通过使用各种关系运算符、逻辑运算符和操作数来构建条件表达式。操作数是指参与条件表达式的值或变量，可以是列名、常量、函数返回的值或表达式的结果。操作数的详细内容将在后续章节进行讲解。

### （一）使用关系运算符查询

关系运算符用于比较两个值之间的关系，通常用于筛选数据或创建条件语句。常见的关系运算符包括等于（=）、不等于（<>或者! =）、大于（>）、小于（<）、大于等于（>=）、小于等于（<=）等。这些运算符可以用于任何数据类型的比较，包括数字、字符串和日期。

例如，查询 new_warehouses 表中“汽车零件库”的仓库地址，具体如下。

```
SELECT warehouse_name, warehouse_address FROM new_warehouses
WHERE warehouse_name ='汽车零件库';
```

执行结果如图 2－17 所示。

```
mysql> SELECT warehouse_name,warehouse_address FROM new_warehouses
WHERE warehouse_name='汽车零件库';
+----------------+-------------------+
| warehouse_name | warehouse_address |
+----------------+-------------------+
| 汽车零件库     | 24#401            |
+----------------+-------------------+
1 row in set (0.00 sec)
```

**图 2－17　查询 new_warehouses 表中“汽车零件库”的仓库地址**

### （二）使用逻辑运算符查询

逻辑运算符用于对条件进行组合，以便更灵活地筛选数据。常用的逻辑运算符包括 AND、OR 和 NOT，它们可以用于将多个条件组合起来，以便在查询中使用更复杂的条件逻辑。

常用的逻辑运算符及说明如下。

**1. AND 运算符**

AND 运算符用于在查询中结合两个或多个条件，只有当所有条件都为真时，结果才会被返回。换句话说，只有当所有条件都满足时，记录才会被检索出来。

例如，查询 storages 表中仓库编号（warehouse_id）为 201 且库存数量（stock_quantity）小于 200 的产品信息，具体如下。

```
SELECT * FROM storages
WHERE warehouse_id = 201 AND stock_quantity < 200;
```

执行结果如图 2－18 所示。

**2. OR 运算符**

OR 运算符用于在查询中结合两个或多个条件，只要满足其中一个条件，结果就会被返回。换句话说，只要有一个条件为真，记录就会被检索出来。

例如，查询 storages 表中仓库编号（warehouse_id）为 101 或者库存数量（stock_quan-

```
mysql> SELECT * FROM storages
    -> WHERE warehouse_id = 201 AND stock_quantity < 200;
+--------------+------------+----------------+------------------+
| warehouse_id | product_id | stock_quantity | storage_location |
+--------------+------------+----------------+------------------+
|          201 | P004       |            180 | B2               |
+--------------+------------+----------------+------------------+
1 row in set (0.00 sec)
```

**图 2-18　使用 AND 运算符查询表数据**

tity）大于 200 的产品信息，具体如下。

```
SELECT * FROM storages
WHERE warehouse_id = 101 OR stock_quantity > 200;
```

执行结果如图 2-19 所示。

```
mysql> SELECT * FROM storages
    -> WHERE warehouse_id = 101 OR stock_quantity > 200;
+--------------+------------+----------------+------------------+
| warehouse_id | product_id | stock_quantity | storage_location |
+--------------+------------+----------------+------------------+
|          101 | P001       |            100 | A1               |
|          101 | P002       |            150 | A2               |
|          301 | P005       |            220 | C1               |
+--------------+------------+----------------+------------------+
3 rows in set (0.00 sec)
```

**图 2-19　使用 OR 运算符查询表数据**

### 3. NOT 运算符

NOT 运算符用于否定一个条件，返回不满足条件的记录。它常常和其他运算符一起使用，用于否定特定的条件。

例如，查询 storages 表中仓库编号（warehouse_id）不为 101 的产品信息，具体如下。

```
SELECT * FROM storages
WHERE NOT warehouse_id = 101;
```

执行结果如图 2-20 所示。

```
mysql> SELECT * FROM storages
    -> WHERE NOT warehouse_id = 101;
+--------------+------------+----------------+------------------+
| warehouse_id | product_id | stock_quantity | storage_location |
+--------------+------------+----------------+------------------+
|          201 | P003       |            200 | B1               |
|          201 | P004       |            180 | B2               |
|          301 | P005       |            220 | C1               |
|          301 | P006       |            120 | C2               |
|          401 | P007       |            170 | D1               |
|          401 | P008       |             90 | D2               |
+--------------+------------+----------------+------------------+
6 rows in set (0.00 sec)
```

**图 2-20　使用 NOT 运算符查询表数据**

## （三）区间查询

区间查询用于查找指定范围内的值。常用的区间查询包括 BETWEEN AND 和 IN。它们可以用于检查值是否位于指定的范围内、是否包含在给定的值列表中，或者是否为空值，具体如下。

**1. (NOT) BETWEEN AND**

BETWEEN AND 关键字用于在指定的范围内筛选数据，可以用于数值、日期和文本类型的数据。查询结果包含边界值，即 BETWEEN AND 运算符所定义的两个值之间的所有数据。带 BETWEEN AND 关键字的查询语句的语法格式如下。

```
SELECT 字段名 1,字段名 2…FROM 表名
WHERE 字段名 [NOT] BETWEEN 值 1 AND 值 2;
```

在上述语法格式中，“值 1”和“值 2”表示范围，其中“值 1”为范围的起始值，“值 2”为范围的结束值，“NOT”为取反。

例如，查询 storages 表中库存数量（stock_quantity）为 150 ~ 200 且包含 150 和 200 的产品信息，具体如下。

```
SELECT * FROM storages
WHERE stock_quantity BETWEEN 150 AND 200;
```

执行结果如图 2-21 所示。

```
mysql> SELECT * FROM storages
    -> WHERE stock_quantity BETWEEN 150 AND 200;
+--------------+------------+----------------+------------------+
| warehouse_id | product_id | stock_quantity | storage_location |
+--------------+------------+----------------+------------------+
|          101 | P002       |            150 | A2               |
|          201 | P003       |            200 | B1               |
|          201 | P004       |            180 | B2               |
|          401 | P007       |            170 | D1               |
+--------------+------------+----------------+------------------+
4 rows in set (0.00 sec)
```

**图 2-21 使用 BETWEEN AND 查询表数据**

如果上述例子查询的库存数量不为 150 ~ 200，也就是查询库存数量小于 150 和大于 200 的产品信息，那么条件语句将变为 WHERE stock_quantity NOT BETWEEN 150 AND 200。

**2. (NOT) IN**

IN 关键字用于筛选等于某个集合中任意一个值的数据，它可以简化多个 OR 条件的查询，且查询效率更高，语法格式如下。

```
SELECT 字段名 1,字段名 2…FROM 表名
WHERE 字段名 [NOT] IN (元素 1,元素 2…);
```

在上述语法格式中，NOT 是可选的，表示不在集合范围中；元素 1、元素 2 等是集合中的元素。

例如，查询 storages 表中产品编号（product_id）为 P002、P003、P005、P007 的产品信息，具体如下。

```
SELECT * FROM storages
WHERE product_id IN ('P002','P003','P005','P007');
```

执行结果如图 2-22 所示。

如果上述例子中查询的为产品编号不是 P002、P003、P005、P007 的产品信息，那么

```
mysql> SELECT * FROM storages
    -> WHERE product_id IN('P002','P003','P005','P007');
+--------------+------------+----------------+------------------+
| warehouse_id | product_id | stock_quantity | storage_location |
+--------------+------------+----------------+------------------+
|          101 | P002       |            150 | A2               |
|          201 | P003       |            200 | B1               |
|          301 | P005       |            220 | C1               |
|          401 | P007       |            170 | D1               |
+--------------+------------+----------------+------------------+
4 rows in set (0.00 sec)
```

**图 2-22　使用 IN 查询表数据**

条件语句将变为 WHERE product_id NOT IN（'P002', 'P003', 'P005', 'P007'）。

### （四）空值查询

IS NULL 关键字用于筛选值为空的记录。在 SQL 中，NULL 表示缺失的或未知的值，即该字段没有被赋予任何值，并且它与空字符串和 0 是有区别的，因此不能使用等号（=）来判断是否为 NULL。

在 MySQL 中，使用 IS NULL 或者 IS NOT NULL 关键字判断某个字段为空或非空，语法格式如下。

```
SELECT 字段名 1, 字段名 2...FROM 表名
WHERE 字段名 IS [NOT] NULL;
```

在上述语法格式中，NOT 是可选的，使用 NOT 关键字可以筛选非空的字段。

例如，查询 storages 表中库存数量（stock_quantity）不为空值的产品信息，具体如下。

```
SELECT * FROM storages
WHERE stock_quantity IS NOT NULL;
```

执行结果如图 2-23 所示。

```
mysql> SELECT * FROM storages
    -> WHERE stock_quantity IS NOT NULL;
+--------------+------------+----------------+------------------+
| warehouse_id | product_id | stock_quantity | storage_location |
+--------------+------------+----------------+------------------+
|          101 | P001       |            100 | A1               |
|          101 | P002       |            150 | A2               |
|          201 | P003       |            200 | B1               |
|          201 | P004       |            180 | B2               |
|          301 | P005       |            220 | C1               |
|          301 | P006       |            120 | C2               |
|          401 | P007       |            170 | D1               |
|          401 | P008       |             90 | D2               |
+--------------+------------+----------------+------------------+
8 rows in set (0.00 sec)
```

**图 2-23　使用 IS NOT NULL 查询表数据**

### （五）模糊查询

模糊查询允许用户根据部分匹配条件来筛选数据，而不是完全匹配。模糊查询通常使用 LIKE 关键字和通配符来实现。这种查询方式尤其适用于对字符串数据进行部分匹配搜索，如查找包含特定字符串的记录。

LIKE 关键字结合通配符进行模糊查询的语法格式如下。

```
SELECT 字段名1,字段名2…FROM 表名
WHERE 字段名 [NOT] LIKE '匹配字符串';
```

在上述语法格式中，匹配字符串用来指定要匹配的字符串，这个字符串可以是普通字符串，也可以包含下划线（_）和百分号（%）通配符。其中，下划线代表匹配任意单个字符，百分号表示匹配任意字符序列，这些符号可以复合使用。

例如，查询 storages 表中存放位置（storage_location）以 C 开头的产品信息，具体如下。

```
SELECT * FROM storages
WHERE storage_location LIKE 'C%';
```

执行结果如图 2－24 所示。

```
mysql> SELECT * FROM storages
    -> WHERE storage_location LIKE 'C%';
+--------------+------------+----------------+------------------+
| warehouse_id | product_id | stock_quantity | storage_location |
+--------------+------------+----------------+------------------+
|          301 | P005       |            220 | C1               |
|          301 | P006       |            120 | C2               |
+--------------+------------+----------------+------------------+
2 rows in set (0.01 sec)
```

**图 2－24 使用 LIKE 关键字查询表数据**

## 三、统计数据

动画

数据的统计

在数据库中，统计数据是对数据进行汇总和分析的重要手段。MySQL 提供了多种功能来实现数据统计，其中最常用的是 GROUP BY 子句和 HAVING 子句。

### （一）GROUP BY 子句

GROUP BY 子句用于将结果集中的数据行按一个或多个列进行分组，通常与聚合函数（如 COUNT、SUM、AVG、MAX、MIN）一起使用，对分组后的数据进行汇总计算。

在 SELECT 语句中可以使用 GROUP BY 关键字进行分组查询，语法格式如下。

```
SELECT 字段名1,字段名2…FROM 表名
GROUP BY 字段名1,字段名2…;
```

在上述语法格式中，GROUP BY 后的字段名是对查询结果分组的依据。

例如，查询各仓库的总库存量，具体如下。

```
SELECT warehouse_id, SUM(stock_quantity) AS total_stock
FROM storages
GROUP BY warehouse_id;
```

执行结果如图 2－25 所示。

```
mysql> SELECT warehouse_id, SUM(stock_quantity) AS total_stock
    -> FROM storages
    -> GROUP BY warehouse_id;
+--------------+-------------+
| warehouse_id | total_stock |
+--------------+-------------+
|          101 |         250 |
|          201 |         380 |
|          301 |         340 |
|          401 |         260 |
+--------------+-------------+
4 rows in set (0.00 sec)
```

**图 2-25　查询各仓库的总库存量**

### （二）HAVING 子句

HAVING 子句用于过滤分组后的结果集，通常与 GROUP BY 子句一起使用。它与 WHERE 子句类似，但不同的是，HAVING 子句作用于分组后的数据，而 WHERE 子句作用于分组前的数据。

HAVING 子句的语法格式如下。

```
SELECT 字段名 1, 字段名 2...FROM 表名
GROUP BY 字段名 1, 字段名 2...HAVING 条件表达式;
```

例如，查询总库存量大于 300 的仓库，具体如下。

```
SELECT warehouse_id, SUM（stock_quantity）AS total_stock
FROM storages
GROUP BY warehouse_id
HAVING total_stock >300;
```

执行结果如图 2-26 所示。

```
mysql> SELECT warehouse_id, SUM(stock_quantity) AS total_stock
    -> FROM storages
    -> GROUP BY warehouse_id
    -> HAVING total_stock > 300;
+--------------+-------------+
| warehouse_id | total_stock |
+--------------+-------------+
|          201 |         380 |
|          301 |         340 |
+--------------+-------------+
2 rows in set (0.00 sec)
```

**图 2-26　查询总库存量大于 300 的仓库**

## 四、排序查询与分页查询

MySQL 提供了 ORDER BY 子句来排序结果集，并通过 LIMIT 子句来限制返回的行数。下面详细讲解这两个子句的用法。

### （一）排序查询

MySQL 可以使用 ORDER BY 子句对查询结果进行排序。ORDER BY 子句通常位于 SELECT语句的末尾，并接收一个或多个列名作为参数，用于指定排序的依据，语法格式

如下。

```
SELECT 字段名1,字段名2...FROM 表名
ORDER BY 字段名1 [ASC | DESC],字段名2 [ASC | DESC]...;
```

在上述语法格式中，ORDER BY 关键字后的字段名表示指定排序的字段，ASC 和 DESC参数是可选的。其中 ASC 代表按升序排序，DESC 代表按降序排序，如果不写该参数，则默认按升序排序。

例如，查询 storages 表中所有数据，并按照库存数量（stock_quantity）降序排序，具体如下。

```
SELECT * FROM storages
ORDER BY stock_quantity DESC;
```

执行结果如图 2-27 所示。

```
mysql> SELECT * FROM storages
    -> ORDER BY stock_quantity DESC;
+--------------+------------+----------------+------------------+
| warehouse_id | product_id | stock_quantity | storage_location |
+--------------+------------+----------------+------------------+
|          301 | P005       |            220 | C1               |
|          201 | P003       |            200 | B1               |
|          201 | P004       |            180 | B2               |
|          401 | P007       |            170 | D1               |
|          101 | P002       |            150 | A2               |
|          301 | P006       |            120 | C2               |
|          101 | P001       |            100 | A1               |
|          401 | P008       |             90 | D2               |
+--------------+------------+----------------+------------------+
8 rows in set (0.00 sec)
```

图 2-27 按库存数量降序排序

### （二）分页查询

在实际应用中，用户有时只需返回部分数据，而不是所有匹配的行。MySQL 提供了 LIMIT 子句来实现这一功能。LIMIT 用于限制 SELECT 语句返回结果的起始位置和数量，既可以更加直观地分页显示大型数据集，又可以提高查询性能和减少数据传输量。例如，在网上购物时，商品通常分页显示，用户可以逐页浏览。LIMIT 的语法格式如下。

```
SELECT 字段名1,字段名2...FROM 表名
LIMIT [m,]n;
```

在上述语法格式中，LIMIT 后面可以有两个参数：第一个参数 $m$ 是可选的，代表结果集的起始位置默认值为0，即第一条记录；第二个参数 $n$ 是必选的，代表从起始位置开始返回的记录行数。

## 五、嵌套查询

嵌套查询（Nested Query）是指在一个 SQL 查询语句的内部嵌套另一个 SQL 查询语句。内部的查询称为子查询（Subquery），外部的查询称为主查询（Main Query）。嵌套查

询通常用于解决复杂的查询问题，可以分为单行子查询、多行子查询和多列子查询等。

### （一）单行子查询

单行子查询是指子查询返回的结果只有一行一列，通常用于关系运算符中，语法格式如下。

```
SELECT 字段名 1,字段名 2...FROM 表名
WHERE 字段名 关系运算符（SELECT 字段名 FROM 表名 WHERE 条件）;
```

例如，查询 storages 表中，库存数量（stock_quantity）大于平均库存量的产品信息，具体如下。

```
SELECT * FROM Storages
WHERE stock_quantity > (SELECT AVG(stock_quantity) FROM Storages);
```

执行结果如图 2-28 所示。

```
mysql> SELECT * FROM Storages
    -> WHERE stock_quantity > (SELECT AVG(stock_quantity) FROM Storages);
+--------------+------------+----------------+------------------+
| warehouse_id | product_id | stock_quantity | storage_location |
+--------------+------------+----------------+------------------+
|          201 | P003       |            200 | B1               |
|          201 | P004       |            180 | B2               |
|          301 | P005       |            220 | C1               |
|          401 | P007       |            170 | D1               |
+--------------+------------+----------------+------------------+
4 rows in set (0.01 sec)
```

**图 2-28　单行子查询**

### （二）多行子查询

多行子查询是指子查询返回的结果有多行一列，通常与 IN、ANY、ALL 等运算符结合使用，语法格式如下。

```
SELECT 字段名 1,字段名 2...FROM 表名
WHERE 字段名 IN（SELECT 字段名 FROM 表名 WHERE 条件）;
```

例如，查询在“器材库”和“燃料库”中的所有产品信息，具体如下。

```
SELECT * FROM storages
WHERE warehouse_id IN (SELECT warehouse_id FROM new_warehouses WHERE warehouse_name IN
('器材库','燃料库'));
```

执行结果如图 2-29 所示。

```
mysql> SELECT * FROM storages
    -> WHERE warehouse_id IN (SELECT warehouse_id FROM new_warehouses
WHERE warehouse_name IN ('器材库', '燃料库'));
+--------------+------------+----------------+------------------+
| warehouse_id | product_id | stock_quantity | storage_location |
+--------------+------------+----------------+------------------+
|          101 | P001       |            100 | A1               |
|          101 | P002       |            150 | A2               |
|          301 | P005       |            220 | C1               |
|          301 | P006       |            120 | C2               |
+--------------+------------+----------------+------------------+
4 rows in set (0.00 sec)
```

**图 2-29　多行子查询**

### （三）多列子查询

多列子查询是指子查询返回的结果有多行多列，通常与 EXISTS 运算符结合使用，语法格式如下。

```
SELECT 字段名 1, 字段名 2...FROM 表名
WHERE EXISTS (SELECT 1 FROM 表名 WHERE 条件);
```

在上述语法格式中，EXISTS 运算符用于检查子查询是否返回任何行。只要子查询返回至少一行，EXISTS 就评估为 TRUE。在这种情况下，1 只是一个占位符，表示子查询中并不关心具体返回的值，只关心是否有记录返回。因此，1 可以换成其他常量，如SELECT 'X'或 SELECT NULL，效果是一样的。

例如，查询库存量大于 100 且仓库地址为 21#开头的仓库中的产品信息，具体如下。

```
SELECT * FROM storages s
WHERE s. stock_quantity > 100
AND EXISTS (
    SELECT 1
    FROM new_warehouses w
    WHERE s. warehouse_id = w. warehouse_id
    AND w. warehouse_address LIKE '21#%'
);
```

执行结果如图 2-30 所示。

```
mysql> SELECT * FROM storages s
    -> WHERE s.stock_quantity > 100
    -> AND EXISTS (
    ->     SELECT 1
    ->     FROM new_warehouses w
    ->     WHERE s.warehouse_id = w.warehouse_id
    ->     AND w.warehouse_address LIKE '21#%'
    -> );
+--------------+------------+----------------+------------------+
| warehouse_id | product_id | stock_quantity | storage_location |
+--------------+------------+----------------+------------------+
|          101 | P002       |            150 | A2               |
+--------------+------------+----------------+------------------+
1 row in set (0.00 sec)
```

**图 2-30　多列子查询**

## 六、多表查询之内连接

内连接是关系数据库中最常用的连接类型之一。内连接只返回两个表中符合连接条件的记录，即内连接只保留两个表之间有对应关系的行，如图 2-31 所示。当两个表中没有匹配的记录时，内连接的结果集中不会包含这些未匹配的记录。

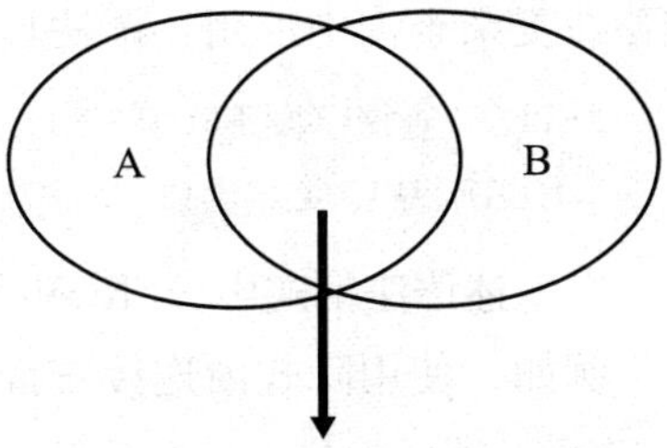


内连接：查询两个表的交集

**图 2-31　内连接**

内连接可以通过不同的 SQL 语法实现，主要有以下

三种基本方法。

### （一）显式内连接

显式内连接使用 INNER JOIN 关键字来明确指定连接条件，语法格式如下。

```
SELECT 查询字段 FROM 表 1
[INNER] JOIN 表 2 ON 表 1. 关系字段 = 表 2. 关系字段 WHERE 查询条件;
```

在上述语法格式中，INNER JOIN 用于连接两个表，因为 MySQL 默认的连接方式就是内连接，所以 INNER 关键字可以省略；ON 用于指定连接条件，其作用类似于 WHERE 关键字。

需要注意的是，虽然 INNER JOIN 可以连接多个表。但是，为了获得更好的查询性能，最好不要超过三个。显式内连接只返回两个表之间匹配的行，不包括未匹配的行。

为了区分内连接和外连接，在讲解示例之前，需要向 new_warehouses 表中添加一条在 storages 表中没有对应记录的记录，具体如下。

```
INSERT INTO new_warehouses (warehouse_id, warehouse_name, warehouse_address)
VALUES (501,'备用仓库','25#501');
```

例如，使用显式内连接查询所有仓库及其存储的产品信息，具体如下。

```
SELECT *
FROM new_warehouses nw
INNER JOIN storages s ON nw. warehouse_id = s. warehouse_id;
```

执行结果如图 2－32 所示。

```
mysql> SELECT *
    -> FROM new_warehouses nw
    -> INNER JOIN storages s ON nw.warehouse_id = s.warehouse_id;
+--------------+----------------+-------------------+--------------+------------+----------------+------------------+
| warehouse_id | warehouse_name | warehouse_address | warehouse_id | product_id | stock_quantity | storage_location |
+--------------+----------------+-------------------+--------------+------------+----------------+------------------+
|          101 | 器材库         | 21#101            |          101 | P001       |            100 | A1               |
|          101 | 器材库         | 21#101            |          101 | P002       |            150 | A2               |
|          201 | 金属材料库     | 22#201            |          201 | P003       |            200 | B1               |
|          201 | 金属材料库     | 22#201            |          201 | P004       |            180 | B2               |
|          301 | 燃料库         | 23#301            |          301 | P005       |            220 | C1               |
|          301 | 燃料库         | 23#301            |          301 | P006       |            120 | C2               |
|          401 | 汽车零件库     | 24#401            |          401 | P007       |            170 | D1               |
|          401 | 汽车零件库     | 24#401            |          401 | P008       |             90 | D2               |
+--------------+----------------+-------------------+--------------+------------+----------------+------------------+
8 rows in set (0.01 sec)
```

**图 2－32　使用显式内连接查询所有仓库及其存储的产品信息**

### （二）隐式内连接

隐式内连接通过在 WHERE 子句中指定连接条件实现内连接，但由于可读性较差，不推荐在复杂查询中使用，语法格式如下。

```
SELECT 查询字段 FROM 表 1, 表 2
WHERE 表 1. 关系字段 = 表 2. 关系字段;
```

在上述语法格式中，FROM 子句列出要连接的表，并通过 WHERE 子句指定连接条件。

例如，使用隐式内连接查询所有仓库及其存储的产品信息，具体如下。

```
SELECT * FROM new_warehouses nw, storages s
WHERE nw. warehouse_id = s. warehouse_id;
```

执行结果如图 2 - 33 所示。

```
mysql> SELECT * FROM new_warehouses nw, storages s
    -> WHERE nw.warehouse_id = s.warehouse_id;
+--------------+----------------+-------------------+--------------+------------+----------------+------------------+
| warehouse_id | warehouse_name | warehouse_address | warehouse_id | product_id | stock_quantity | storage_location |
+--------------+----------------+-------------------+--------------+------------+----------------+------------------+
|          101 | 器材库         | 21#101            |          101 | P001       |            100 | A1               |
|          101 | 器材库         | 21#101            |          101 | P002       |            150 | A2               |
|          201 | 金属材料库     | 22#201            |          201 | P003       |            200 | B1               |
|          201 | 金属材料库     | 22#201            |          201 | P004       |            180 | B2               |
|          301 | 燃料库         | 23#301            |          301 | P005       |            220 | C1               |
|          301 | 燃料库         | 23#301            |          301 | P006       |            120 | C2               |
|          401 | 汽车零件库     | 24#401            |          401 | P007       |            170 | D1               |
|          401 | 汽车零件库     | 24#401            |          401 | P008       |             90 | D2               |
+--------------+----------------+-------------------+--------------+------------+----------------+------------------+
8 rows in set (0.00 sec)
```

**图 2 - 33　使用隐式内连接查询所有仓库及其存储的产品信息**

## （三）自然内连接

自然内连接使用 NATURAL JOIN 关键字，它根据两个表之间的共同列（具有相同列名和相同数据类型）自动进行连接。自然内连接省略了使用 ON 关键字指定连接条件的步骤，而是依赖于表之间的列名匹配来进行连接。语法格式如下。

```
SELECT 查询字段 FROM 表1 [别名]
NATURAL JOIN 表2 [别名];
```

例如，使用自然内连接查询所有仓库及其存储的产品信息，具体如下。

```
SELECT * FROM new_warehouses nw
NATURAL JOIN storages s;
```

执行结果如图 2 - 34 所示。

```
mysql> SELECT * FROM new_warehouses nw
    -> NATURAL JOIN storages s;
+--------------+----------------+-------------------+------------+----------------+------------------+
| warehouse_id | warehouse_name | warehouse_address | product_id | stock_quantity | storage_location |
+--------------+----------------+-------------------+------------+----------------+------------------+
|          101 | 器材库         | 21#101            | P001       |            100 | A1               |
|          101 | 器材库         | 21#101            | P002       |            150 | A2               |
|          201 | 金属材料库     | 22#201            | P003       |            200 | B1               |
|          201 | 金属材料库     | 22#201            | P004       |            180 | B2               |
|          301 | 燃料库         | 23#301            | P005       |            220 | C1               |
|          301 | 燃料库         | 23#301            | P006       |            120 | C2               |
|          401 | 汽车零件库     | 24#401            | P007       |            170 | D1               |
|          401 | 汽车零件库     | 24#401            | P008       |             90 | D2               |
+--------------+----------------+-------------------+------------+----------------+------------------+
8 rows in set (0.00 sec)
```

**图 2 - 34　使用自然内连接查询所有仓库及其存储的产品信息**

由于这种连接方式没有明确指定连接条件，容易引起歧义，故不推荐在复杂查询中使用。

在进行三表内连接时，可以通过以下两种基本方法来实现。

（1）顺序连接。

顺序连接是指将两个表先进行连接，然后将结果集与第三个表进行连接，语法格式如下。

```
SELECT 字段名1,字段名2...FROM 表1
INNER JOIN 表2 ON 表1. 字段名 = 表2. 字段名
INNER JOIN 表3 ON 表2. 字段名 = 表3. 字段名;
```

在讲解示例之前，首先假设有 new_warehouses、storages 和 products 三个表。其中 new_warehouses 表的数据如表 2－3 所示。

**表 2－3　new_warehouses 表的数据**

| warehouse_id | warehouse_name | warehouse_address |
| --- | --- | --- |
| 101 | 器材库 | 21#101 |
| 201 | 金属材料库 | 22#201 |
| 301 | 燃料库 | 23#301 |
| 401 | 汽车零件库 | 24#401 |
| 501 | 备用仓库 | 25#501 |

storages 表的数据如表 2－4 所示。

**表 2－4　storages 表的数据**

| warehouse_id | product_id | stock_quantity | storage_location |
| --- | --- | --- | --- |
| 101 | P001 | 100 | A1 |
| 101 | P002 | 150 | A2 |
| 201 | P003 | 200 | B1 |
| 201 | P004 | 180 | B2 |
| 301 | P005 | 220 | C1 |
| 301 | P006 | 120 | C2 |
| 401 | P007 | 170 | D1 |
| 401 | P008 | 90 | D2 |

products 表的数据如表 2－5 所示。

**表 2－5　products 表的数据**

| product_id | product_name | product_price |
| --- | --- | --- |
| P001 | 产品 1 | 50.00 |
| P002 | 产品 2 | 120.00 |
| P003 | 产品 3 | 450.00 |
| P004 | 产品 4 | 230.00 |
| P005 | 产品 5 | 670.00 |
| P006 | 产品 6 | 880.00 |
| P007 | 产品 7 | 750.00 |
| P008 | 产品 8 | 480.00 |

创建 products 表并插入表 2－5 中的示例数据，此处不再演示。

例如，通过 new_warehouses、storages 和 products 三个数据表的连接，查询每个仓库及其存储的产品和产品的详细信息，具体如下。

```
SELECT nw. warehouse_id, nw. warehouse_name, s. product_id, p. product_name, p. product_price
FROM new_warehouses nw
INNER JOIN storages s ON nw. warehouse_id = s. warehouse_id
INNER JOIN products p ON s. product_id = p. product_id;
```

执行结果如图2-35所示。

```
mysql> SELECT nw.warehouse_id, nw.warehouse_name, s.product_id, p.product_name, p.product_price
    -> FROM new_warehouses nw
    -> INNER JOIN storages s ON nw.warehouse_id = s.warehouse_id
    -> INNER JOIN products p ON s.product_id = p.product_id;
+--------------+----------------+------------+--------------+---------------+
| warehouse_id | warehouse_name | product_id | product_name | product_price |
+--------------+----------------+------------+--------------+---------------+
|          101 | 器材库         | P001       | 产品1        |         50.00 |
|          101 | 器材库         | P002       | 产品2        |        120.00 |
|          201 | 金属材料库     | P003       | 产品3        |        450.00 |
|          201 | 金属材料库     | P004       | 产品4        |        230.00 |
|          301 | 燃料库         | P005       | 产品5        |        670.00 |
|          301 | 燃料库         | P006       | 产品6        |        880.00 |
|          401 | 汽车零件库     | P007       | 产品7        |        750.00 |
|          401 | 汽车零件库     | P008       | 产品8        |        480.00 |
+--------------+----------------+------------+--------------+---------------+
8 rows in set (0.00 sec)
```

**图2-35　顺序连接多表查询数据**

(2) 交叉连接。

交叉连接是指将所有表的所有记录进行笛卡尔积运算，然后通过WHERE子句指定连接条件，语法格式如下。

```
SELECT 字段名1,字段名2…
FROM 表1
CROSS JOIN 表2
CROSS JOIN 表3
WHERE 表1. 字段名 = 表2. 字段名
AND 表2. 字段名 = 表3. 字段名;
```

上述语法格式的简写格式如下。

```
SELECT 字段名1,字段名2…
FROM 表1,表2,表3
WHERE 表1. 字段名 = 表2. 字段名
AND 表2. 字段名 = 表3. 字段名;
```

例如，查询所有仓库及其存储的产品信息，包括产品名称、库存量和价格，具体如下。

```
SELECT nw. warehouse_id, nw. warehouse_name, s. product_id, p. product_name, s. stock_quantity,
p. product_price
FROM new_warehouses nw, storages s, products p
WHERE nw. warehouse_id = s. warehouse_id
AND s. product_id = p. product_id;
```

执行结果如图 2－36 所示。

```
mysql> SELECT nw.warehouse_id, nw.warehouse_name, s.product_id, p.product_name, s.stock_quantit
y, p.product_price
    -> FROM new_warehouses nw, storages s, products p
    -> WHERE nw.warehouse_id = s.warehouse_id
    -> AND s.product_id = p.product_id;
+--------------+----------------+------------+--------------+----------------+---------------+
| warehouse_id | warehouse_name | product_id | product_name | stock_quantity | product_price |
+--------------+----------------+------------+--------------+----------------+---------------+
|          101 | 器材库         | P001       | 产品1        |            100 |         50.00 |
|          101 | 器材库         | P002       | 产品2        |            150 |        120.00 |
|          201 | 金属材料库     | P003       | 产品3        |            200 |        450.00 |
|          201 | 金属材料库     | P004       | 产品4        |            180 |        230.00 |
|          301 | 燃料库         | P005       | 产品5        |            220 |        670.00 |
|          301 | 燃料库         | P006       | 产品6        |            120 |        880.00 |
|          401 | 汽车零件库     | P007       | 产品7        |            170 |        750.00 |
|          401 | 汽车零件库     | P008       | 产品8        |             90 |        480.00 |
+--------------+----------------+------------+--------------+----------------+---------------+
8 rows in set (0.00 sec)
```

**图 2－36　交叉连接多表查询数据**

## 七、多表查询之外连接

外连接用于从多个表中获取数据，即使其中某些表不满足连接条件。外连接分为左外连接（Left Outer Join）、右外连接（Right Outer Join）和全外连接（Full Outer Join）三种类型，它们返回的结果集不仅包含符合连接条件的记录，还包含未匹配的记录。需要注意的是，MySQL 中并没有直接支持全外连接的语法，但是可以通过左外连接和右外连接的组合来模拟实现全外连接。

### （一）左外连接

左外连接是指返回左表中的所有记录以及右表中与其匹配的记录。如果左表中的记录在右表中没有匹配的记录，右表对应的字段将返回 NULL。左外连接的查询原理如图 2－37 所示，阴影部分表示左外连接的查询结果。左外连接的语法格式如下。

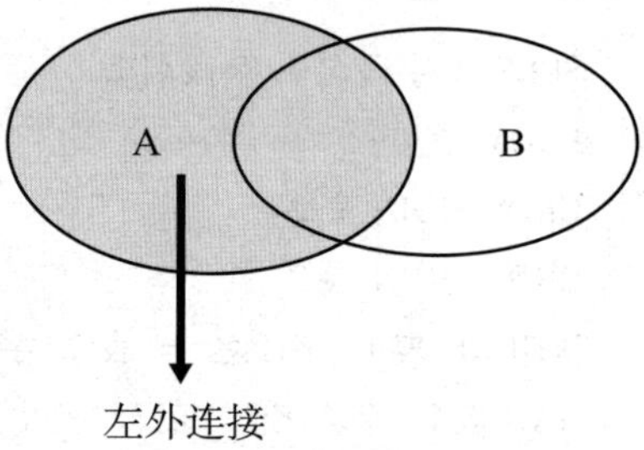


**图 2－37　左外连接的查询原理**

```
SELECT 查询字段 FROM 表 1 LEFT [ OUTER] JOIN 表 2
ON 表 1. 关系字段 = 表 2. 关系字段 WHERE 查询条件;
```

在上述语法格式中，OUTER 可以省略不写，ON 后是两张表的连接条件，WHERE 关键字后可以添加查询条件。

例如，使用左外连接查询所有仓库及其存储的产品信息，包括没有存储产品的仓库，具体如下。

```
SELECT nw. warehouse_id, nw. warehouse_name, s. product_id, s. stock_quantity
FROM new_warehouses nw
LEFT JOIN storages s ON nw. warehouse_id  =  s. warehouse_id;
```

执行结果如图 2－38 所示。

```
mysql> SELECT nw.warehouse_id, nw.warehouse_name, s.product_id, s.stock_quantity
    -> FROM new_warehouses nw
    -> LEFT JOIN storages s ON nw.warehouse_id = s.warehouse_id;
+--------------+----------------+------------+----------------+
| warehouse_id | warehouse_name | product_id | stock_quantity |
+--------------+----------------+------------+----------------+
|          101 | 器材库         | P002       |            150 |
|          101 | 器材库         | P001       |            100 |
|          201 | 金属材料库     | P004       |            180 |
|          201 | 金属材料库     | P003       |            200 |
|          301 | 燃料库         | P006       |            120 |
|          301 | 燃料库         | P005       |            220 |
|          401 | 汽车零件库     | P008       |             90 |
|          401 | 汽车零件库     | P007       |            170 |
|          501 | 备用仓库       | NULL       |           NULL |
+--------------+----------------+------------+----------------+
9 rows in set (0.00 sec)
```

**图2-38　使用左外连接查询所有仓库及其存储的产品信息**

## （二）右外连接

右外连接是指返回右表中的所有记录以及左表中与其匹配的记录。如果右表中的记录在左表中没有匹配的记录，左表对应的字段将返回NULL。右外连接的查询原理如图2-39所示，阴影部分表示右外连接的查询结果。右外连接的语法格式如下。

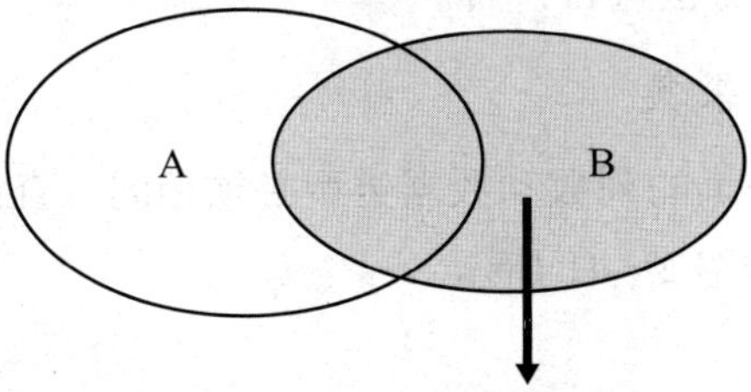


**图2-39　右外连接的查询原理**

```
SELECT 查询字段 FROM 表1 RIGHT [OUTER] JOIN 表2
ON 表1. 关系字段 = 表2. 关系字段 WHERE 查询条件;
```

例如，使用右外连接查询所有仓库及其存储的产品信息，包括没有存储在任何仓库中的产品，具体如下。

```
SELECT nw. warehouse_id, nw. warehouse_name, s. product_id, s. stock_quantity
FROM new_warehouses nw
RIGHT JOIN storages s ON nw. warehouse_id  =  s. warehouse_id;
```

执行结果如图2-40所示。

# 八、联合查询

联合查询（Union Query）是指将两个或多个查询结果组合成一个结果集。MySQL中的联合查询主要通过UNION和UNION ALL来实现，合并两个表的语法格式如下。

```
mysql> SELECT nw.warehouse_id, nw.warehouse_name, s.product_id, s.stock_quantity
    -> FROM new_warehouses nw
    -> RIGHT JOIN storages s ON nw.warehouse_id = s.warehouse_id;
+--------------+----------------+------------+----------------+
| warehouse_id | warehouse_name | product_id | stock_quantity |
+--------------+----------------+------------+----------------+
|          101 | 器材库         | P001       |            100 |
|          101 | 器材库         | P002       |            150 |
|          201 | 金属材料库     | P003       |            200 |
|          201 | 金属材料库     | P004       |            180 |
|          301 | 燃料库         | P005       |            220 |
|          301 | 燃料库         | P006       |            120 |
|          401 | 汽车零件库     | P007       |            170 |
|          401 | 汽车零件库     | P008       |             90 |
+--------------+----------------+------------+----------------+
8 rows in set (0.00 sec)
```

**图 2-40　使用右外连接查询所有仓库及其存储的产品信息**

```
SELECT 字段名 1,字段名 2…FROM 表 1
UNION [ALL]
SELECT 字段名 1,字段名 2…FROM 表 2;
```

上述语法格式中，UNION 用于去除重复记录，UNION ALL 则保留所有记录，包括重复的记录。

接下来将对这两种查询方法进行讲解。

## （一）UNION 合并结果集

UNION 操作要求每个查询的列数和数据类型必须相同，查询结果会按照列的顺序进行合并。UNION 合并结果集如图 2-41 所示。

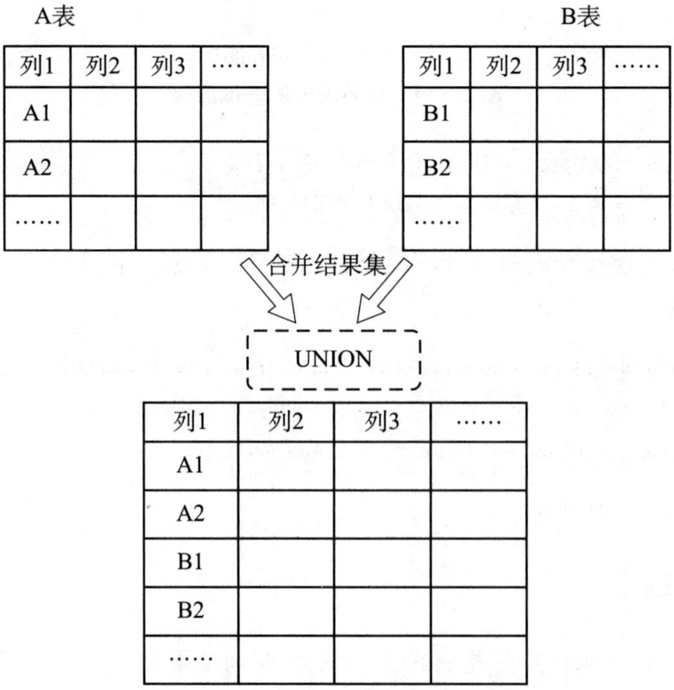


**图 2-41　UNION 合并结果集**

首先，创建一个名为 union_db 的数据库，并在该数据库中创建两个数据表 test1_tb 和 test2_tb，具体如下。

```
-- 创建数据库
CREATE DATABASE union_db;
-- 使用数据库
USE union_db;
-- 创建 test1_tb 表,并且为 id 字段添加主键约束
CREATE TABLE test1_tb (
    id INT PRIMARY KEY,
    name VARCHAR (20)
);
-- 向 test1 表中添加数据
INSERT INTO test1_tb (id, name) VALUES
(1,'红桃 A'),
(2,'黑桃 2');
-- 创建 test2_tb 表,并且为 id 字段添加主键约束
CREATE TABLE test2_tb (
    id INT PRIMARY KEY,
    name VARCHAR (20)
);
-- 向 test2_tb 表中添加数据
INSERT INTO test2_tb (id, name) VALUES
(1,'红桃 A'),
(2,'方块 6');
```

例如，使用 UNION 操作符查询 test1_tb 和 test2_tb 两个表中的所有数据，并去除重复的记录，具体如下。

```
SELECT id, name FROM test1_tb
UNION
SELECT id, name FROM test2_tb;
```

执行结果如图 2－42 所示。

使用 UNION 语句将表 test1 和表 test2 中的数据进行了合并，由于 UNION 关键字去除了重复的数据，因此结果集共有三条记录。

### （二）UNION ALL 合并结果集

与 UNION 不同，UNION ALL 操作符不会去除重复的记录，而是将所有的记录都包括在内。使用 UNION ALL 时，列数和数据类型也必须一致。

```
mysql> SELECT id, name FROM test1_tb
    -> UNION
    -> SELECT id, name FROM test2_tb;
+----+-------+
| id | name  |
+----+-------+
|  1 | 红桃A |
|  2 | 黑桃2 |
|  2 | 方块6 |
+----+-------+
3 rows in set (0.00 sec)
```

**图 2-42　使用 UNION 操作符查询 test1_tb 和 test2_tb 两个表中的所有数据**

例如，使用 UNION 操作符查询 test1_tb 和 test2_tb 两个表中的所有数据，并保留重复的记录，具体如下。

```
SELECT id, name FROM test1_tb
UNION ALL
SELECT id, name FROM test2_tb;
```

执行结果如图 2-43 所示。

```
mysql> SELECT id, name FROM test1_tb
    -> UNION ALL
    -> SELECT id, name FROM test2_tb;
+----+-------+
| id | name  |
+----+-------+
|  1 | 红桃A |
|  2 | 黑桃2 |
|  1 | 红桃A |
|  2 | 方块6 |
+----+-------+
4 rows in set (0.00 sec)
```

**图 2-43　使用 UNION ALL 操作符查询 test1_tb 和 test2_tb 两个表中的所有数据**

返回的结果集会保留所有的记录，包括重复的记录“红桃 A”。

## 任务实施

在企业员工信息管理系统中，数据查询是最常用的操作之一。通过查询，可以获取员工的详细信息，统计数据，进行数据分析和决策支持。通过本节任务的学习请完成以下需求。

（1）查询 Employee_tb 表中所有字段的数据。

```
SELECT * FROM Employee_tb;
```

执行结果如图 2-44 所示。

（2）查询部门 ID 为 101 且职位 ID 为 1012 的员工信息。

```
SELECT * FROM Employee_tb WHERE department_id = 101 AND position_id = 1012;
```

```
mysql> SELECT * FROM Employee_tb;
+-------------+---------------+-------------+----------+---------+---------+------------+-----------+------------------+
| employee_id | department_id | position_id | emp_name | emp_sex | emp_age | hire_date  | contact   | administrator_id |
+-------------+---------------+-------------+----------+---------+---------+------------+-----------+------------------+
|           1 |           101 |        1011 | 张三     | Male    |      35 | 2022-05-01 | 123456789 |                1 |
|           2 |           101 |        1012 | 李四     | Male    |      28 | 2023-03-15 | 987654321 |                1 |
|           3 |           102 |        1021 | 王五     | Female  |      30 | 2022-07-20 | 135792468 |                1 |
|           4 |           102 |        1022 | 赵六     | Male    |      25 | 2023-08-10 | 246813579 |                1 |
|           5 |           103 |        1031 | 小七     | Female  |      27 | 2022-09-05 | 111222333 |                1 |
|           6 |           103 |        1032 | 小八     | Male    |      33 | 2021-10-02 | 444555666 |                1 |
|           7 |           104 |        1041 | 小九     | Female  |      29 | 2022-11-18 | 777888999 |                1 |
|           8 |           104 |        1042 | 小十     | Male    |      31 | 2023-12-25 | 888999000 |                1 |
+-------------+---------------+-------------+----------+---------+---------+------------+-----------+------------------+
8 rows in set (0.00 sec)
```

**图 2-44　查询 Employee_tb 表中所有字段的数据**

执行结果如图 2-45 所示。

```
mysql> SELECT * FROM Employee_tb WHERE department_id = 101 AND position_id = 1012;
+-------------+---------------+-------------+----------+---------+---------+------------+-----------+------------------+
| employee_id | department_id | position_id | emp_name | emp_sex | emp_age | hire_date  | contact   | administrator_id |
+-------------+---------------+-------------+----------+---------+---------+------------+-----------+------------------+
|           2 |           101 |        1012 | 李四     | Male    |      28 | 2023-03-15 | 987654321 |                1 |
+-------------+---------------+-------------+----------+---------+---------+------------+-----------+------------------+
1 row in set (0.00 sec)
```

**图 2-45　查询部门 ID 为 101 且职位 ID 为 1012 的员工信息**

（3）查询姓“张”的员工信息。

```
SELECT * FROM Employee_tb WHERE emp_name LIKE '张%';
```

执行结果如图 2-46 所示。

```
mysql> SELECT * FROM Employee_tb WHERE emp_name LIKE '张%';
+-------------+---------------+-------------+----------+---------+---------+------------+-----------+------------------+
| employee_id | department_id | position_id | emp_name | emp_sex | emp_age | hire_date  | contact   | administrator_id |
+-------------+---------------+-------------+----------+---------+---------+------------+-----------+------------------+
|           1 |           101 |        1011 | 张三     | Male    |      35 | 2022-05-01 | 123456789 |                1 |
+-------------+---------------+-------------+----------+---------+---------+------------+-----------+------------------+
1 row in set (0.00 sec)
```

**图 2-46　查询姓“张”的员工信息**

（4）查询员工总数。

```
SELECT COUNT（*）AS Employee_SUM FROM Employee_tb;
```

执行结果如图 2-47 所示。

```
mysql> SELECT COUNT(*) AS Employee_SUM FROM Employee_tb;
+--------------+
| Employee_SUM |
+--------------+
|            8 |
+--------------+
1 row in set (0.01 sec)
```

**图 2-47　查询员工总数**

（5）查询各部门的平均年龄。

```
SELECT department_id, ROUND（AVG（emp_age））AS avg_age
FROM Employee_tb GROUP BY department_id;
```

执行结果如图 2-48 所示。

由于 AVG（emp_age）可能会返回小数，所以使用 ROUND 函数对平均年龄进行取整，

```
mysql> SELECT department_id, ROUND(AVG(emp_age)) AS avg_age
    -> FROM Employee_tb GROUP BY department_id;
+---------------+---------+
| department_id | avg_age |
+---------------+---------+
|           101 |      32 |
|           102 |      28 |
|           103 |      30 |
|           104 |      30 |
+---------------+---------+
4 rows in set (0.00 sec)
```

**图 2-48　查询各部门的平均年龄**

消除小数部分。

（6）查询最高的薪资。

```
SELECT MAX（basic_salary）FROM Salary_tb;
```

执行结果如图 2-49 所示。

```
mysql> SELECT MAX(basic_salary) FROM Salary_tb;
+-------------------+
| MAX(basic_salary) |
+-------------------+
|           6300.00 |
+-------------------+
1 row in set (0.00 sec)
```

**图 2-49　查询最高的薪资**

（7）查询员工信息，并按年龄降序排序，每页显示五条记录，显示第一页的数据。

```
SELECT * FROM Employee_tb ORDER BY emp_age DESC LIMIT 0, 5;
```

执行结果如图 2-50 所示。

```
mysql> SELECT * FROM Employee_tb ORDER BY emp_age DESC LIMIT 0, 5;
+-------------+---------------+-------------+----------+---------+---------+------------+-----------+------------------+
| employee_id | department_id | position_id | emp_name | emp_sex | emp_age | hire_date  | contact   | administrator_id |
+-------------+---------------+-------------+----------+---------+---------+------------+-----------+------------------+
|           1 |           101 |        1011 | 张三     | Male    |      35 | 2022-05-01 | 123456789 |                1 |
|           6 |           103 |        1032 | 小八     | Male    |      33 | 2021-10-02 | 444555666 |                1 |
|           8 |           104 |        1042 | 小十     | Male    |      31 | 2023-12-25 | 888999000 |                1 |
|           3 |           102 |        1021 | 王五     | Female  |      30 | 2022-07-20 | 135792468 |                1 |
|           7 |           104 |        1041 | 小九     | Female  |      29 | 2022-11-18 | 777888999 |                1 |
+-------------+---------------+-------------+----------+---------+---------+------------+-----------+------------------+
5 rows in set (0.00 sec)
```

**图 2-50　显示五条年龄最大的员工信息记录**

（8）查询 Employee_tb 表中年龄大于部门平均年龄的员工信息。

```
SELECT * FROM Employee_tb
WHERE emp_age > (
  SELECT AVG（emp_age）FROM Employee_tb
  WHERE department_id = Employee_tb. department_id
  );
```

执行结果如图 2-51 所示。

```
mysql> SELECT * FROM Employee_tb
    -> WHERE emp_age > (
    -> SELECT AVG(emp_age) FROM Employee_tb
    -> WHERE department_id = Employee_tb.department_id
    -> );
+-------------+---------------+-------------+----------+---------+---------+------------+-----------+------------------+
| employee_id | department_id | position_id | emp_name | emp_sex | emp_age | hire_date  | contact   | administrator_id |
+-------------+---------------+-------------+----------+---------+---------+------------+-----------+------------------+
|           1 |           101 |        1011 | 张三     | Male    |      35 | 2022-05-01 | 123456789 |                1 |
|           3 |           102 |        1021 | 王五     | Female  |      30 | 2022-07-20 | 135792468 |                1 |
|           6 |           103 |        1032 | 小八     | Male    |      33 | 2021-10-02 | 444555666 |                1 |
|           8 |           104 |        1042 | 小十     | Male    |      31 | 2023-12-25 | 888999000 |                1 |
+-------------+---------------+-------------+----------+---------+---------+------------+-----------+------------------+
4 rows in set (0.00 sec)
```

**图 2-51　查询 Employee_tb 表中年龄大于部门平均年龄的员工信息**

(9) 查询工资高于平均工资的员工。

```
SELECT * FROM Employee_tb
WHERE employee_id IN (
SELECT employee_id FROM Salary_tb
WHERE basic_salary > (
SELECT AVG (basic_salary
) FROM Salary_tb
)
);
```

执行结果如图 2-52 所示。

```
mysql> SELECT * FROM Employee_tb
    -> WHERE employee_id IN (
    -> SELECT employee_id FROM Salary_tb
    -> WHERE basic_salary > (
    -> SELECT AVG(basic_salary
    -> ) FROM Salary_tb
    -> )
    -> );
+-------------+---------------+-------------+----------+---------+---------+------------+-----------+------------------+
| employee_id | department_id | position_id | emp_name | emp_sex | emp_age | hire_date  | contact   | administrator_id |
+-------------+---------------+-------------+----------+---------+---------+------------+-----------+------------------+
|           3 |           102 |        1021 | 王五     | Female  |      30 | 2022-07-20 | 135792468 |                1 |
|           4 |           102 |        1022 | 赵六     | Male    |      25 | 2023-08-10 | 246813579 |                1 |
|           6 |           103 |        1032 | 小八     | Male    |      33 | 2021-10-02 | 444555666 |                1 |
|           7 |           104 |        1041 | 小九     | Female  |      29 | 2022-11-18 | 777888999 |                1 |
|           8 |           104 |        1042 | 小十     | Male    |      31 | 2023-12-25 | 888999000 |                1 |
+-------------+---------------+-------------+----------+---------+---------+------------+-----------+------------------+
5 rows in set (0.00 sec)
```

**图 2-52　查询工资高于平均工资的员工**

(10) 查询所有员工及其所在部门的信息。

```
SELECT e. *, d. department_name FROM Employee_tb e
INNER JOIN Department_tb d
ON e. department_id = d. department_id;
```

执行结果如图 2-53 所示。

(11) 查询所有员工及其所在部门的信息，即使没有对应的部门信息。

```
SELECT e. *, d. department_name FROM Employee_tb e
LEFT JOIN Department_tb d
ON e. department_id = d. department_id;
```

```
mysql> SELECT e.*, d.department_name FROM Employee_tb e
    -> INNER JOIN Department_tb d
    -> ON e.department_id = d.department_id;
+-------------+---------------+-------------+----------+---------+---------+------------+-----------+------------------+-----------------+
| employee_id | department_id | position_id | emp_name | emp_sex | emp_age | hire_date  | contact   | administrator_id | department_name |
+-------------+---------------+-------------+----------+---------+---------+------------+-----------+------------------+-----------------+
|           1 |           101 |        1011 | 张三     | Male    |      35 | 2022-05-01 | 123456789 |                1 | 销售部          |
|           2 |           101 |        1012 | 李四     | Male    |      28 | 2023-03-15 | 987654321 |                1 | 销售部          |
|           3 |           102 |        1021 | 王五     | Female  |      30 | 2022-07-20 | 135792468 |                1 | 研发部          |
|           4 |           102 |        1022 | 赵六     | Male    |      25 | 2023-08-10 | 246813579 |                1 | 研发部          |
|           5 |           103 |        1031 | 小七     | Female  |      27 | 2022-09-05 | 111222333 |                1 | 人力资源部      |
|           6 |           103 |        1032 | 小八     | Male    |      33 | 2021-10-02 | 444555666 |                1 | 人力资源部      |
|           7 |           104 |        1041 | 小九     | Female  |      29 | 2022-11-18 | 777888999 |                1 | 财务部          |
|           8 |           104 |        1042 | 小十     | Male    |      31 | 2023-12-25 | 888999000 |                1 | 财务部          |
+-------------+---------------+-------------+----------+---------+---------+------------+-----------+------------------+-----------------+
8 rows in set (0.00 sec)
```

**图 2－53　查询所有员工及其所在部门的信息**

执行结果如图 2－54 所示。

```
mysql> SELECT e.*, d.department_name FROM Employee_tb e
    -> LEFT JOIN Department_tb d
    -> ON e.department_id = d.department_id;
+-------------+---------------+-------------+----------+---------+---------+------------+-----------+------------------+-----------------+
| employee_id | department_id | position_id | emp_name | emp_sex | emp_age | hire_date  | contact   | administrator_id | department_name |
+-------------+---------------+-------------+----------+---------+---------+------------+-----------+------------------+-----------------+
|           1 |           101 |        1011 | 张三     | Male    |      35 | 2022-05-01 | 123456789 |                1 | 销售部          |
|           2 |           101 |        1012 | 李四     | Male    |      28 | 2023-03-15 | 987654321 |                1 | 销售部          |
|           3 |           102 |        1021 | 王五     | Female  |      30 | 2022-07-20 | 135792468 |                1 | 研发部          |
|           4 |           102 |        1022 | 赵六     | Male    |      25 | 2023-08-10 | 246813579 |                1 | 研发部          |
|           5 |           103 |        1031 | 小七     | Female  |      27 | 2022-09-05 | 111222333 |                1 | 人力资源部      |
|           6 |           103 |        1032 | 小八     | Male    |      33 | 2021-10-02 | 444555666 |                1 | 人力资源部      |
|           7 |           104 |        1041 | 小九     | Female  |      29 | 2022-11-18 | 777888999 |                1 | 财务部          |
|           8 |           104 |        1042 | 小十     | Male    |      31 | 2023-12-25 | 888999000 |                1 | 财务部          |
+-------------+---------------+-------------+----------+---------+---------+------------+-----------+------------------+-----------------+
8 rows in set (0.00 sec)
```

**图 2－54　左外连接查询所有员工及其所在部门的信息**

（12）查询每个员工的姓名、所在部门的名称以及他们的总工资（基本工资＋津贴＋奖金－罚款）。

```
SELECT
    e. emp_name,
    d. department_name,
    s. basic_salary + s. allowance + s. bonus - s. penalty AS total_salary
FROM
    Employee_tb e
INNER JOIN
    Department_tb d ON e. department_id = d. department_id
INNER JOIN
    Salary_tb s ON e. employee_id = s. employee_id;
```

执行结果如图 2－55 所示。

## 拓展延伸

单元 2－任务 2

笛卡尔积是连接查询的基础概念，它表示两个表之间的所有可能组合。笛卡尔积的符号化为 $\boldsymbol{A}\times\boldsymbol{B}=\{(x,\ y)\mid x\in\boldsymbol{A}\wedge y\in\boldsymbol{B}\}$，可以理解为两个集合中所有数组的排列组合。例如，表 T1 中存在数据 $a$ 和 $b$，使用集合形式表示为 $\{a,\ b\}$，表 T2 中存在数据 1、2、3，使用集合形式表示为 $\{1,\ 2,\ 3\}$，则两个表的笛卡尔积为 $\{(a,\ 1),$

```
mysql> SELECT
    ->     e.emp_name,
    ->     d.department_name,
    ->     s.basic_salary + s.allowance + s.bonus - s.penalty AS total_salary
    -> FROM
    ->     employee_tb e
    -> INNER JOIN
    ->     department_tb d ON e.department_id = d.department_id
    -> INNER JOIN
    ->     salary_tb s ON e.employee_id = s.employee_id;
+----------+-----------------+--------------+
| emp_name | department_name | total_salary |
+----------+-----------------+--------------+
| 张三     | 销售部          |      6200.00 |
| 李四     | 销售部          |      5750.00 |
| 王五     | 研发部          |      7500.00 |
| 赵六     | 研发部          |      7050.00 |
| 小七     | 人力资源部      |      6580.00 |
| 小八     | 人力资源部      |      7620.00 |
| 小九     | 财务部          |      7800.00 |
| 小十     | 财务部          |      7280.00 |
+----------+-----------------+--------------+
8 rows in set (0.01 sec)
```

**图 2－55　查询每个员工的姓名、所在部门的名称以及他们的总工资**

(*a*, 2), (*a*, 3), (*b*, 1), (*b*, 2), (*b*, 3)}。通过对两个表进行笛卡尔积操作，可以获取到它们之间的所有组合结果。

笛卡尔积在 SQL 中的实现方式是交叉连接（Cross Join），所有连接方式都会先生成临时笛卡尔积表。在数据库中，使用笛卡尔积的概念表示两个表中的每一行数据的所有组合，具体如图 2－56 所示。

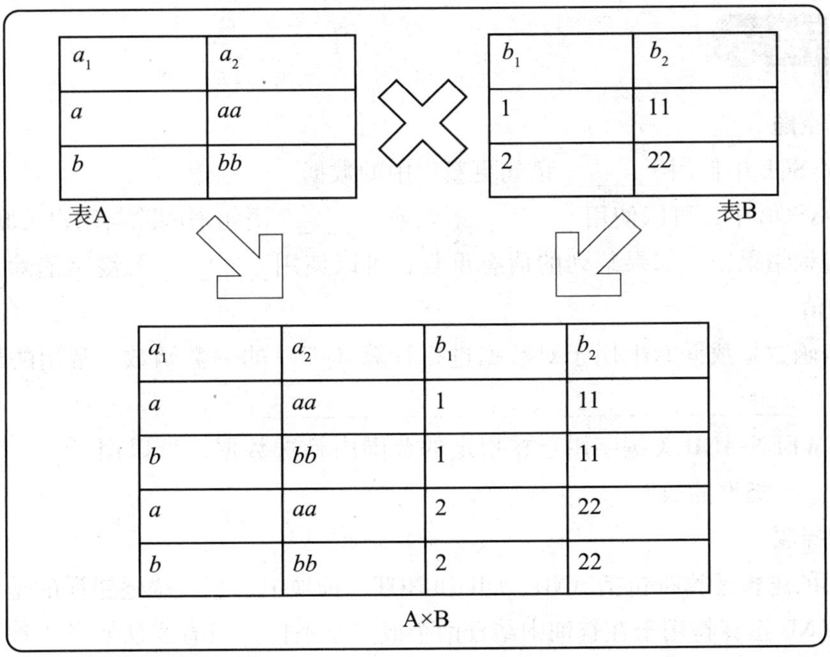


**图 2－56　笛卡尔积**

由图 2－56 可知，表 A 中存在数据 *a* 和 *b*，表 B 中存在数据 1 和 2，两个表的笛卡尔积如图 2－56 中表 A × B 所示。

在实际应用中，通过笛卡尔积得到的数据并不能提供有效的信息，当两张表进行连接查询时，使用交叉查询并在查询结果后加入限制条件，所得到的数据才会有实际意义。

## 单元小结

本单元学习了如何在企业员工信息管理系统中进行数据的增、删、改、查操作。通过本单元的学习，学生掌握了基本的SQL语句使用方法，包括插入数据、修改数据、删除数据、无条件查询、有条件查询、统计数据、排序查询和分页查询、嵌套查询、多表连接查询以及联合查询。通过实际操作，加深了对数据库管理和操作的理解。

## 课堂思考

结合党的二十大精神，学生应该如何运用所学知识为社会做出贡献？

作为未来的技术人才，学生可以通过优化企业的数据库管理系统，提高信息管理的效率和准确性，助力企业的数字化转型。通过学习和实践数据库安全管理，保护企业和用户的数据安全，防止数据泄露和非法访问。不断学习和应用新的数据库技术，推动企业在大数据、人工智能等领域的技术创新，提升企业的竞争力。利用技术知识参与社会公益项目，如教育扶贫、医疗数据分析等，为社会的可持续发展贡献自己的力量。

## 课后练习

### 一、填空题

1. 在MySQL中使用________语句更新表中的数据。

2. 在MySQL中，可以使用________语句或________语句来删除与用户关联的数据。

3. 在查询结果中，如果某列的值有重复，可以使用________关键字消除重复值，只返回不同的值。

4. 聚合函数是数据库中用于对数据进行计算和汇总的一类函数。常用的聚合函数包括________、________、________、________、________。

5. BETWEEN AND关键字用于在指定的范围内筛选数据，可以用于________、________、________类型的数据。

### 二、选择题

1. 常用的逻辑运算符包括AND、OR和NOT，选项中，相关描述错误的是（　　）。

   A. AND运算符用于在查询中结合两个或多个条件，只有当所有条件都为真时，结果才会被返回

   B. OR运算符用于在查询中结合两个或多个条件，只要满足其中一个条件，结果就会被返回

   C. NOT运算符用于否定一个条件，返回不满足条件的记录

D. NOT 运算符用于否定一个条件，返回满足条件的记录

2. 下列选项中，可以使用 IS NULL 关键字筛选的是（　　）。

A. 0　　B. NULL 字符串　　C. 空值　　D. 空字符串

3. 下列选项中，关于“SELECT * FROM grades ORDER BY course_id DESC;”语句描述错误的是（　　）。

A. DESC 是降序

B. ORDER BY 子句对查询结果进行排序

C. 如果不写排序参数，则默认按降序排序

D. ORDER BY 子句通常位于 SELECT 语句的末尾，并接收一个或多个列名作为参数

4. 下列选项中，嵌套查询中的子查询可以放在以下（　　）位置。

A. SELECT 子句　　B. FROM 子句

C. WHERE 子句　　D. 以上皆是

5. 在进行多表查询时，内连接会返回哪些结果？（　　）

A. 只返回两个表中匹配的行

B. 返回左表所有行及右表匹配的行

C. 返回右表所有行及左表匹配的行

D. 返回两个表中所有行，不论是否匹配

## 三、简答题

1. 简述统计数据中的 GROUP BY 和 HAVING 子句的区别，并分别给出一个 SQL 语句示例。

2. 简述嵌套查询中单行子查询和多行子查询的区别。

3. 简述内连接和外连接的主要区别。

## 四、操作题

在 StudentGradesDB 数据库中，存在 Students 表、Classes 表、CourseInfo 表、Enrollments 表、Exams 表、Teachers 表。请完成以下操作。

1. 为以下数据表插入数据。

Students 表的数据如表 2-6 所示。

**表 2-6　Students 表的数据**

| student_id | student_name | gender | class_id | major |
|---|---|---|---|---|
| 1 | 李四 | 男 | 1 | 计算机科学 |
| 2 | 王五 | 女 | 2 | 软件工程 |
| 3 | 赵六 | 男 | 2 | 信息管理 |

Classes 表的数据如表 2-7 所示。

**表 2－7　Classes 表的数据**

| class_id | class_name | tutor_remark |
|---|---|---|
| 1 | 201 班 | 优秀班级 |
| 2 | 202 班 | 创新班级 |
| 3 | 203 班 | 超越班级 |

CourseInfo 表的数据如表 2－8 所示。

**表 2－8　CourseInfo 表的数据**

| course_id | course_name | total_hours | total_credits | course_type | teacher_id |
|---|---|---|---|---|---|
| 1 | 数据库原理 | 48 | 3.0 | 专业必修课 | 1 |
| 2 | 高等数学 | 64 | 4.0 | 公共基础课 | 2 |

Enrollments 表的数据如表 2－9 所示。

**表 2－9　Enrollments 表的数据**

| student_id | course_id | enrollment_time |
|---|---|---|
| 1 | 1 | 2024－03－01 10:00:00 |

Exams 表的数据如表 2－10 所示。

**表 2－10　Exams 表的数据**

| exam_id | student_id | course_id | score | exam_type | exam_time |
|---|---|---|---|---|---|
| 1 | 1 | 1 | 85.00 | 期末考试 | 2024－06－20 14:00:00 |

Teachers 表的数据如表 2－11 所示。

**表 2－11　Teachers 表的数据**

| teacher_id | teacher_name | gender | age | office_phone |
|---|---|---|---|---|
| 1 | 张老师 | 男 | 40 | 12345678901 |

2. 修改 Students 表中的数据：将张三的专业改为“软件工程”。
3. 删除 Classes 表中的记录：删除班级名为“203 班”的记录。
4. 查询 Students 表中的所有记录。
5. 查询选课时间在 2024 年之后的选课记录。
6. 查询每个班级的学生人数。
7. 查询每门课程的平均考试成绩。
8. 查询教师信息，并按年龄降序排序，显示前两条记录。
9. 查询所有考试成绩均超过 90 分的课程名称。
10. 查询所有学生及其所在班级的名称。
11. 查询所有学生及其所选课程的信息。
12. 查询所有学生及其选课信息，包括没有选课的学生。
13. 查询所有男生和计算机科学专业的学生。

单元3

# 优化企业员工信息管理数据库

- 任务1　使用视图查询员工信息
- 任务2　使用索引优化员工信息查询
- 任务3　企业员工信息管理数据库函数编程
- 任务4　使用存储过程简化员工信息管理
- 任务5　使用触发器自动维护员工信息

## 知识目标

- 掌握视图的创建、查询和管理方法。
- 了解索引的分类及优化查询的原理。
- 学习字符串函数、数值函数和日期函数的使用方法。
- 掌握创建、调用和删除用户自定义函数的技巧。
- 理解存储过程的概念及在数据管理中的应用。
- 了解触发器的原理和使用方法。

## 技能目标

- 能够熟练创建和管理视图。
- 能够创建、查看以及删除索引。
- 能够运用各种内置函数进行数据处理和计算。
- 能够创建并使用自定义函数。
- 能够编写和调用存储过程。
- 能够使用触发器实现自动化的数据维护。

## 素质目标

- 培养注重学习先进理论的意识，拓展思维能力，养成良好的学习习惯。
- 养成规划并按照规划稳步前进的习惯，能够系统地解决问题。
- 形成优化解决问题的思路，善于化繁为简，寻求最佳解决方案。
- 培养解决问题的勇气和决心，能够充分利用现有资源和条件。
- 养成规范书写编码格式的习惯，提高代码的可读性和可维护性。

## 内容导学

在本单元中，将深入探讨如何提升企业员工信息管理数据库的性能和管理效率。通过学习视图、索引、函数、存储过程和触发器的使用，学生将掌握优化数据库查询和管理的技术手段。这些技术不仅能提高数据访问速度和处理效率，还能简化数据操作、增强数据一致性和完整性，从而为企业的信息管理和决策提供强有力的支持。本单元的学习将帮助学生培养良好的数据管理习惯，提升团队合作和问题解决的能力，为未来的数据库优化工作奠定坚实的基础。

# 任务1 使用视图查询员工信息

## 任务概述

本任务的主要目标是通过创建、查询、修改和删除视图，掌握视图的基本应用，了解视图在查询和管理员工信息中的作用。

## 知识储备

动画

创建和查询视图

### 一、创建和查询视图

视图（View）是数据库管理系统中的一种虚拟表，通过一条定义查询的SQL语句生成。实际上，视图并不存储数据，而是动态地从基础表中检索数据。它的本质是一个保存了查询逻辑的命名SQL查询，用户可以像操作普通表一样查询视图。

#### （一）创建视图

创建视图的基本语法格式如下。

```
CREATE VIEW 视图名
AS SELECT_statement;
```

在上述语法格式中，SELECT_statement表示从某个表或视图中查询出某些满足条件的记录，将这些记录导入视图。

例如，创建一个视图WarehouseProductDetails来展示每个仓库中每个产品的详细信息，包括产品名称、存储位置和库存量，具体如下。

```
CREATE VIEW WarehouseProductDetails AS
SELECT
    s. warehouse_id,
```

```
        s. product_id,
        p. product_name,
        s. stock_quantity,
        s. storage_location,
        p. product_price
FROM
        storages s
JOIN
        products p ON s. product_id  =  p. product_id;
```

### （二）查询视图

视图的查询操作与表基本相同，用户可以通过执行 SELECT 语句查询视图，语法格式如下。

```
SELECT 字段名 1, 字段名 2…
FROM 视图名
WHERE 条件;
```

例如，查询视图 WarehouseProductDetails 中的所有数据，具体如下。

```
SELECT * FROM WarehouseProductDetails;
```

执行结果如图 3－1 所示。

```
mysql> SELECT * FROM WarehouseProductDetails;
+--------------+------------+--------------+----------------+------------------+---------------+
| warehouse_id | product_id | product_name | stock_quantity | storage_location | product_price |
+--------------+------------+--------------+----------------+------------------+---------------+
|          101 | P001       | 产品1        |            100 | A1               |         50.00 |
|          101 | P002       | 产品2        |            150 | A2               |        120.00 |
|          201 | P003       | 产品3        |            200 | B1               |        450.00 |
|          201 | P004       | 产品4        |            180 | B2               |        230.00 |
|          301 | P005       | 产品5        |            220 | C1               |        670.00 |
|          301 | P006       | 产品6        |            120 | C2               |        880.00 |
|          401 | P007       | 产品7        |            170 | D1               |        750.00 |
|          401 | P008       | 产品8        |             90 | D2               |        480.00 |
+--------------+------------+--------------+----------------+------------------+---------------+
8 rows in set (0.00 sec)
```

**图 3－1　查询视图 WarehouseProductDetails 中的所有数据**

## 二、修改和删除视图

在实际应用中，视图的定义有时需要根据基本表结构的变化或业务需求的变化进行调整。MySQL 提供了两种方法来修改视图的结构：CREATE OR REPLACE VIEW 语句和 ALTER VIEW 语句。同时，当不再需要视图时，可以使用 DROP VIEW 语句来删除视图。

### （一）修改视图

（1）CREATE OR REPLACE VIEW 语句。

CREATE OR REPLACE VIEW 语句的作用是，如果视图已经存在，则替换已有的视图；反之，则创建一个新的视图。语法格式如下。

```
CREATE OR REPLACE VIEW 视图名
AS SELECT_statement;
```

上述修改视图的语句可以重新定义视图的结构。

例如，在视图 WarehouseProductDetails 中添加一个新的计算列 total_value（表示库存量乘以产品价格），具体如下。

```
CREATE OR REPLACE VIEW WarehouseProductDetails AS
SELECT
    s. product_id,
    p. product_name,
    s. stock_quantity,
    p. product_price,
    s. stock_quantity * p. product_price AS total_value
FROM
    storages s
JOIN
    products p ON s. product_id = p. product_id;
```

查询视图 WarehouseProductDetails 中的所有数据，进行验证，具体如下。

```
SELECT * FROM WarehouseProductDetails;
```

执行结果如图 3－2 所示。

```
mysql> SELECT * FROM WarehouseProductDetails;
+------------+--------------+----------------+---------------+-------------+
| product_id | product_name | stock_quantity | product_price | total_value |
+------------+--------------+----------------+---------------+-------------+
| P001       | 产品1        |            100 |         50.00 |     5000.00 |
| P002       | 产品2        |            150 |        120.00 |    18000.00 |
| P003       | 产品3        |            200 |        450.00 |    90000.00 |
| P004       | 产品4        |            180 |        230.00 |    41400.00 |
| P005       | 产品5        |            220 |        670.00 |   147400.00 |
| P006       | 产品6        |            120 |        880.00 |   105600.00 |
| P007       | 产品7        |            170 |        750.00 |   127500.00 |
| P008       | 产品8        |             90 |        480.00 |    43200.00 |
+------------+--------------+----------------+---------------+-------------+
8 rows in set (0.00 sec)
```

**图 3－2　查询修改后的视图 WarehouseProductDetails 中的所有数据**

（2）ALTER VIEW 语句。

ALTER VIEW 语句用于修改已存在的视图，语法格式如下。

```
ALTER VIEW 视图名
AS SELECT_statement;
```

例如，将 WarehouseProductDetails 视图中的 total_value 列定义添加进去，也可以使用 ALTER VIEW 语句，具体如下。

```
ALTER VIEW WarehouseProductDetails AS
SELECT
    s. product_id,
    p. product_name,
    s. stock_quantity,
    p. product_price,
    s. stock_quantity * p. product_price AS total_value
FROM
    storages s
JOIN
    products p ON s. product_id = p. product_id;
```

### （二） 删除视图

删除视图的语法格式如下。

```
DROP VIEW[ IF EXISTS] 视图名[,视图名 1...] [RESTRICT | CASCADE];
```

在上述语法格式中，视图名是指要删除的视图名称，可以添加多个视图名称，每个名称之间需要用逗号隔开；IF EXISTS（可选参数）用于判断视图是否存在，若存在则删除。

## 三、应用视图

视图不仅可以用于查询数据，还可以用于插入、更新和删除数据。尽管视图本质上是基于表的虚拟表，MySQL 仍允许对视图进行某些数据操作，这些操作会反映到基础表中。

用户可以通过 INSERT 语句、UPDATA 语句和 DELETE 语句操作对应基本表中的数据来更新视图，接下来将详细讲解这三种应用视图的方式。

### （一） 插入数据

通过 INSERT 语句在视图中插入数据，语法格式如下。

```
INSERT INTO 视图名 VALUES (值 1, 值 2...);
```

在上述语法格式中，“值 1，值 2” 表示每个字段要添加的数据，每个值的顺序和类型要与表中列的顺序和类型一一对应。

### （二） 更新数据

通过 UPDATE 语句更新视图中原有的数据，语法格式如下。

```
UPDATE 视图名 SET 字段名 1 = 值 1 [,字段名 2 = 值 2...] [WHERE 条件表达式];
```

在上述语法格式中，字段名表示要更新的字段名称；值指定字段更新的新数据，使用逗号分隔多个字段和值；WHERE 条件表达式是可选的，用于指定更新数据需要满足的条件。

（三）删除数据

通过 DELETE 语句删除视图中的数据，语法格式如下。

```
DELETE FROM 表名 [ WHERE 条件表达式];
```

## 任务实施

在企业员工信息管理系统中，视图可以用于提供不同层次的员工数据访问权限，确保敏感数据的安全。通过本节任务的学习，请完成以下需求。

（1）创建一个显示员工基本信息的视图 EmployeeBasicInfo。

```
CREATE VIEW EmployeeBasicInfo AS
SELECT employee_id, emp_name, emp_sex, emp_age, hire_date
FROM Employee_tb;
```

（2）创建一个显示员工及其部门信息的视图 EmployeeDepartmentInfo。

```
CREATE VIEW EmployeeDepartmentInfo AS
SELECT e. employee_id, e. emp_name, e. emp_sex, e. emp_age, e. hire_date, d. department_name
FROM Employee_tb e
JOIN Department_tb d ON e. department_id = d. department_id;
```

（3）查询 EmployeeBasicInfo 视图中的所有员工信息。

```
SELECT * FROM EmployeeBasicInfo;
```

执行结果如图 3－3 所示。

```
mysql> SELECT * FROM EmployeeBasicInfo;
+-------------+----------+---------+---------+------------+
| employee_id | emp_name | emp_sex | emp_age | hire_date  |
+-------------+----------+---------+---------+------------+
|           1 | 张三     | Male    |      35 | 2022-05-01 |
|           2 | 李四     | Male    |      28 | 2023-03-15 |
|           3 | 王五     | Female  |      30 | 2022-07-20 |
|           4 | 赵六     | Male    |      25 | 2023-08-10 |
|           5 | 小七     | Female  |      27 | 2022-09-05 |
|           6 | 小八     | Male    |      33 | 2021-10-02 |
|           7 | 小九     | Female  |      29 | 2022-11-18 |
|           8 | 小十     | Male    |      31 | 2023-12-25 |
+-------------+----------+---------+---------+------------+
8 rows in set (0.00 sec)
```

**图 3－3　查询 EmployeeBasicInfo 视图**

（4）查询 EmployeeDepartmentInfo 视图中所有员工及其部门信息。

```
SELECT * FROM EmployeeDepartmentInfo;
```

执行结果如图 3－4 所示。

```
mysql> SELECT * FROM EmployeeDepartmentInfo;
+-------------+----------+---------+---------+------------+-----------------+
| employee_id | emp_name | emp_sex | emp_age | hire_date  | department_name |
+-------------+----------+---------+---------+------------+-----------------+
|           1 | 张三     | Male    |      35 | 2022-05-01 | 销售部          |
|           2 | 李四     | Male    |      28 | 2023-03-15 | 销售部          |
|           3 | 王五     | Female  |      30 | 2022-07-20 | 研发部          |
|           4 | 赵六     | Male    |      25 | 2023-08-10 | 研发部          |
|           5 | 小七     | Female  |      27 | 2022-09-05 | 人力资源部      |
|           6 | 小八     | Male    |      33 | 2021-10-02 | 人力资源部      |
|           7 | 小九     | Female  |      29 | 2022-11-18 | 财务部          |
|           8 | 小十     | Male    |      31 | 2023-12-25 | 财务部          |
+-------------+----------+---------+---------+------------+-----------------+
8 rows in set (0.00 sec)
```

**图 3－4　查询 EmployeeDepartmentInfo 视图**

（5）使用 CREATE OR REPLACE VIEW 修改 EmployeeBasicInfo 视图，增加 contact 字段。

```
CREATE OR REPLACE VIEW EmployeeBasicInfo AS
SELECT employee_id, emp_name, emp_sex, emp_age, hire_date, contact
FROM Employee_tb;
```

（6）使用 ALTER VIEW 修改 EmployeeDepartmentInfo 视图，增加 contact 字段。

```
ALTER VIEW EmployeeDepartmentInfo AS
SELECT e. employee_id, e. emp_name, e. emp_sex, e. emp_age, e. hire_date, e. contact, d. department_name
FROM Employee_tb e
JOIN Department_tb d ON e. department_id = d. department_id;
```

（7）插入新员工数据“20，'尔石'，'Male'，29，'2023－05－01'，'12345678910'”到 EmployeeBasicInfo 视图。

```
INSERT INTO EmployeeBasicInfo (employee_id, emp_name, emp_sex, emp_age, hire_date, contact)
VALUES (20,'尔石','Male',29,'2023-05-01','12345678910');
```

（8）更新视图中的员工信息，将 employee_id 为 4 的员工年龄更新为 30。

```
UPDATE EmployeeBasicInfo
SET emp_age = 30
WHERE employee_id = 4;
```

（9）从视图中删除员工数据，将 employee_id 为 8 的员工删除。

```
DELETE FROM EmployeeBasicInfo
WHERE employee_id = 8;
```

（10）使用视图进行统计查询，统计每个部门的员工数量。

```
CREATE VIEW DepartmentEmployeeCount AS
SELECT d. department_name, COUNT (e. employee_id) AS employee_count
```

```
FROM Department_tb d
LEFT JOIN Employee_tb e ON d. department_id = e. department_id
GROUP BY d. department_name;
```

（11）查询 DepartmentEmployeeCount 视图中的数据。

```
SELECT * FROM DepartmentEmployeeCount;
```

执行结果如图 3-5 所示。

```
mysql> SELECT * FROM DepartmentEmployeeCount;
+-----------------+----------------+
| department_name | employee_count |
+-----------------+----------------+
| 销售部          |              2 |
| 研发部          |              2 |
| 人力资源部      |              2 |
| 财务部          |              1 |
+-----------------+----------------+
4 rows in set (0.00 sec)
```

**图 3-5　查询 DepartmentEmployeeCount 视图中的数据**

单元 3-任务 1

# 任务 2 使用索引优化员工信息查询

## 任务概述

本任务旨在通过创建和管理索引来优化员工信息的查询效率。通过学习索引的分类、创建、查看和删除等操作，理解索引在数据库查询优化中的重要作用。学生将掌握如何根据查询需求合理地设计和应用索引，从而提升查询速度，减少数据库的响应时间，确保数据库在处理大量数据时仍能保持高效运行。此任务不仅能够提升学生对数据库索引的理解，还能使学生运用所学知识解决实际数据库性能问题。

## 知识储备

### 一、创建索引

索引是数据库用于快速查找和访问数据的一种数据结构。索引相当于书的目录，通过目录可以快速找到特定的信息，而不需要逐页查找。通过建立索引，数据库可以根据指定的列或字段值快速定位到相应的数据行，减少了查询数据所需的磁盘 I/O（写入/读取）操作次数，从而提升数据库查询性能。

#### （一）索引分类

动画

索引

在 MySQL 中，索引可以按功能进行分类，主要有以下几种。

**1. 普通索引**

普通索引（Normal Index）是最基本的一种索引类型，主要功能是加速数据的查询和访问，且没有任何约束条件。可以在表中的一个或多个列上创建普通索引。

**2. 唯一索引**

唯一索引（Unique Index）与普通索引的功能类似，但它要求索引列中的每一个值都是唯一的，即不允许重复值出现。通常在需要唯一标识数据记录的场景下使用，如社保号、身份证号等。

**3. 主键索引**

主键索引（Primary Key Index）是一种特殊的唯一索引。每个表只能有一个主键索引，并且主键列不允许为空值。主键索引不仅用于标识每一条记录的唯一性，还用于与其他表进行关联。主键索引通常用于定义表与表之间的关系（外键）。

**4. 复合索引**

复合索引（Composite Index）是由多个列组成的索引。这种索引尤其适用于涉及多列查询的情况，可以大大提高查询性能。

**5. 全文索引**

全文索引（Full-Text Index）用于快速查找文本数据中的特定关键词，常用于全文搜索。它比普通的 LIKE 操作更高效，尤其是在大文本数据中。全文索引通常应用于需要搜索大量文本内容的场景，如搜索引擎、博客文章、电子邮件内容等。

**6. 空间索引**

空间索引（Spatial Index）用于处理地理空间数据，常用于地理信息系统（GIS）。它支持复杂的空间查询，如距离计算、范围查询等。空间索引通常应用于存储和查询与地理位置相关的数据，如地图应用、位置服务等。

### （二）创建索引的方法

创建索引的常见方法有三种：使用 CREATE INDEX 语句创建索引，在创建表时指定索引，使用 ALTER TABLE 语句添加索引。

**1. 使用 CREATE INDEX 语句创建索引**

对于已经创建完成的表，可以为表中的某个字段创建索引，语法格式如下。

```
CREATE INDEX 索引名 ON 表名（字段名 [(长度)]）;
```

例如，为产品表（products）的产品名称创建普通索引，具体如下。

```
CREATE INDEX idx_product_name ON products（product_name）;
```

**2. 在创建表时指定索引**

在创建表时，可以直接在列定义中指定索引，包括普通索引、唯一索引和主键索引。语法格式如下。

```
CREATE TABLE 表名（
字段名1 数据类型,
字段名2 数据类型,
……
INDEX [索引名]（字段名 [(长度)]）
）;
```

例如，创建 products_test 表，其字段包含 product_id、product_name 和 product_price，在创建表的同时，为 product_name 定义唯一索引，具体如下。

```
CREATE TABLE products_test (
    product_id VARCHAR (10) PRIMARY KEY,
    product_name VARCHAR (255),
    product_price DECIMAL (10,2),
    UNIQUE INDEX idx_product_name (product_name)
);
```

**3. 使用 ALTER TABLE 语句添加索引**

如果表已经存在，可以使用 ALTER TABLE 语句添加索引，语法格式如下。

```
ALTER TABLE 表名 ADD [UNIQUE | INDEX | PRIMARY KEY] 索引名 (字段名);
```

例如，为仓库表（new_warehouses）的仓库名称创建普通索引，具体如下。

```
ALTER TABLE new_warehouses ADD INDEX idx_warehouse_name (warehouse_name);
```

## 二、查看和删除索引

在数据库管理中，查看和删除索引是常见的维护操作。索引可以提高查询效率，但不再需要时或当其影响性能时，可以选择删除。下面详细讲解如何查看和删除索引。

### （一）查看索引

在 MySQL 中，可以使用 SHOW INDEX 语句来查看表的索引信息，语法格式如下。

```
SHOW INDEX FROM 表名;
```

例如，查看产品表（products）的所有索引信息，具体如下。

```
SHOW INDEX FROM products;
```

执行结果如图 3－6 所示。

```
mysql> SHOW INDEX FROM products;
+----------+------------+------------------+--------------+--------------+-----------+-------------+----------+--------+------+------------+---------+---------------+---------+-----------
-+
| Table    | Non_unique | Key_name         | Seq_in_index | Column_name  | Collation | Cardinality | Sub_part | Packed | Null | Index_type | Comment | Index_comment | Visible | Expression
 |
+----------+------------+------------------+--------------+--------------+-----------+-------------+----------+--------+------+------------+---------+---------------+---------+-----------
-+
| products |          0 | PRIMARY          |            1 | product_id   | A         |           8 |     NULL |   NULL |      | BTREE      |         |               | YES     | NULL
 |
| products |          1 | idx_product_name |            1 | product_name | A         |           8 |     NULL |   NULL | YES  | BTREE      |         |               | YES     | NULL
 |
+----------+------------+------------------+--------------+--------------+-----------+-------------+----------+--------+------+------------+---------+---------------+---------+-----------
-+
2 rows in set (0.02 sec)
```

**图 3－6　查看产品表（products）的所有索引信息**

结果显示了产品表的索引信息，包括索引名称、列名称、索引类型等。

### （二）删除索引

删除不再需要或冗余的索引，可以释放数据库资源，维护性能。MySQL 提供了 DROP INDEX 语句和 ALTER TABLE 语句来删除索引，具体如下。

**1. 使用 DROP INDEX 语句删除索引**

DROP INDEX 语句用于删除指定表的索引，语法格式如下。

```
DROP INDEX 索引名 ON 表名;
```

例如，删除产品表（products）的 idx_product_name 索引，具体如下。

```
DROP INDEX idx_product_name ON products;
```

**2. 使用 ALTER TABLE 语句删除索引**

使用 ALTER TABLE 语句删除索引，语法格式如下：

```
ALTER TABLE 表名 DROP INDEX 索引名;
```

删除主键索引也可以使用 ALTER TABLE 语句，语法格式如下。

```
ALTER TABLE 表名 DROP PRIMARY KEY;
```

## 任务实施

在企业员工信息管理系统中，索引可以用于优化数据库查询性能，确保员工信息的高效访问。通过本节任务的学习，请完成以下需求。

（1）为员工信息表 Employee_tb 的 emp_name 字段创建普通索引。

```
CREATE INDEX idx_emp_name ON Employee_tb (emp_name);
```

（2）为员工信息表 Employee_tb 的 contact 字段创建唯一索引。

```
CREATE UNIQUE INDEX idx_contact ON Employee_tb (contact);
```

（3）为员工信息表 Employee_tb 的 emp_sex 字段创建普通索引。

```
ALTER TABLE Employee_tb ADD INDEX idx_emp_sex (emp_sex);
```

（4）使用 SHOW INDEX 语句查看 Employee_tb 表中已存在的索引信息。

```
SHOW INDEX FROM Employee_tb;
```

执行结果如图 3－7 所示。

```
mysql> SHOW INDEX FROM Employee_tb;
+-------------+------------+-------------------+--------------+-------------------+-----------+-------------+----------+--------+------+------------+---------+---------------+---------+------------+
| Table       | Non_unique | Key_name          | Seq_in_index | Column_name       | Collation | Cardinality | Sub_part | Packed | Null | Index_type | Comment | Index_comment | Visible | Expression |
+-------------+------------+-------------------+--------------+-------------------+-----------+-------------+----------+--------+------+------------+---------+---------------+---------+------------+
| employee_tb |          0 | PRIMARY           |            1 | employee_id       | A         |           8 |     NULL |   NULL |      | BTREE      |         |               | YES     | NULL       |
| employee_tb |          0 | idx_contact       |            1 | contact           | A         |           8 |     NULL |   NULL | YES  | BTREE      |         |               | YES     | NULL       |
| employee_tb |          1 | department_id     |            1 | department_id     | A         |           5 |     NULL |   NULL | YES  | BTREE      |         |               | YES     | NULL       |
| employee_tb |          1 | position_id       |            1 | position_id       | A         |           8 |     NULL |   NULL | YES  | BTREE      |         |               | YES     | NULL       |
| employee_tb |          1 | administrator_id  |            1 | administrator_id  | A         |           2 |     NULL |   NULL | YES  | BTREE      |         |               | YES     | NULL       |
| employee_tb |          1 | idx_emp_name      |            1 | emp_name          | A         |           8 |     NULL |   NULL | YES  | BTREE      |         |               | YES     | NULL       |
| employee_tb |          1 | idx_emp_sex       |            1 | emp_sex           | A         |           2 |     NULL |   NULL | YES  | BTREE      |         |               | YES     | NULL       |
+-------------+------------+-------------------+--------------+-------------------+-----------+-------------+----------+--------+------+------------+---------+---------------+---------+------------+
7 rows in set (0.01 sec)
```

**图 3－7　查看 Employee_tb 表中已存在的索引信息**

（5）使用 DROP INDEX 语句删除 idx_emp_name 索引。

```
DROP INDEX idx_emp_name ON Employee_tb;
```

单元 3－任务 2

# 任务3 企业员工信息管理数据库函数编程

## 任务概述

本任务旨在深入学习和掌握数据库编程的核心技术，通过实际操作来巩固理论知识。具体包括定义和使用常量、变量，掌握内置函数的使用，创建、调用和删除用户自定义函数，以及应用条件判断语句、多分支语句和循环语句等。在企业员工信息管理系统中，编程技术将用于实现复杂的数据处理和业务逻辑，从而提高系统的自动化程度和处理效率。通过本任务的学习，学生将能熟练运用数据库编程技术解决实际问题，优化企业员工信息管理系统的功能和性能。同时，这些技能也为学生将来在更复杂的数据库系统中的应用打下坚实的基础。

## 知识储备

### 一、了解常量、变量和内置函数

在数据库编程中，常量、变量和内置函数是必备的基本概念和工具。在通过编写存储过程、触发器和函数进行数据处理和逻辑控制时，通常会用到这些工具。

#### （一）常量

常量是指在程序运行期间固定不变的值。在数据库编程中，常量用于表示那些不会改变的数字、字符串或日期，如年份、利率、状态码等。常量通常直接用于SQL语句中，而不需要声明。

#### （二）变量

变量是指程序运行过程中可以存储和修改的数据容器。在数据库编程中，变量用于存储临时数据，可以在存储过程中进行各种运算和逻辑处理。

在SQL语句中，可以使用DECLARE语句来声明一个变量，并使用SET或SELECT语句给变量赋值。

例如，声明一个DECIMAL类型的变量total_sales，并赋值为1000.50，具体如下。

```
DECLARE @total_sales DECIMAL (10,2);
SET @total_sales = 1000.50;
```

## (三) 内置函数

内置函数是数据库提供的预定义函数，用于执行特定的操作，如字符串处理、数学计算、日期处理等。内置函数可以直接在 SQL 语句中调用，而无须用户自己编写，简化了常见操作的实现，避免了用户重复编写相同的代码。

常见内置函数分类及说明如表 3 - 1 所示。

**表 3-1　常见内置函数分类及说明**

| 函数类型 | 函数名称 | 说明 |
| --- | --- | --- |
| 字符串函数 | CONCAT () | 连接两个或多个字符串 |
| | SUBSTRING () | 从字符串中提取子字符串 |
| | CHAR_LENGTH () 或 CHARACTER_LENGTH () | 返回字符串的长度 |
| | REPLACE () | 替换字符串中的部分字符 |
| 数值函数 | ABS () | 返回数字的绝对值 |
| | ROUND () | 对数字进行四舍五入 |
| | RAND () | 返回 0 到 1 之间的随机小数 |
| | FLOOR () | 返回小于或等于给定数字的最大整数 |
| 日期和时间函数 | CURDATE () | 返回当前日期 |
| | CURTIME () | 返回当前时间 |
| | NOW () | 返回当前的日期和时间 |
| | DATE_ADD () | 向日期添加指定的时间间隔 |
| | DATEDIFF () | 返回两个日期之间的天数差异 |
| | WEEK (date [, mode]) | 返回指定日期 date 在一年中的周数 |
| | YEAR () | 返回日期的年部分 |
| | MONTH () | 返回日期的月部分 |
| | DAY () | 返回日期的日部分 |
| 格式化函数 | FORMAT (*x*, *n*) | 将指定数字 *x* 保留小数点后指定位数 *n*，四舍五入并返回 |
| | DATE_FORMAT (date, format) | 根据 format 格式化 date 值 |
| 系统信息函数 | DATABASE () | 返回当前数据库名 |
| | CONNECTION_ID | 用于返回当前连接的连接 ID |
| | USER () 或 SYSTEM_USER () | 返回当前登录用户名或主机名 |
| | VERSION () | 返回当前数据库的版本号 |
| 流程控制函数 | IF () | 根据条件返回不同的值 |
| | CASE | 根据条件选择不同的结果返回 |
| | COALESCE () | 返回参数列表中的第一个非 NULL 值 |

## 二、认识和使用函数

### （一）字符串函数

#### 1. CONCAT（）函数

CONCAT（）函数用于将多个字符串连接成一个新的字符串，语法格式如下。

```
CONCAT（str1, str2...）
```

例如，使用 CONCAT（）函数拼接字符“山东”和名字“省”，具体如下。

```
SELECT CONCAT（'山东','省'）AS province;
```

执行结果如图 3－8 所示。

```
mysql> SELECT CONCAT('山东','省') AS province;
+----------+
| province |
+----------+
| 山东省   |
+----------+
1 row in set (0.00 sec)
```

**图 3－8　使用 CONCAT（）函数拼接字符“山东”和名字“省”**

如果其中有一个参数为 NULL，则 CONCAT（）函数返回值也将为 NULL；如果参数中包含数字，则被转换为等价的字符串格式。

#### 2. SUBSTRING（）函数

SUBSTRING（）函数用于从一个字符串中提取子字符串，语法格式如下。

```
SUBSTRING（str, pos, len）
```

上述语法中，str 表示原始字符串；pos 表示开始提取的位置，起始位置从 1 开始；len 表示要提取的字符数。

例如，使用 SUBSTRING（）函数从字符串“数据库管理系统”的第二个字符开始提取三个字符，具体如下。

```
SELECT SUBSTRING（'数据库管理系统', 2, 3）AS substring_result;
```

执行结果如图 3－9 所示。

```
mysql> SELECT SUBSTRING('数据库管理系统', 2, 3) AS substring_result;
+------------------+
| substring_result |
+------------------+
| 据库管           |
+------------------+
1 row in set (0.00 sec)
```

**图 3－9　使用 SUBSTRING（）函数提取字符串**

#### 3. CHAR_LENGTH（）或 CHARACTER_LENGTH（）函数

CHAR_LENGTH（）或 CHARACTER_LENGTH（）函数用于返回字符串的字符数，即返回字符串的长度，语法格式如下。

```
CHAR_LENGTH (str)
CHARACTER_LENGTH (str)
```

例如，计算字符串“数据库管理系统”的字符数，具体如下。

```
SELECT CHAR_LENGTH ('数据库管理系统') AS char_length;
SELECT CHARACTER_LENGTH ('数据库管理系统') AS character_length;
```

执行结果如图3-10所示。

```
mysql> SELECT CHAR_LENGTH('数据库管理系统') AS char_length;
+-------------+
| char_length |
+-------------+
|           7 |
+-------------+
1 row in set (0.00 sec)

mysql> SELECT CHARACTER_LENGTH('数据库管理系统') AS character_length;
+------------------+
| character_length |
+------------------+
|                7 |
+------------------+
1 row in set (0.00 sec)
```

**图3-10　计算字符串“数据库管理系统”的字符数**

## （二）数值函数

### 1. ABS () 函数

ABS () 函数返回一个数字的绝对值。绝对值是指一个数值的非负值，无论其原始值是正还是负。语法格式如下。

```
ABS (number)
```

例如，返回-10的绝对值，具体如下。

```
SELECT ABS (-10) AS absolute_value;
```

执行结果如图3-11所示。

```
mysql> SELECT ABS(-10) AS absolute_value;
+----------------+
| absolute_value |
+----------------+
|             10 |
+----------------+
1 row in set (0.00 sec)
```

**图3-11　返回-10的绝对值**

### 2. ROUND () 函数

ROUND () 函数用于对一个数字进行四舍五入，语法格式如下。

```
ROUND (number, [decimals])
```

上述语法中，number 表示要四舍五入的数值；decimals（可选）表示小数点后的位数，如果省略，默认为0，即对整数部分进行四舍五入。

例如，使用 ROUND（）函数获取7.678 和8.21 四舍五入后的值，具体如下。

```
SELECT ROUND (7.678), ROUND (8.21);
```

执行结果如图3－12 所示。

```
mysql> SELECT ROUND(7.678),ROUND(8.21);
+--------------+-------------+
| ROUND(7.678) | ROUND(8.21) |
+--------------+-------------+
|            8 |           8 |
+--------------+-------------+
1 row in set (0.01 sec)
```

**图3－12　使用 ROUND（）函数获取7.678 和8.21 四舍五入后的值**

### 3. RAND（）函数

RAND（）函数返回一个0 和1 之间的随机小数，语法格式如下。

```
RAND ()
```

例如，返回一个介于0 和1 之间的随机小数，具体如下。

```
SELECT RAND () AS random_number;
```

执行结果如图3－13 所示。

```
mysql> SELECT RAND() AS random_number;
+---------------------+
| random_number       |
+---------------------+
| 0.36797971498964327 |
+---------------------+
1 row in set (0.00 sec)

mysql> SELECT RAND() AS random_number;
+---------------------+
| random_number       |
+---------------------+
| 0.08313124634617125 |
+---------------------+
1 row in set (0.00 sec)
```

**图3－13　返回一个介于0 和1 之间的随机小数**

### 4. FLOOR（）函数

FLOOR（）函数返回小于或等于给定数字的最大整数，即向下取整，语法格式如下。

```
FLOOR (number)
```

## （三）日期和时间函数

### 1. CURDATE（）函数

CURDATE（）函数返回当前日期，语法格式如下。

```
CURDATE ()
```

例如，返回当前系统日期，具体如下。

```
SELECT CURDATE () AS system_current_date;
```

执行结果如图3－14所示。

```
mysql> SELECT CURDATE() AS system_current_date;
+---------------------+
| system_current_date |
+---------------------+
| 2024-06-12          |
+---------------------+
1 row in set (0.00 sec)
```

**图3－14 返回当前系统日期**

### 2. CURTIME () 函数

CURTIME () 函数返回当前时间，语法格式如下。

```
CURTIME ()
```

例如，返回当前系统时间，具体如下。

```
SELECT CURTIME () AS system_current_time;
```

执行结果如图3－15所示。

```
mysql> SELECT CURTIME() AS system_current_time;
+---------------------+
| system_current_time |
+---------------------+
| 14:19:47            |
+---------------------+
1 row in set (0.00 sec)
```

**图3－15 返回当前系统时间**

### 3. NOW () 函数

NOW () 函数返回当前日期和时间，语法格式如下。

```
NOW ()
```

例如，返回当前系统日期和时间，具体如下。

```
SELECT NOW () AS current_datetime;
```

执行结果如图3－16所示。

```
mysql> SELECT NOW() AS current_datetime;
+---------------------+
| current_datetime    |
+---------------------+
| 2024-06-12 14:21:43 |
+---------------------+
1 row in set (0.00 sec)
```

**图3－16 返回当前系统日期和时间**

### 4. DATE_ADD（）函数

DATE_ADD（）函数用于在日期上添加指定的时间间隔，语法格式如下。

```
DATE_ADD（date, INTERVAL expr unit）
```

上述语法中，date 表示原始日期；expr 表示要添加的时间间隔；unit 表示时间间隔的单位，如 DAY、MONTH、YEAR 等。

例如，在查询 2024－05－30 的基础上增加 10 天的日期，具体如下。

```
SELECT DATE_ADD（'2024－05－30', INTERVAL 10 DAY）AS new_date;
```

执行结果如图 3－17 所示。

```
mysql> SELECT DATE_ADD('2024-05-30', INTERVAL 10 DAY) AS new_date;
+------------+
| new_date   |
+------------+
| 2024-06-09 |
+------------+
1 row in set (0.00 sec)
```

**图 3－17　在查询 2024－05－30 的基础上增加 10 天的日期**

### 5. DATEDIFF（）函数

DATEDIFF（）函数用于计算两个日期之间的天数差，语法格式如下。

```
DATEDIFF（date1, date2）
```

上述语法中，date1 表示结束日期；date2 表示开始日期。

例如，使用 DATEDIFF（）函数计算 2024－06－30 和 2024－05－30 之间的天数差，具体如下。

```
SELECT DATEDIFF（'2024－06－30', '2024－05－30'）AS days_difference;
```

执行结果如图 3－18 所示。

```
mysql> SELECT DATEDIFF('2024-06-30', '2024-05-30') AS days_difference;

+-----------------+
| days_difference |
+-----------------+
|              31 |
+-----------------+
1 row in set (0.00 sec)
```

**图 3－18　使用 DATEDIFF（）函数计算天数差**

### 6. WEEK（date［，mode］）函数

WEEK（）函数返回日期在一年中的周数，语法格式如下。

```
WEEK（date[, mode]）
```

上述语法中，date 表示日期；mode（可选）用于指定周的起始日（默认是星期日）。

例如，使用 WEEK（）函数查询 2024 年 6 月 30 日是 2024 年的第几周，具体如下。

```
SELECT WEEK（'2024－6－30'）;
```

执行结果如图 3－19 所示。

```
mysql> SELECT WEEK('2024-6-30');
+-------------------+
| WEEK('2024-6-30') |
+-------------------+
|                26 |
+-------------------+
1 row in set (0.00 sec)
```

**图 3－19　使用 WEEK（）函数查询 2024 年 6 月 30 日是 2024 年的第几周**

### 7. YEAR（）函数

YEAR（）函数返回日期的年部分，语法格式如下。

```
YEAR（date）
```

### 8. MONTH（）函数

MONTH（）函数返回日期的月部分，语法格式如下。

```
MONTH（date）
```

### 9. DAY（）函数

DAY（）函数返回日期的日部分，语法格式如下。

```
DAY（date）
```

## （四）格式化函数

### 1. FORMAT（*x*，*n*）函数

FORMAT（*x*，*n*）函数用于将指定的数字 *x* 保留小数点后 *n* 位，四舍五入，并以字符串形式返回。这个函数通常用于对数值进行格式化以便于输出显示，语法格式如下。

```
FORMAT（x, n）
```

上述语法中，*x* 表示要格式化的数字；*n* 表示保留的小数位数。

### 2. DATE_FORMAT（date，format）函数

DATE_FORMAT（date，format）函数用于根据指定的格式字符串 format 格式化日期 date 值，语法格式如下。

```
DATE_FORMAT（date, format）
```

上述语法中，date 表示要格式化的日期值；format 表示指定日期格式的字符串，包含格式化说明符。常用的格式化说明符如下。

- %Y：四位数的年份。
- %y：两位数的年份。
- %m：两位数的月份（01 到 12）。
- %d：两位数的日（01 到 31）。

- %H：两位数的小时（00 到 23）。
- %i：两位数的分钟（00 到 59）。
- %s：两位数的秒（00 到 59）。

例如，使用 DATE_FORMAT（）将 20240606 格式化，按照 2024－06－06 的格式显示，具体如下。

```
SELECT DATE_FORMAT（20240606,'%Y－%m－%d'）;
```

执行结果如图 3－20 所示。

```
mysql> SELECT DATE_FORMAT(20240606,'%Y-%m-%d');
+----------------------------------+
| DATE_FORMAT(20240606,'%Y-%m-%d') |
+----------------------------------+
| 2024-06-06                       |
+----------------------------------+
1 row in set (0.00 sec)
```

**图 3－20　使用 DATE_FORMAT（）将 20240606 格式化**

这个函数通常用于将日期转换为特定的显示格式，以便于阅读或输出。

## （五）系统信息函数

### 1. DATABASE（）

DATABASE（）函数返回当前使用的数据库的名称，语法格式如下。

```
SELECT DATABASE（）
```

如果没有选定数据库，该函数返回 NULL。

### 2. CONNECTION_ID（）

CONNECTION_ID（）函数返回当前连接的连接 ID，语法格式如下。

```
SELECT CONNECTION_ID（）
```

每个客户端连接都有一个唯一的连接 ID，这对于跟踪和管理客户端连接非常重要。

### 3. USER（）或 SYSTEM_USER（）

USER（）或 SYSTEM_USER（）函数返回当前 MySQL 用户的用户名和主机名，语法格式如下。

```
SELECT USER（）
SELECT SYSTEM_USER（）
```

### 4. VERSION（）

VERSION（）函数返回当前 MySQL 服务器的版本信息，语法格式如下。

```
VERSION（）
```

例如，使用 VERSION（）函数查询当前数据库的版本号，具体如下。

```
SELECT VERSION（）;
```

执行结果如图 3－21 所示。

```
mysql> SELECT VERSION();
+-----------+
| VERSION() |
+-----------+
| 8.0.36    |
+-----------+
1 row in set (0.00 sec)
```

**图 3－21　使用 VERSION（）函数查询当前数据库的版本号**

通过 VERSION（）函数了解数据库服务器的版本，以便进行兼容性检查和调试。

## （六）流程控制函数

### 1. IF（）

IF（）函数用于根据指定的条件返回不同的值，语法格式如下。

```
IF（condition, true_value, false_value）
```

上述语法中，condition 表示需要判断的条件；true_value 表示当条件为真时返回的值；false_value 表示当条件为假时返回的值。

例如，根据产品的价格判断产品级别，如果价格大于或等于 500，则返回“高级”，否则返回“普通”，具体如下。

```
SELECT product_name,
    product_price,
    IF（product_price > = 500,'高级','普通'）AS product_level
FROM products;
```

执行结果如图 3－22 所示。

```
mysql> SELECT product_name,
    ->     product_price,
    ->     IF(product_price >= 500, '高级', '普通') AS product_level
    -> FROM products;
+--------------+---------------+---------------+
| product_name | product_price | product_level |
+--------------+---------------+---------------+
| 产品1        |         50.00 | 普通          |
| 产品2        |        120.00 | 普通          |
| 产品3        |        450.00 | 普通          |
| 产品4        |        230.00 | 普通          |
| 产品5        |        670.00 | 高级          |
| 产品6        |        880.00 | 高级          |
| 产品7        |        750.00 | 高级          |
| 产品8        |        480.00 | 普通          |
+--------------+---------------+---------------+
8 rows in set (0.00 sec)
```

**图 3－22　使用 IF（）函数根据产品的价格判断产品级别**

动画

多分支语句

### 2. CASE

CASE 语句根据多个条件返回不同的结果，语法格式如下。

```
CASE
    WHEN condition1 THEN result1
    WHEN condition2 THEN result2
    ……
    ELSE default_result
    END
```

上述语法中，condition 表示需要判断的条件；result 表示对应条件为真时返回的结果；default_result 表示所有条件都不满足时返回的默认结果。

例如，根据产品价格判断产品级别。价格大于或等于 500 时，返回“高级”；价格大于或等于 300 且小于 500 时，返回“中级”；价格小于 300 时，返回“普通”，具体如下。

```
SELECT product_name,
    product_price,
    CASE
    WHEN product_price >= 500 THEN '高级'
    WHEN product_price >= 300 AND product_price < 500 THEN '中级'
    ELSE '普通'
    END AS product_level
FROM products;
```

执行结果如图 3－23 所示。

```
mysql> SELECT product_name,
    ->     product_price,
    ->     CASE
    ->       WHEN product_price >= 500 THEN '高级'
    ->       WHEN product_price >= 300 AND product_price < 500 THEN '中级'
    ->       ELSE '普通'
    ->     END AS product_level
    -> FROM products;
+--------------+---------------+---------------+
| product_name | product_price | product_level |
+--------------+---------------+---------------+
| 产品1        | 50.00         | 普通          |
| 产品2        | 120.00        | 普通          |
| 产品3        | 450.00        | 中级          |
| 产品4        | 230.00        | 普通          |
| 产品5        | 670.00        | 高级          |
| 产品6        | 880.00        | 高级          |
| 产品7        | 750.00        | 高级          |
| 产品8        | 480.00        | 中级          |
+--------------+---------------+---------------+
8 rows in set (0.08 sec)
```

**图 3－23　使用 CASE 语句根据产品的价格判断产品级别**

### 3. COALESCE（）

COALESCE（）函数返回其参数列表中的第一个非 NULL 值，语法格式如下。

```
COALESCE (value1, value2, ..., value_n)
```

上述语法中，value 表示待检查的值列表。如果所有参数都是 NULL，则返回 NULL。

例如，新建一个 products2 表，其字段为 pro_id、pro_name 和 pro_description。为 products2 添加示例数据，并查询 products2 表数据。返回结果中如果 product_name 或 product_description 的值为 NULL，则使用默认值“N/A”，具体如下。

```
-- 新建一个 products2 表
CREATE TABLE products2 (
pro_id INT PRIMARY KEY,
pro_name VARCHAR (255),
pro_description VARCHAR (255)
);
-- 添加示例数据
INSERT INTO products2 (pro_id, pro_name, pro_description) VALUES
(1,'产品 A','这是产品 A 的描述'),
(2, NULL,'这是产品 B 的描述'),
(3,'产品 C', NULL),
(4, NULL, NULL);
-- 查询数据,使用 COALESCE () 处理 NULL 值
SELECT
    pro_id,
    COALESCE (pro_name,'N/A') AS pro_name,
    COALESCE (pro_description,'N/A') AS pro_description
FROM products2;
```

执行结果如图 3-24 所示。

```
mysql> -- 查询数据, 使用 COALESCE() 处理 NULL 值
mysql> SELECT
    ->     pro_id,
    ->     COALESCE(pro_name, 'N/A') AS pro_name,
    ->     COALESCE(pro_description, 'N/A') AS pro_description
    -> FROM products2;
+--------+----------+-----------------+
| pro_id | pro_name | pro_description |
+--------+----------+-----------------+
|      1 | 产品A    | 这是产品A的描述 |
|      2 | N/A      | 这是产品B的描述 |
|      3 | 产品C    | N/A             |
|      4 | N/A      | N/A             |
+--------+----------+-----------------+
4 rows in set (0.00 sec)
```

**图 3-24　使用 COALESCE（）处理 NULL 值**

## 三、创建、调用和删除用户自定义函数

用户自定义函数（UDF）允许用户创建自己的函数，以便在 SQL 查询中使用自定义的逻辑。以下详细讲解如何创建、调用和删除用户自定义函数。

### （一）创建函数

创建用户自定义函数使用 CREATE FUNCTION 语句，语法格式如下。

```
CREATE FUNCTION 函数名称 ([parameters])
RETURNS data_type
BEGIN
    -- 函数体
    DECLARE variables;
    ……
    RETURN value;
END;
```

上述语法中，parameters 表示函数的参数列表，包含参数名称和数据类型；data_type 表示函数返回值的数据类型；BEGIN…END 表示函数体，包含声明语句、逻辑处理和返回值。另外，函数主体以 BEGIN 开始，以 END 结束，包含在函数调用时必须执行的 SQL 语句。

例如，创建一个 get_product_price 函数，用于根据产品 ID 返回产品价格，具体如下。

```
-- 设置 log_bin_trust_function_creators 变量为 1，可以临时允许用户在没有声明确定性属性的情况下创建函数和存储过程
SET GLOBAL log_bin_trust_function_creators = 1;
-- 创建 get_product_price 函数，接收一个 product_id 参数，并返回相应的产品价格
DELIMITER $$

CREATE FUNCTION get_product_price(prod_id VARCHAR (10))
RETURNS DECIMAL (10,2)
BEGIN
    DECLARE price DECIMAL (10,2);
    SELECT product_price INTO price FROM products WHERE product_id = prod_id;
    RETURN price;
END $$

DELIMITER ;
```

上述 SQL 语句中，GLOBAL 关键字用于修改全局变量，该变量会影响整个 MySQL 服务器实例对于函数和存储过程创建的规则设置。“DELIMITER $$”语句的作用是把 MySQL 的结束符设置为“$$”。MySQL 默认的语句结束符号是分号，这与存储过程中的 SQL 语句结束符相冲突，因此使用 DELIMITER 语句改变默认的结束符，最后以“END $$”语句结束存储过程。

### （二）调用函数

创建函数后，可以在 SQL 语句中调用自定义函数。调用函数的语法类似于调用内置函数。

例如，调用 get_product_price 函数，查询产品编号为“P001”的产品价格，具体如下。

```
SELECT get_product_price（'P001'）AS product_price;
```

执行结果如图 3-25 所示。

```
mysql> SELECT get_product_price('P001') AS product_price;
+---------------+
| product_price |
+---------------+
|         50.00 |
+---------------+
1 row in set (0.01 sec)
```

**图 3-25　调用 get_product_price 函数**

### （三）删除函数

删除用户自定义函数使用 DROP FUNCTION 语句，语法格式如下。

```
DROP FUNCTION [IF EXISTS] 函数名称;
```

例如，删除自定义函数 get_product_price 函数，具体如下。

```
DROP FUNCTION IF EXISTS get_product_price;
```

## 任务实施

在企业员工信息管理系统中，函数可以用于对数据进行灵活处理和操作，通过编写和使用函数，可以实现更复杂的业务逻辑和数据处理需求。通过本节任务的学习，请完成以下需求。

（1）使用 CONCAT（）函数拼接员工姓名和性别信息。

```
SELECT CONCAT（emp_name,'(',emp_sex,')'）AS employee_info
FROM Employee_tb;
```

执行结果如图 3-26 所示。

（2）使用 ROUND（）函数将员工薪资四舍五入到千位。

```
SELECT emp_name, ROUND(basic_salary / 1000,0) * 1000 AS rounded_salary_to_thousand
FROM Employee_tb e
JOIN Salary_tb s ON e.employee_id = s.employee_id;
```

执行结果如图 3-27 所示。

```
mysql> SELECT CONCAT(emp_name, ' (', emp_sex, ')') AS employee_info
    -> FROM Employee_tb;
+---------------+
| employee_info |
+---------------+
| 张三 (Male)   |
| 李四 (Male)   |
| 王五 (Female) |
| 赵六 (Male)   |
| 小七 (Female) |
| 小八 (Male)   |
| 小九 (Female) |
| 尔石 (Male)   |
+---------------+
8 rows in set (0.00 sec)
```

图 3-26　拼接员工姓名和性别信息

```
mysql> SELECT emp_name, ROUND(basic_salary / 1000, 0) * 1000 AS rounded_salary_to_thousand
FROM Employee_tb e
JOIN Salary_tb s ON e.employee_id = s.employee_id;
+----------+----------------------------+
| emp_name | rounded_salary_to_thousand |
+----------+----------------------------+
| 张三     | 5000                       |
| 李四     | 5000                       |
| 王五     | 6000                       |
| 赵六     | 6000                       |
| 小七     | 6000                       |
| 小八     | 6000                       |
| 小九     | 6000                       |
+----------+----------------------------+
7 rows in set (0.07 sec)
```

图 3-27　将员工薪资四舍五入到千位

（3）使用 CURDATE（）函数获取当前日期，并计算员工入职时间。

```
SELECT emp_name, CURDATE（）, hire_date,
       DATEDIFF（CURDATE（）, hire_date）AS days_with_company
FROM Employee_tb;
```

执行结果如图 3-28 所示。

```
mysql> SELECT emp_name, CURDATE(), hire_date,
    ->        DATEDIFF(CURDATE(), hire_date) AS days_with_company
    -> FROM Employee_tb;
+----------+------------+------------+-------------------+
| emp_name | CURDATE()  | hire_date  | days_with_company |
+----------+------------+------------+-------------------+
| 张三     | 2024-06-26 | 2022-05-01 |               787 |
| 李四     | 2024-06-26 | 2023-03-15 |               469 |
| 王五     | 2024-06-26 | 2022-07-20 |               707 |
| 赵六     | 2024-06-26 | 2023-08-10 |               321 |
| 小七     | 2024-06-26 | 2022-09-05 |               660 |
| 小八     | 2024-06-26 | 2021-10-02 |               998 |
| 小九     | 2024-06-26 | 2022-11-18 |               586 |
| 尔石     | 2024-06-26 | 2023-05-01 |               422 |
+----------+------------+------------+-------------------+
8 rows in set (0.00 sec)
```

图 3-28　计算员工入职时间

（4）使用 FORMAT（）函数格式化员工的薪资显示。

```
SELECT e. emp_name, FORMAT（s. basic_salary, 2）AS formatted_salary
FROM Salary_tb s
JOIN Employee_tb e ON s. employee_id = e. employee_id;
```

执行结果如图 3－29 所示。

```
mysql> SELECT e.emp_name, FORMAT(s.basic_salary, 2) AS formatted_salary
    -> FROM Salary_tb s
    -> JOIN Employee_tb e ON s.employee_id = e.employee_id;
+----------+------------------+
| emp_name | formatted_salary |
+----------+------------------+
| 张三     | 5,000.00         |
| 李四     | 4,800.00         |
| 王五     | 6,000.00         |
| 赵六     | 5,800.00         |
| 小七     | 5,500.00         |
| 小八     | 6,200.00         |
| 小九     | 6,300.00         |
+----------+------------------+
7 rows in set (0.00 sec)
```

**图 3－29　格式化员工的薪资显示**

(5) 使用 IF ( ) 函数根据员工年龄判断是否需要体检，如果年龄大于 30 则需要体检。

```
SELECT emp_name, emp_age,
       IF (emp_age > 30,'需要体检','不需要体检') AS health_check
FROM Employee_tb;
```

执行结果如图 3－30 所示。

```
mysql> SELECT emp_name, emp_age,
    ->        IF(emp_age > 30, '需要体检', '不需要体检') AS health_check
    -> FROM Employee_tb;
+----------+---------+--------------+
| emp_name | emp_age | health_check |
+----------+---------+--------------+
| 张三     |      35 | 需要体检     |
| 李四     |      28 | 不需要体检   |
| 王五     |      30 | 不需要体检   |
| 赵六     |      30 | 不需要体检   |
| 小七     |      27 | 不需要体检   |
| 小八     |      33 | 需要体检     |
| 小九     |      29 | 不需要体检   |
| 尔石     |      29 | 不需要体检   |
+----------+---------+--------------+
8 rows in set (0.00 sec)
```

**图 3－30　根据员工年龄判断是否需要体检**

(6) 创建一个自定义函数 CalculateBonus，根据员工基本工资的 10% 计算奖金。

```
SET GLOBAL log_bin_trust_function_creators = 1;

DELIMITER //

CREATE FUNCTION CalculateBonus(basic_salary DECIMAL (10,2))
RETURNS DECIMAL (10,2)
DETERMINISTIC
BEGIN
    DECLARE bonus DECIMAL (10,2);
    SET bonus = basic_salary * 0.1;
```

```
    RETURN bonus;
END //

DELIMITER ;
```

调用自定义函数 CalculateBonus 计算员工奖金。

```
SELECT employee_id, basic_salary, CalculateBonus (basic_salary) AS bonus
FROM Salary_tb;
```

执行结果如图 3 - 31 所示。

```
mysql> SELECT employee_id, basic_salary, CalculateBonus(basic_salary) AS bonus
    -> FROM Salary_tb;
+-------------+--------------+--------+
| employee_id | basic_salary | bonus  |
+-------------+--------------+--------+
|           1 |      5000.00 | 500.00 |
|           2 |      4800.00 | 480.00 |
|           3 |      6000.00 | 600.00 |
|           4 |      5800.00 | 580.00 |
|           5 |      5500.00 | 550.00 |
|           6 |      6200.00 | 620.00 |
|           7 |      6300.00 | 630.00 |
+-------------+--------------+--------+
7 rows in set (0.00 sec)
```

**图 3 - 31　调用自定义函数 CalculateBonus 计算员工奖金**

（7）使用字符串函数 SUBSTRING（）截取员工姓名的第一个字符。

```
SELECT emp_name, SUBSTRING (emp_name, 1, 1) AS name_prefix
FROM Employee_tb;
```

执行结果如图 3 - 32 所示。

```
mysql> SELECT emp_name, SUBSTRING(emp_name, 1, 1) AS name_prefix
    -> FROM Employee_tb;
+----------+-------------+
| emp_name | name_prefix |
+----------+-------------+
| 张三     | 张          |
| 李四     | 李          |
| 王五     | 王          |
| 赵六     | 赵          |
| 小七     | 小          |
| 小八     | 小          |
| 小九     | 小          |
| 尔石     | 尔          |
+----------+-------------+
8 rows in set (0.00 sec)
```

**图 3 - 32　使用字符串函数 SUBSTRING（）截取员工姓名的第一个字符**

（8）使用日期函数 YEAR（）提取员工入职年份。

```
SELECT emp_name, hire_date, YEAR(hire_date) AS hire_year
FROM Employee_tb;
```

执行结果如图 3 - 33 所示。

```
mysql> SELECT emp_name, hire_date, YEAR(hire_date) AS hire_year
    -> FROM Employee_tb;
+----------+------------+-----------+
| emp_name | hire_date  | hire_year |
+----------+------------+-----------+
| 张三     | 2022-05-01 |      2022 |
| 李四     | 2023-03-15 |      2023 |
| 王五     | 2022-07-20 |      2022 |
| 赵六     | 2023-08-10 |      2023 |
| 小七     | 2022-09-05 |      2022 |
| 小八     | 2021-10-02 |      2021 |
| 小九     | 2022-11-18 |      2022 |
| 尔石     | 2023-05-01 |      2023 |
+----------+------------+-----------+
8 rows in set (0.00 sec)
```

**图3-33　使用日期函数YEAR（）提取员工入职年份**

（9）创建一个带输入参数的自定义函数GetDepartmentName，根据部门ID获取部门名称。

```
DELIMITER //
CREATE FUNCTION GetDepartmentName（dept_id INT）RETURNS VARCHAR（100）BEGIN
    DECLARE dept_name VARCHAR（100）;
    SELECT department_name INTO dept_name
    FROM Department_tb
    WHERE department_id = dept_id;
    RETURN dept_name; END //

DELIMITER ;
```

（10）调用自定义函数GetDepartmentName获取员工所属部门名称。

```
SELECT emp_name, department_id, GetDepartmentName（department_id）AS department_name
FROM Employee_tb;
```

执行结果如图3-34所示。

```
mysql> SELECT emp_name, department_id, GetDepartmentName(department_id) AS department_name
    -> FROM Employee_tb;
+----------+---------------+-----------------+
| emp_name | department_id | department_name |
+----------+---------------+-----------------+
| 张三     |           101 | 销售部          |
| 李四     |           101 | 销售部          |
| 王五     |           102 | 研发部          |
| 赵六     |           102 | 研发部          |
| 小七     |           103 | 人力资源部      |
| 小八     |           103 | 人力资源部      |
| 小九     |           104 | 财务部          |
| 尔石     |          NULL | NULL            |
+----------+---------------+-----------------+
8 rows in set (0.00 sec)
```

**图3-34　调用自定义函数GetDepartmentName获取员工所属部门名称**

单元3-任务3

# 任务 4 使用存储过程简化员工信息管理

## 任务概述

存储过程是一种重要的数据库编程工具，用于简化和自动化复杂的数据处理操作任务。利用存储过程可以将多条 SQL 语句封装成一个可复用的逻辑单元，从而提高代码的可维护性和执行效率。本任务旨在通过学习和应用存储过程，优化企业员工信息管理系统中的数据处理操作。通过创建和调用存储过程，用户可以实现批量数据处理、自动化数据更新以及复杂业务逻辑处理。此外，本任务还将介绍如何使用游标和循环语句来处理多行数据，进一步增强数据库操作的灵活性和功能性。

## 知识储备

动画

存储过程

### 一、创建和调用存储过程

#### （一）了解存储过程

存储过程是一组存储在数据库中的预编译的 SQL 语句，可以简化复杂操作、提高性能和保证数据一致性。这些语句以逻辑单元的形式存储在数据库服务器上，并由数据库用户通过调用来执行。存储过程通常用于封装一系列操作，以便在多个应用程序或用户之间复用。

存储过程在数据库管理和应用程序开发中具有重要意义，具体体现在以下五个方面。

（1）提高性能：存储过程在首次执行时被编译，后续调用时可以直接执行，从而缩短编译时间，提高执行效率。存储过程使用优化的执行计划，可以更高效地执行查询等数据操作。

（2）减少网络流量：存储过程将多条 SQL 语句封装在一个逻辑单元中，通过一次调用即可执行多步操作，减少客户端和服务器之间的数据传输，提高效率。

（3）提高安全性：可以通过授予存储过程执行权限而不是直接授予表操作权限，增强数据访问的控制，保护数据的安全性。通过参数化查询和预编译，存储过程可以有效防止SQL注入攻击。

（4）增强可维护性：将复杂的业务逻辑封装在存储过程中，可以简化应用程序代码，便于维护和管理。存储过程可以在多个应用程序中复用，确保逻辑一致，减少重复编码。

（5）简化复杂操作：可以在存储过程中执行批量插入、更新、删除等操作，简化数据库操作流程。也可以在存储过程中管理事务，确保数据的一致性和完整性。

## （二）创建和调用存储过程的方式

创建存储过程的语法格式如下。

```
CREATE PROCEDURE procedure_name ([parameter_list])
[characteristic]
routine_body
```

上述语法中，各参数的含义如下。

（1）CREATE PROCEDURE：创建存储过程的关键字。

（2）procedure_name：存储过程的名称。

（3）parameter_list：可选项，存储过程的参数列表。参数用于传递数据给存储过程或从存储过程返回数据。该参数列表的形式如下。

```
[IN | OUT | INOUT] param_name type
```

以上参数列表中，IN表示输入参数；OUT表示输出参数；INOUT表示既可以输入也可以输出的参数；param_name表示参数名称；type表示参数的数据类型，可以是MySQL中的任意类型。

（4）characteristic：可选项，用于指定存储过程的特性。

（5）routine_body：表示存储过程的主体部分，以BEGIN开始，以END结束，包含在过程调用时必须执行的SQL语句。如果存储过程体中只有一条SQL语句，可以省略BEGIN-END标志。

### 1. 不使用参数

例如，创建一个存储过程（GetProductsCount），返回产品表中的产品数量，具体如下。

```
-- 更改语句结束符
DELIMITER //
-- 创建存储过程
CREATE PROCEDURE GetProductsCount ()
BEGIN
    SELECT COUNT (*) AS ProductCount FROM products;
END//
-- 恢复默认语句结束符
DELIMITER ;
```

使用 CALL 语句调用 GetProductsCount 存储过程来获取产品数量，具体如下。

```
CALL GetProductsCount ();
```

执行结果如图 3－35 所示。

```
mysql> CALL GetProductsCount();
+--------------+
| ProductCount |
+--------------+
|            8 |
+--------------+
1 row in set (0.01 sec)

Query OK, 0 rows affected (0.01 sec)
```

**图 3－35　调用 GetProductsCount 存储过程**

**2. 使用 IN 参数**

IN 参数用于向存储过程传递输入值。

例如，创建存储过程（GetProductNameById），根据产品 ID 查询产品名称，具体如下。

```
DELIMITER //
CREATE PROCEDURE GetProductNameById (IN prod_id VARCHAR (10))
BEGIN
    SELECT product_name FROM products WHERE product_id = prod_id;
END//
DELIMITER ;
```

使用 CALL 语句调用 GetProductNameById 存储过程来查询 P001 的产品名称，具体如下。

```
CALL GetProductNameById ('P001');
```

执行结果如图 3－36 所示。

```
mysql> CALL GetProductNameById('P001');
+--------------+
| product_name |
+--------------+
| 产品1        |
+--------------+
1 row in set (0.00 sec)

Query OK, 0 rows affected (0.01 sec)
```

**图 3－36　调用 GetProductNameById 存储过程**

**3. 使用 OUT 参数**

OUT 参数用于从存储过程返回输出值。

例如，创建存储过程（GetProductsCount2），返回产品表中的产品数量，具体如下。

```
DELIMITER //
CREATE PROCEDURE GetProductsCount2 (OUT prod_count INT)
BEGIN
```

```
    SELECT COUNT ( * ) INTO prod_count FROM products;
END//
DELIMITER ;
```

使用 CALL 语句调用 GetProductsCount2 存储过程来获取产品数量，具体如下。

```
CALL GetProductsCount2 (@ prod_count);
SELECT @ prod_count;
```

执行结果如图 3－37 所示。

```
mysql> CALL GetProductsCount2(@prod_count);
Query OK, 1 row affected (0.00 sec)

mysql> SELECT @prod_count;
+-------------+
| @prod_count |
+-------------+
|           8 |
+-------------+
1 row in set (0.00 sec)
```

**图 3－37　调用 GetProductsCount2 存储过程**

**4. 使用 INOUT 参数**

INOUT 参数既可用于向存储过程传递输入值，又可用于返回输出值。

例如，创建存储过程（ApplyDiscount），根据给定的折扣计算并返回折扣后的产品价格，具体如下。

```
DELIMITER //
CREATE PROCEDURE ApplyDiscount (INOUT prod_price DECIMAL (10, 2), IN discount_rate DECIMAL (3, 2))
BEGIN
    SET prod_price = prod_price * discount_rate;
END//
DELIMITER ;
```

使用 CALL 语句调用 ApplyDiscount 存储过程来获取 8 折以后的产品价格，具体如下。

```
SET @ price = 100.00;
CALL ApplyDiscount (@ price, 0.80);
SELECT @ price;
```

执行结果如图 3－38 所示。

```
mysql> SET @price = 100.00;
Query OK, 0 rows affected (0.00 sec)

mysql> CALL ApplyDiscount(@price, 0.80);
Query OK, 0 rows affected (0.00 sec)

mysql> SELECT @price;
+--------+
| @price |
+--------+
|  80.00 |
+--------+
1 row in set (0.00 sec)
```

**图 3－38　调用 ApplyDiscount 存储过程**

## 二、查看和删除存储过程

### （一）查看存储过程

要查看数据库中已经存在的存储过程，可以

使用 SHOW PROCEDURE STATUS 语句和 SHOW CREATE PROCEDURE 语句。

**1. 查看存储过程的状态**

使用 SHOW PROCEDURE STATUS 可以列出所有存储过程的基本信息。

```
SHOW PROCEDURE STATUS [ LIKE 'pattern'];
```

上述参数中，LIKE 'pattern'是可选的，用于过滤存储过程名称。

例如，使用 SHOW PROCEDURE STATUS 语句查看所有名称以“Get”开头的存储过程的状态。

```
SHOW PROCEDURE STATUS LIKE 'Get%' \G
```

执行结果如图 3－39 所示。

```
mysql> SHOW PROCEDURE STATUS LIKE 'Get%'\G
*************************** 1. row ***************************
                  Db: Inventorymanagementdb
                Name: GetProductNameById
                Type: PROCEDURE
             Definer: root@localhost
            Modified: 2024-06-13 17:21:00
             Created: 2024-06-13 17:21:00
       Security_type: DEFINER
             Comment:
character_set_client: gbk
collation_connection: gbk_chinese_ci
  Database Collation: utf8mb4_0900_ai_ci
*************************** 2. row ***************************
                  Db: Inventorymanagementdb
                Name: GetProductsCount
                Type: PROCEDURE
             Created: 2024-06-13 17:20:48
       Security_type: DEFINER
             Comment:
character_set_client: gbk
collation_connection: gbk_chinese_ci
  Database Collation: utf8mb4_0900_ai_ci
*************************** 3. row ***************************
                  Db: Inventorymanagementdb
                Name: GetProductsCount2
                Type: PROCEDURE
             Definer: root@localhost
            Modified: 2024-06-13 17:23:03
             Created: 2024-06-13 17:23:03
       Security_type: DEFINER
             Comment:
character_set_client: gbk
collation_connection: gbk_chinese_ci
  Database Collation: utf8mb4_0900_ai_ci
3 rows in set (0.00 sec)
```

**图 3－39　查看所有名称以“Get”开头的存储过程的状态**

**2. 查看存储过程的创建信息**

使用 SHOW CREATE PROCEDURE 语句查看存储过程的创建信息，语法格式如下。

```
SHOW CREATE PROCEDURE procedure_name;
```

例如，查看 GetProductsCount 存储过程的创建信息，具体如下。

```
SHOW CREATE PROCEDURE GetProductsCount \G
```

执行结果如图 3-40 所示。

```
mysql> SHOW CREATE PROCEDURE GetProductsCount\G
*************************** 1. row ***************************
           Procedure: GetProductsCount
            sql_mode: ONLY_FULL_GROUP_BY,STRICT_TRANS_TABLES,NO_ZERO_IN_DATE,NO_ZE
RO_DATE,ERROR_FOR_DIVISION_BY_ZERO,NO_ENGINE_SUBSTITUTION
    Create Procedure: CREATE DEFINER=`root`@`localhost` PROCEDURE `GetProductsCoun
t`()
BEGIN
    SELECT COUNT(*) AS ProductCount FROM products;
END
character_set_client: gbk
collation_connection: gbk_chinese_ci
  Database Collation: utf8mb4_0900_ai_ci
1 row in set (0.00 sec)
```

**图 3-40　查看 GetProductsCount 存储过程的创建信息**

### （二）删除存储过程

可以使用 DROP PROCEDURE 语句删除已存在的存储过程，语法格式如下。

```
DROP PROCEDURE [IF EXISTS] procedure_name;
```

例如，删除 GetProductsCount 存储过程，具体如下。

```
DROP PROCEDURE IF EXISTS GetProductsCount;
```

## 三、使用游标

游标（Cursor）是数据库中处理查询结果集的一种机制。游标允许逐行处理查询结果集中的每一行数据。游标的使用通常包括声明、打开、提取数据和关闭等步骤，语法如下。

```
-- 1. 声明（定义）游标
DECLARE cursor_name CURSOR FOR select_statement;
-- 2. 打开游标
OPEN cursor_name;
-- 3. 提取数据
FETCH cursor_name INTO variable_list;
-- 4. 关闭游标
CLOSE cursor_name;
```

上述语法的关键字及说明如下。

### （一）声明游标

cursor_name 是游标的名称，select_statement 是用于生成结果集的查询语句。声明游标是定义一个游标名称来对应一个查询语句，从而可以使用该游标对查询语句返回的结果集进行逐行操作。

### （二）打开游标

OPEN 是打开游标的关键字，声明游标时虽然为游标指定了查询语句，但是该语句不会被立即执行，只有打开游标后，才会执行这些查询语句。

### （三）提取数据

使用 FETCH 关键字从游标中提取数据，即从结果集中获取一行数据。variable_list 表示变量列表，需要在声明游标前定义，游标中 SELECT 语句查询出来的信息存入该参数，每次执行 FETCH 语句时，游标都会移动到结果集中的下一行。

### （四）关闭游标

CLOSE 是关闭游标的关键字，在使用完游标后，必须关闭游标以释放资源。

例如，创建一个存储过程（LogProductNames），遍历产品表中的所有产品名称并插入一个日志表 product_log。

```
-- 创建一个日志表 product_log 用于存储产品名称
CREATE TABLE product_log (
    log_id INT AUTO_INCREMENT PRIMARY KEY,
    product_name VARCHAR (255)
);
-- 创建一个存储过程 LogProductNames, 使用游标遍历产品表并将每个产品名称插入日志表
DELIMITER //

CREATE PROCEDURE LogProductNames ( )
BEGIN
-- 声明变量 'done' 用于控制循环退出
    DECLARE done INT DEFAULT FALSE;
-- 声明变量 'productName' 用于存储游标提取的产品名称
    DECLARE productName VARCHAR (255);
    -- 声明游标 'productCursor' 用于选择 products 表中的产品名称
    DECLARE productCursor CURSOR FOR SELECT product_name FROM products;
    -- 声明继续处理程序，当游标到达结果集的末尾时，设置 'done' 为 TRUE
    DECLARE CONTINUE HANDLER FOR NOT FOUND SET done = TRUE;

    OPEN productCursor;
-- 读取循环，遍历游标结果集
```

```
        read_loop: LOOP
  -- 从游标中提取数据到 'productName'
        FETCH productCursor INTO productName;
  -- 如果游标到达结果集的末尾，退出循环
        IF done THEN
            LEAVE read_loop;
        END IF;
  -- 将提取的产品名称插入 product_log 表
        INSERT INTO product_log (product_name) VALUES (productName);
    END LOOP;
    CLOSE productCursor;
END //
DELIMITER ;
```

调用存储过程 LogProductNames，具体如下。

```
CALL LogProductNames ();
-- 查看日志表 product_log 中的记录
SELECT * FROM product_log;
```

执行结果如图 3－41 所示。

```
mysql> CALL LogProductNames();
Query OK, 0 rows affected (0.01 sec)

mysql> SELECT * FROM product_log;
+--------+--------------+
| log_id | product_name |
+--------+--------------+
|      1 | 产品1         |
|      2 | 产品2         |
|      3 | 产品3         |
|      4 | 产品4         |
|      5 | 产品5         |
|      6 | 产品6         |
|      7 | 产品7         |
|      8 | 产品8         |
+--------+--------------+
8 rows in set (0.00 sec)
```

**图 3－41　调用存储过程 LogProductNames**

## 四、应用循环语句

动画

条件判断语句

在存储过程和函数中，循环语句是一种常见的控制结构，用于重复执行一段代码直到满足某个条件。接下来讲解常用的 LOOP 和 WHILE 循环语句。

### （一）LOOP 循环

LOOP 循环是一种简单的循环结构，可以在存储过程和函数中使用。循

环主体总是至少执行一次，并且需要显式的退出条件。

LOOP 循环语法格式如下。

```
label: LOOP
    -- 循环体内的代码
    IF condition THEN
        LEAVE label;
    END IF;
END LOOP label;
```

在上述语法中，label 是一个可选的标签，用于标识循环的入口点。标签可以在后续的代码中使用 LEAVE 语句引用。循环体内的代码是循环执行的部分，可以包含任意的语句和逻辑。IF condition THEN 语句用于在循环体内检查一个条件。如果条件满足，则执行 LEAVE 语句跳出循环。LEAVE 语句后面跟着标签，指示要跳出哪个循环。END LOOP label用于结束循环，并指定要结束的循环是由哪个标签标识的。

例如，创建存储过程 ExampleLoop，使用 LOOP 循环将 1 到 5 之间的数字插入 numbers 表，具体如下。

```
-- 创建 numbers 表
CREATE TABLE numbers (
    id INT AUTO_INCREMENT PRIMARY KEY,
    number INT NOT NULL
);
-- 创建存储过程 ExampleLoop
DELIMITER //

CREATE PROCEDURE ExampleLoop ()
BEGIN
    DECLARE counter INT DEFAULT 1;
    example_loop: LOOP
-- 在 counter 大于 5 时退出循环
        IF counter > 5 THEN
            LEAVE example_loop;
        END IF;
        INSERT INTO numbers (number) VALUES (counter);
        SET counter = counter + 1;
    END LOOP example_loop;
END //

DELIMITER ;
```

调用存储过程 ExampleLoop，并查看 numbers 表的记录，具体如下。

```
CALL ExampleLoop ();
SELECT * FROM numbers;
```

执行结果如图 3 - 42 所示。

```
mysql> CALL ExampleLoop();
Query OK, 1 row affected (0.01 sec)

mysql> SELECT * FROM numbers;
+----+--------+
| id | number |
+----+--------+
|  1 |      1 |
|  2 |      2 |
|  3 |      3 |
|  4 |      4 |
|  5 |      5 |
+----+--------+
5 rows in set (0.00 sec)
```

**图 3 - 42　调用存储过程 ExampleLoop**

### （二）WHILE 循环

在 MySQL 中，WHILE 语句用于在满足特定条件的情况下重复执行一组语句。WHILE 循环在执行前会先检查条件是否为真，如果条件为真，则执行循环体内的语句，然后再次检查条件，如此循环，直到条件为假时停止。语法格式如下。

```
WHILE condition DO
    -- 循环体
    statements;
END WHILE;
```

例如，创建存储过程 ExampleWhile，WHILE 循环插入 1 到 10 之间的数字到 numbers 表中，直到 counter 大于 10，具体如下。

```
DELIMITER //

CREATE PROCEDURE ExampleWhile ()
BEGIN
    DECLARE counter INT DEFAULT 1;
    WHILE counter <= 10 DO
        INSERT INTO numbers (number) VALUES (counter);
        SET counter = counter + 1;
    END WHILE;
END //

DELIMITER ;
```

调用存储过程 ExampleWhile，并查看 numbers 表的记录，具体如下。

```
CALL ExampleWhile ( );
SELECT * FROM numbers;
```

执行结果如图 3－43 所示。

```
mysql> CALL ExampleWhile();
Query OK, 1 row affected (0.01 sec)

mysql> SELECT * FROM numbers;
+----+--------+
| id | number |
+----+--------+
|  1 |      1 |
|  2 |      2 |
|  3 |      3 |
|  4 |      4 |
|  5 |      5 |
|  6 |      1 |
|  7 |      2 |
|  8 |      3 |
|  9 |      4 |
| 10 |      5 |
| 11 |      6 |
| 12 |      7 |
| 13 |      8 |
| 14 |      9 |
| 15 |     10 |
+----+--------+
15 rows in set (0.00 sec)
```

**图 3－43　调用存储过程 ExampleWhile**

## 任务实施

在企业员工信息管理系统中，存储过程可以用于简化复杂的数据操作和管理任务。通过编写和使用存储过程，可以提高系统的效率和维护性。通过本节任务的学习，请完成以下需求。

（1）创建一个存储过程 GetEmployeeCount，用于返回员工表中的员工数量。

```
DELIMITER //

CREATE PROCEDURE GetEmployeeCount ( )
BEGIN
    SELECT COUNT ( * ) AS EmployeeCount FROM Employee_tb;
END //

DELIMITER ;
```

调用存储过程 GetEmployeeCount。

```
CALL GetEmployeeCount ();
```

执行结果如图 3－44 所示。

```
mysql> CALL GetEmployeeCount();
+---------------+
| EmployeeCount |
+---------------+
|             8 |
+---------------+
1 row in set (0.00 sec)

Query OK, 0 rows affected (0.01 sec)
```

**图 3－44　调用存储过程 GetEmployeeCount**

（2）使用 SHOW PROCEDURE STATUS 语句查看 employee_management_db 数据库的存储过程信息。

```
SHOW PROCEDURE STATUS WHERE Db = 'employee_management_db' \G
```

执行结果如图 3－45 所示。

```
mysql> SHOW PROCEDURE STATUS WHERE Db = 'employee_management_db'\G
*************************** 1. row ***************************
                  Db: employee_management_db
                Name: GetEmployeeCount
                Type: PROCEDURE
             Definer: root@localhost
            Modified: 2024-06-26 17:48:33
             Created: 2024-06-26 17:48:33
       Security_type: DEFINER
             Comment:
character_set_client: gbk
collation_connection: gbk_chinese_ci
  Database Collation: utf8mb4_0900_ai_ci
1 row in set (0.00 sec)
```

**图 3－45　查看 employee_management_db 数据库的存储过程信息**

（3）创建一个存储过程 LogEmployeeNames，使用游标遍历员工信息表并将每个员工姓名插入日志表。

```
-- 创建 employee_log 表
CREATE TABLE employee_log (
    log_id INT AUTO_INCREMENT PRIMARY KEY,
    emp_name VARCHAR (255)
);

DELIMITER //

CREATE PROCEDURE LogEmployeeNames ()
```

```
BEGIN
    DECLARE done INT DEFAULT FALSE;
    DECLARE empName VARCHAR (255);
    DECLARE empCursor CURSOR FOR SELECT emp_name FROM Employee_tb;
    DECLARE CONTINUE HANDLER FOR NOT FOUND SET done = TRUE;

    OPEN empCursor;

    read_loop: LOOP
        FETCH empCursor INTO empName;
        IF done THEN
            LEAVE read_loop;
        END IF;
        INSERT INTO employee_log (emp_name) VALUES (empName);
    END LOOP;

    CLOSE empCursor;
END //

DELIMITER ;
```

调用存储过程 LogEmployeeNames。

```
CALL LogEmployeeNames ();
-- 查看 employee_log 表
SELECT * FROM employee_log;
```

执行结果如图 3－46 所示。

```
mysql> CALL LogEmployeeNames();
Query OK, 0 rows affected (0.01 sec)

mysql> SELECT * FROM employee_log;
+--------+----------+
| log_id | emp_name |
+--------+----------+
|      1 | 张三     |
|      2 | 李四     |
|      3 | 王五     |
|      4 | 赵六     |
|      5 | 小七     |
|      6 | 小八     |
|      7 | 小九     |
|      8 | 尔石     |
+--------+----------+
8 rows in set (0.00 sec)
```

**图 3－46　调用存储过程 LogEmployeeNames**

单元 3－任务 4

# 任务 5　使用触发器自动维护员工信息

## 任务概述

本任务主要讲解使用触发器来实现对员工信息数据库的自动维护。触发器是一种特殊类型的存储过程，它会在发生特定的数据库事件，如插入数据、更新（修改）数据或删除数据时，自动执行。使用触发器，可以确保数据的一致性和完整性，并自动处理一些常见的数据维护操作。

## 知识储备

触发器（Trigger）是 MySQL 中的一种特殊数据库对象，它与表相关联，并在特定事件发生时自动执行预定义的操作。触发器通常用于在表的 INSERT、UPDATE、DELETE 等操作之前（BEFORE）或之后（AFTER）执行相关操作，以确保数据的完整性和一致性。

触发器主要由触发事件和触发操作两部分组成。触发事件是指触发器在何时被触发，如在插入数据之前或之后。触发操作是指触发器被激活时要执行的 SQL 语句或存储过程，这些操作可以涉及数据的修改、插入、删除以及日志记录等。

动画

触发器

触发器的主要作用是在数据库层面实现数据的自动处理和控制。通过触发器，可以自动执行数据验证、日志记录、数据同步和审计跟踪等功能，以确保数据的可靠性和安全性。触发器的灵活性使其能够根据具体需求定义，进而实现复杂的业务逻辑和自动化数据管理。

### 一、创建触发器

#### （一）触发事件为插入的触发器创建

创建 INSERT 事件触发器可以在向表中插入新记录时自动执行某些操作。以下是创建插入事件触发器的详细步骤。

（1）定义触发器的名称：指定触发器的名称，确保在数据库中唯一。

（2）指定触发事件和时间：指定触发事件 INSERT 发生的时间（BEFORE、AFTER）。

（3）编写触发器的操作逻辑：定义触发器在指定事件发生时要执行的 SQL 语句或操作。

创建触发器的语法格式如下。

```
CREATE TRIGGER trigger_name
    {BEFORE | AFTER} INSERT
    ON table_name
    FOR EACH ROW
BEGIN
    -- 触发器的操作逻辑
    SQL_statements;
END;
```

例如，为产品表（products）创建一个插入事件触发器（after_product_insert），该触发器会在每次插入新产品记录时，自动将相关信息插入日志表（product_log），具体如下。

```
DELIMITER //

CREATE TRIGGER after_product_insert
AFTER INSERT ON products
FOR EACH ROW
BEGIN
    INSERT INTO product_log (product_name) VALUES (NEW. product_name);
END //

DELIMITER ;
```

上述 SQL 语句中，AFTER INSERT 表示在向 products 表插入记录之后触发；FOR EACH ROW 表示触发器将执行每一行插入的记录；NEW 关键字用于引用新插入的记录，NEW. product_name 表示新插入记录的 product_name 字段值；触发器的操作逻辑是将新插入的产品名称记录到 product_log 表中。

接下来，验证触发器的效果。插入新产品记录，检查是否触发插入事件触发器并记录到日志表中，具体如下。

```
INSERT INTO products (product_id, product_name, product_price) VALUES ('P009', 'Product A', 100.50);
INSERT INTO products (product_id, product_name, product_price) VALUES ('P010', 'Product B', 200.00);
SELECT * FROM product_log;
```

执行结果如图3-47所示。

```
mysql> INSERT INTO products (product_id,product_name, product_price) VALUES (
'P009','Product A', 100.50);
Query OK, 1 row affected (0.00 sec)
mysql> INSERT INTO products (product_id ,product_name, product_price) VALUES
('P010','Product B', 200.00);
Query OK, 1 row affected (0.00 sec)

mysql> SELECT * FROM product_log;
+--------+--------------+
| log_id | product_name |
+--------+--------------+
|      1 | 产品1        |
|      2 | 产品2        |
|      3 | 产品3        |
|      4 | 产品4        |
|      5 | 产品5        |
|      6 | 产品6        |
|      7 | 产品7        |
|      8 | 产品8        |
|      9 | Product A    |
|     10 | Product B    |
+--------+--------------+
10 rows in set (0.00 sec)
```

**图3-47　验证插入事件触发器的效果**

## (二) 触发事件为更新的触发器创建

触发器可以在表进行UPDATE操作时触发，用于自动执行特定操作，如记录更新历史、更新相关数据等。创建更新事件触发器的步骤如下。

(1) 定义触发器的名称。

(2) 指定触发事件UPDATE操作以及触发时机（BEFORE或AFTER)。

(3) 编写触发器的操作逻辑。

创建更新事件触发器的语法格式如下。

```
CREATE TRIGGER trigger_name
    {BEFORE | AFTER} UPDATE
    ON table_name
    FOR EACH ROW
BEGIN
    -- 触发器的操作逻辑
    SQL_statements;
END;
```

例如，创建更新事件触发器（after_product_update)，实现在产品表（products）中更新产品价格时，将旧的价格和新的价格记录到价格日志表（product_price_log）中，具体如下。

```
-- 创建价格日志表
CREATE TABLE product_price_log (
```

```
    log_id INT AUTO_INCREMENT PRIMARY KEY,
    product_id VARCHAR (10) NOT NULL,
    old_price DECIMAL (10,2) NOT NULL,
    new_price DECIMAL (10,2) NOT NULL,
    log_time TIMESTAMP DEFAULT CURRENT_TIMESTAMP
);
-- 创建更新事件触发器
DELIMITER //

CREATE TRIGGER after_product_update
AFTER UPDATE ON products
FOR EACH ROW
BEGIN
    INSERT INTO product_price_log (product_id, old_price, new_price)
    VALUES (OLD. product_id, OLD. product_price, NEW. product_price);
END //

DELIMITER ;
```

上述 SQL 语句中，OLD 关键字用于引用更新前的记录，NEW 关键字用于引用更新后的记录。

接下来，验证触发器的效果。更新产品表中的某条记录，触发器应记录旧价格和新价格到价格日志表中，具体如下。

```
-- 更新产品价格
UPDATE products
SET product_price = 150.00
WHERE product_id = 'P001';
-- 查看价格日志表内容
SELECT * FROM product_price_log;
```

执行结果如图 3－48 所示。

```
mysql> UPDATE products
    -> SET product_price = 150.00
    -> WHERE product_id = 'P001';
Query OK, 1 row affected (0.00 sec)
Rows matched: 1  Changed: 1  Warnings: 0

mysql> SELECT * FROM product_price_log;
+--------+------------+-----------+-----------+---------------------+
| log_id | product_id | old_price | new_price | log_time            |
+--------+------------+-----------+-----------+---------------------+
|      1 | P001       |     50.00 |    150.00 | 2024-06-17 14:23:23 |
+--------+------------+-----------+-----------+---------------------+
1 row in set (0.00 sec)
```

**图 3－48　验证更新事件触发器的效果**

### （三）触发事件为删除的触发器创建

触发器也可以在表进行 DELETE 操作时触发，用于自动执行特定操作，如记录删除历史、级联删除等。创建删除事件触发器的步骤如下。

（1）定义触发器的名称。

（2）指定触发事件 DELETE 操作以及触发时机（BEFORE 或 AFTER）。

（3）编写触发器的操作逻辑。

创建删除事件触发器的语法格式如下。

```
CREATE TRIGGER trigger_name
    {BEFORE | AFTER} DELETE
    ON table_name
    FOR EACH ROW
BEGIN
    -- 触发器的操作逻辑
    SQL_statements;
END;
```

例如，创建删除事件触发器（after_product_delete），实现在从产品表（products）中删除产品记录时，将被删除的产品信息记录到删除日志表（deleted_products_log）中。

```
-- 创建删除日志表
CREATE TABLE deleted_products_log (
    log_id INT AUTO_INCREMENT PRIMARY KEY,
    product_id VARCHAR (10),
    product_name VARCHAR (255),
    product_price DECIMAL (10,2),
    log_time TIMESTAMP DEFAULT CURRENT_TIMESTAMP
);
-- 创建删除事件触发器
DELIMITER //

CREATE TRIGGER after_product_delete
AFTER DELETE ON products
FOR EACH ROW
BEGIN
    INSERT INTO deleted_products_log (product_id, product_name, product_price)
    VALUES (OLD. product_id, OLD. product_name, OLD. product_price);
END //

DELIMITER ;
```

接下来，验证触发器的效果。从 products 表中删除记录，并检查 deleted_product_log 表中的记录，验证触发器是否正常工作，具体如下。

```
-- 删除产品记录
DELETE FROM products
WHERE product_id = 'P001';
-- 查看删除日志表内容
SELECT * FROM deleted_products_log;
```

执行结果如图 3-49 所示。

```
mysql> DELETE FROM products
    -> WHERE product_id = 'P001';
Query OK, 1 row affected (0.00 sec)

mysql> SELECT * FROM deleted_products_log;
+--------+------------+--------------+---------------+---------------------+
| log_id | product_id | product_name | product_price | log_time
  |
+--------+------------+--------------+---------------+---------------------+
|      1 | P001       | 产品1         |        150.00 | 2024-06-17 15:21:16 |
+--------+------------+--------------+---------------+---------------------+
1 row in set (0.00 sec)
```

**图 3-49　验证删除事件触发器的效果**

## 二、查看触发器

MySQL 提供了 SHOW TRIGGERS 语句，可以直接查看当前数据库中的所有触发器信息，该语句将返回触发器名称、事件、触发时机、触发操作等详细信息。

例如，使用 SHOW TRIGGERS 语句查看当前数据库中的所有触发器，具体如下。

```
SHOW TRIGGERS \G
```

执行结果如图 3-50 所示。

## 三、删除触发器

使用 DROP TRIGGER 语句删除触发器。需要注意的是，删除触发器需要具备适当的权限。

删除特定的触发器，语法如下。

```
DROP TRIGGER [IF EXISTS] 触发器名称;
```

例如，删除名为 after_product_delete 的触发器，具体如下。

```
DROP TRIGGER IF EXISTS after_product_delete;
```

## 任务实施

在企业员工信息管理系统中，触发器可以用于在数据发生变化时自动执行特定操作，从而实现数据的自动维护和一致性保障。通过本节任务的学习，请完成以下需求。

```
mysql> SHOW TRIGGERS\G
*************************** 1. row ***************************
             Trigger: after_product_insert
               Event: INSERT
               Table: products
           Statement: BEGIN
    INSERT INTO product_log (product_name) VALUES (NEW.product_name);
END
              Timing: AFTER
             Created: 2024-06-17 11:42:03.84
            sql_mode: ONLY_FULL_GROUP_BY,STRICT_TRANS_TABLES,NO_ZERO_IN_DATE,NO_ZER
O_DATE,ERROR_FOR_DIVISION_BY_ZERO,NO_ENGINE_SUBSTITUTION
             Definer: root@localhost
character_set_client: gbk
collation_connection: gbk_chinese_ci
  Database Collation: utf8mb4_0900_ai_ci
*************************** 2. row ***************************
             Trigger: after_product_update
               Event: UPDATE
               Table: products
           Statement: BEGIN
    INSERT INTO product_price_log (product_id, old_price, new_price)
    VALUES (OLD.product_id, OLD.product_price, NEW.product_price);
END
              Timing: AFTER
             Created: 2024-06-17 14:16:10.29
            sql_mode: ONLY_FULL_GROUP_BY,STRICT_TRANS_TABLES,NO_ZERO_IN_DATE,NO_ZER
O_DATE,ERROR_FOR_DIVISION_BY_ZERO,NO_ENGINE_SUBSTITUTION
             Definer: root@localhost
character_set_client: gbk
collation_connection: gbk_chinese_ci
  Database Collation: utf8mb4_0900_ai_ci
*************************** 3. row ***************************
             Trigger: after_product_delete
               Event: DELETE
               Table: products
           Statement: BEGIN
    INSERT INTO deleted_products_log (product_id, product_name, product_price)
    VALUES (OLD.product_id, OLD.product_name, OLD.product_price);
END
              Timing: AFTER
             Created: 2024-06-17 15:19:26.44
            sql_mode: ONLY_FULL_GROUP_BY,STRICT_TRANS_TABLES,NO_ZERO_IN_DATE,NO_ZER
O_DATE,ERROR_FOR_DIVISION_BY_ZERO,NO_ENGINE_SUBSTITUTION
             Definer: root@localhost
character_set_client: gbk
collation_connection: gbk_chinese_ci
  Database Collation: utf8mb4_0900_ai_ci
3 rows in set (0.00 sec)
```

**图3-50　使用SHOW TRIGGERS语句查看当前数据库中的所有触发器**

（1）创建一个插入事件触发器after_employee_insert，在插入新员工记录之后自动记录操作。

```
-- 创建操作日志表 employee_operation_log 用于记录触发器的操作日志
CREATE TABLE employee_operation_log (
    log_id INT AUTO_INCREMENT PRIMARY KEY,
    operation VARCHAR (50),
    emp_name VARCHAR (255),
    log_time DATETIME
);
-- 创建一个插入事件触发器 after_employee_insert
DELIMITER //

CREATE TRIGGER after_employee_insert
```

```
AFTER INSERT ON Employee_tb
FOR EACH ROW
BEGIN
    INSERT INTO employee_operation_log (operation, emp_name, log_time)
    VALUES ('INSERT', NEW.emp_name, NOW ());
END //

DELIMITER ;
```

验证插入事件触发器 after_employee_insert，需要向 Employee_tb 表执行插入操作并检查操作日志表 employee_operation_log。

```
-- 插入新员工记录
INSERT INTO Employee_tb VALUES (21, 104, 1011, '施以', 'male', 26, '2024-6-27', '1234567890', 1);
-- 查看 employee_operation_log 表
SELECT * FROM employee_operation_log;
```

执行结果如图 3－51 所示。

```
mysql> INSERT INTO Employee_tb VALUES (21, 104, 1011, '施以', 'male',
26, '2024-6-27', '1234567890', 1);
Query OK, 1 row affected (0.01 sec)

mysql> SELECT * FROM employee_operation_log;
+--------+-----------+----------+---------------------+
| log_id | operation | emp_name | log_time            |
+--------+-----------+----------+---------------------+
|      1 | INSERT    | 施以     | 2024-06-27 11:09:18 |
+--------+-----------+----------+---------------------+
1 row in set (0.00 sec)
```

**图 3－51　验证插入事件触发器 after_employee_insert**

（2）创建一个更新事件触发器 after_employee_update，在更新员工记录之后自动记录操作。

```
DELIMITER //

CREATE TRIGGER after_employee_update
AFTER UPDATE ON Employee_tb
FOR EACH ROW
BEGIN
    INSERT INTO employee_operation_log (operation, emp_name, log_time)
    VALUES ('UPDATE', NEW.emp_name, NOW ());
END //

DELIMITER ;
```

验证更新事件触发器 after_employee_update，需要向 Employee_tb 表执行更新操作并查看操作日志表 employee_operation_log。

```
-- 更新员工"施以"记录
UPDATE Employee_tb SET emp_age = 25 WHERE emp_name = '施以';
-- 查看 employee_operation_log 表
SELECT * FROM employee_operation_log;
```

执行结果如图 3－52 所示。

```
mysql> UPDATE Employee_tb SET emp_age = 25 WHERE emp_name = '施以';
Query OK, 0 rows affected (0.00 sec)
Rows matched: 1  Changed: 0  Warnings: 0

mysql> SELECT * FROM employee_operation_log;
+--------+-----------+----------+---------------------+
| log_id | operation | emp_name | log_time            |
+--------+-----------+----------+---------------------+
|      1 | INSERT    | 施以     | 2024-06-27 11:09:18 |
|      2 | UPDATE    | 施以     | 2024-06-27 11:15:19 |
+--------+-----------+----------+---------------------+
2 rows in set (0.00 sec)
```

**图 3－52　验证更新事件触发器 after_employee_update**

（3）创建一个删除事件触发器 after_employee_delete，在删除员工记录之后自动记录操作。

```
DELIMITER //

CREATE TRIGGER after_employee_delete
AFTER DELETE ON Employee_tb
FOR EACH ROW
BEGIN
    INSERT INTO employee_operation_log (operation, emp_name, log_time)
    VALUES ('DELETE', OLD. emp_name, NOW ());
END //

DELIMITER ;
```

验证删除事件触发器 after_employee_delete，需要向 Employee_tb 表执行删除操作并查看操作日志表 employee_operation_log。

```
-- 删除员工"施以"记录
DELETE FROM Employee_tb WHERE emp_name = '施以';
-- 查看 employee_operation_log 表
SELECT * FROM employee_operation_log;
```

执行结果如图 3－53 所示。

（4）查看 employee_management_db 数据库中的所有触发器。

```
SHOW TRIGGERS FROM employee_management_db \G
```

```
mysql> DELETE FROM Employee_tb WHERE emp_name = '施以';
Query OK, 1 row affected (0.01 sec)

mysql> SELECT * FROM employee_operation_log;
+--------+-----------+----------+---------------------+
| log_id | operation | emp_name | log_time            |
+--------+-----------+----------+---------------------+
|      1 | INSERT    | 施以     | 2024-06-27 11:09:18 |
|      2 | UPDATE    | 施以     | 2024-06-27 11:15:19 |
|      3 | DELETE    | 施以     | 2024-06-27 11:17:22 |
+--------+-----------+----------+---------------------+
3 rows in set (0.00 sec)
```

**图 3-53　验证删除事件触发器 after_employee_delete**

执行结果如图 3-54 所示。

```
mysql> SHOW TRIGGERS FROM employee_management_db\G
*************************** 1. row ***************************
             Trigger: after_employee_insert
               Event: INSERT
               Table: employee_tb
           Statement: BEGIN
    INSERT INTO employee_operation_log (operation, emp_name, log_time)
    VALUES ('INSERT', NEW.emp_name, NOW());
END
              Timing: AFTER
             Created: 2024-06-27 11:08:50.60
            sql_mode: ONLY_FULL_GROUP_BY,STRICT_TRANS_TABLES,NO_ZERO_IN_DATE,
NO_ZERO_DATE,ERROR_FOR_DIVISION_BY_ZERO,NO_ENGINE_SUBSTITUTION
             Definer: root@localhost
character_set_client: gbk
collation_connection: gbk_chinese_ci
  Database Collation: utf8mb4_0900_ai_ci
*************************** 2. row ***************************
             Trigger: after_employee_update
               Event: UPDATE
               Table: employee_tb
           Statement: BEGIN
    INSERT INTO employee_operation_log (operation, emp_name, log_time)
    VALUES ('UPDATE', NEW.emp_name, NOW());
END
              Timing: AFTER
             Created: 2024-06-27 11:15:04.25
            sql_mode: ONLY_FULL_GROUP_BY,STRICT_TRANS_TABLES,NO_ZERO_IN_DATE,
NO_ZERO_DATE,ERROR_FOR_DIVISION_BY_ZERO,NO_ENGINE_SUBSTITUTION
             Definer: root@localhost
character_set_client: gbk
collation_connection: gbk_chinese_ci
  Database Collation: utf8mb4_0900_ai_ci
*************************** 3. row ***************************
             Trigger: after_employee_delete
               Event: DELETE
               Table: employee_tb
           Statement: BEGIN
    INSERT INTO employee_operation_log (operation, emp_name, log_time)
    VALUES ('DELETE', OLD.emp_name, NOW());
END
              Timing: AFTER
             Created: 2024-06-27 11:16:14.00
            sql_mode: ONLY_FULL_GROUP_BY,STRICT_TRANS_TABLES,NO_ZERO_IN_DATE,
NO_ZERO_DATE,ERROR_FOR_DIVISION_BY_ZERO,NO_ENGINE_SUBSTITUTION
             Definer: root@localhost
character_set_client: gbk
collation_connection: gbk_chinese_ci
  Database Collation: utf8mb4_0900_ai_ci
3 rows in set (0.00 sec)
```

**图 3-54　查看 employee_management_db 数据库中的所有触发器**

（5）查看 Employee_tb 表的触发器。

```
SHOW TRIGGERS LIKE 'Employee_tb'\G
```

执行结果如图 3 - 55 所示。

```
mysql> SHOW TRIGGERS LIKE 'Employee_tb'\G
*************************** 1. row ***************************
             Trigger: after_employee_insert
               Event: INSERT
               Table: employee_tb
           Statement: BEGIN
    INSERT INTO employee_operation_log (operation, emp_name, log_time)
    VALUES ('INSERT', NEW.emp_name, NOW());
END
              Timing: AFTER
             Created: 2024-06-27 11:08:50.60
            sql_mode: ONLY_FULL_GROUP_BY,STRICT_TRANS_TABLES,NO_ZERO_IN_DATE,
NO_ZERO_DATE,ERROR_FOR_DIVISION_BY_ZERO,NO_ENGINE_SUBSTITUTION
             Definer: root@localhost
character_set_client: gbk
collation_connection: gbk_chinese_ci
  Database Collation: utf8mb4_0900_ai_ci
*************************** 2. row ***************************
             Trigger: after_employee_update
               Event: UPDATE
               Table: employee_tb
           Statement: BEGIN
    INSERT INTO employee_operation_log (operation, emp_name, log_time)
    VALUES ('UPDATE', NEW.emp_name, NOW());
END
              Timing: AFTER
             Created: 2024-06-27 11:15:04.25
            sql_mode: ONLY_FULL_GROUP_BY,STRICT_TRANS_TABLES,NO_ZERO_IN_DATE,
NO_ZERO_DATE,ERROR_FOR_DIVISION_BY_ZERO,NO_ENGINE_SUBSTITUTION
             Definer: root@localhost
character_set_client: gbk
collation_connection: gbk_chinese_ci
  Database Collation: utf8mb4_0900_ai_ci
*************************** 3. row ***************************
             Trigger: after_employee_delete
               Event: DELETE
               Table: employee_tb
           Statement: BEGIN
    INSERT INTO employee_operation_log (operation, emp_name, log_time)
    VALUES ('DELETE', OLD.emp_name, NOW());
END
              Timing: AFTER
             Created: 2024-06-27 11:16:14.00
            sql_mode: ONLY_FULL_GROUP_BY,STRICT_TRANS_TABLES,NO_ZERO_IN_DATE,
NO_ZERO_DATE,ERROR_FOR_DIVISION_BY_ZERO,NO_ENGINE_SUBSTITUTION
             Definer: root@localhost
character_set_client: gbk
collation_connection: gbk_chinese_ci
  Database Collation: utf8mb4_0900_ai_ci
3 rows in set (0.00 sec)
```

**图 3 - 55　查看 Employee_tb 表的触发器**

（6）删除插入事件触发器 after_employee_insert。

```
DROP TRIGGER IF EXISTS after_employee_insert;
```

单元 3 - 任务 5

## 拓展延伸

在 MySQL 中，索引按照实现方式来进行分类，可以分为以下几种。

（1）B-tree 索引：最常见的索引类型，适用于大多数查询场景。B-tree 索引能够保持数据稳定有序，其树结构能够减少查找数据时的磁盘 I/O（读写）次数，从而加快查询速度。

（2）Hash 索引：基于哈希表的索引，适用于等值查询。Hash 索引通过计算索引键的哈希值来定位数据，查询速度非常快，但不适用于范围查询和排序操作。

（3）Bitmap 索引：适用于位图数据类型，通常用于表示大量的、只有几个不同值的列。Bitmap 索引通过位运算来快速判断某个值是否存在，适用于数据仓库等只读场景。

## 单元小结

本单元介绍了如何提升企业员工信息管理数据库的性能和易用性，学习了创建视图、使用索引、编写函数和存储过程以及利用触发器等方法，这些技术大大简化了企业员工信息管理数据库的管理和维护工作，同时提高了查询性能和数据安全性。在实际应用中，需要根据具体的业务需求和系统环境来选择合适的优化技术，并定期进行性能审查和维护工作。

## 课堂思考

在学习如何优化企业员工信息管理数据库的过程中，学生应思考如何将这些技术应用于实际业务中，优化数据库性能，简化管理流程。通过视图、索引、函数编程、存储过程和触发器等技术手段，提高数据查询和处理的效率和准确性，保障数据的完整性和一致性。思考如何利用这些技术推动企业的信息化建设，为企业的数字化转型和智能化管理提供有力支持。

## 课后练习

**一、填空题**

1. 在 MySQL 中，视图（View）是一个虚拟的表，主要用于________。

2. 使用索引可以显著提升数据库的________性能。

3. 创建索引的语法是________。

4. 存储过程是为了完成特定功能的一组 SQL 语句，使用________关键字来创建。

5. 在 MySQL 中，触发器（Trigger）是在对表进行________、________、________操作时自动执行的一段代码。

**二、选择题**

1. 下列选项中，可以加快全文搜索速度的是（　　）。

A. 普通索引　　B. 唯一索引　　C. 全文索引　　D. 空间索引

2. 下列选项中，可以用来获取当前日期和时间的是（　　）。

A. CURDATE（）　　B. NOW（）

C. CURRENT_TIME（）　　D. SYSDATE（）

3. 下列选项中，在存储过程中可以定义循环的是（　　）。

A. LOOP　　B. CYCLE　　C. REPEAT　　D. ITERATE

4. 下列选项中，可以查看数据库中触发器的是（　　）。

A. SHOW INDEX　　B. SHOW VIEW

C. SHOW TRIGGER　　D. SHOW PROCEDURE

5. 下列关于触发器可以执行的操作的说法正确的是（　　）。

A. 仅用于插入操作　　B. 仅用于更新操作

C. 仅用于删除操作　　D. 用于插入、更新和删除操作

## 三、简答题

1. 简述使用视图的优点。

2. 解释索引在数据库查询中的作用，并举例说明。

## 四、操作题

在 StudentGradesDB 数据库中，存在 Students 表、Classes 表、CourseInfo 表、Enrollments 表、Exams 表、Teachers 表。请完成以下操作。

1. 创建一个名为 StudentInfoView 的视图，该视图展示学生的 ID、姓名、班级名称和教师姓名。

2. 为 Enrollments 表中的 student_id 和 class_id 字段创建一个复合索引。

3. 创建一个存储过程 CalculateAverageScore，该过程接收 student_id 作为参数，并计算该学生所有考试的平均成绩。

4. 创建一个触发器 AfterInsertExam，在插入新的考试成绩之后自动更新学生的总成绩。

单元 4

# 保障企业员工信息管理数据库安全

- 任务 1　事务管理保障员工信息一致性
- 任务 2　数据库安全策略保障员工信息安全

## 知识目标

- 掌握事务的基本概念和特性，了解事务的 ACID 属性。
- 了解数据库用户管理和权限设置的基本方法。
- 掌握数据库的备份和还原技术。

## 技能目标

- 能够掌握事务的提交和回滚操作。
- 能够为数据库用户设置合理的权限。
- 能够熟练使用数据库备份和还原工具。

## 素质目标

- 培养严谨的工作态度和细致的操作习惯，确保数据库的安全性和准确性。
- 遵守职业道德规范，培养负责任、有担当、遵纪守法的职业素养。

## 内容导学

数据安全与信息安全已经成为企业核心竞争力的关键要素。企业员工信息管理数据库作为企业的重要资产，其安全性直接关系到企业的正常运营和发展。保障企业员工信息管理数据库的安全，不仅是企业自身的需求，更是维护国家数据安全的基本要求。本单元将深入探讨如何通过应用事务和数据库安全策略，确保员工信息的完整性、保密性和可用性。本单元首先学习事务的概念及在数据操作中的应用，掌握事务的提交和回滚操作；其次，学习用户管理和权限的设定，以控制数据库的访问和操作权限；最后，学习如何对数据库进行备份和还原。本单元的学习将帮助学生全面提升数据库安全管理能力，确保企业信息安全，响应国家安全战略的要求。

# 任务 1　事务管理保障员工信息一致性

## 任务概述

本任务学习如何使用事务来确保企业员工信息管理数据库操作的一致性和完整性。通过本任务的学习，学生将掌握事务的基本概念和特性，学会如何进行事务的提交和回滚，保障数据的准确性和可靠性。

## 知识储备

### 一、事务概述和特性

事务是一组作为单个逻辑单元执行的数据库操作，这些操作必须全部完成或全部撤销。事务主要用于维护数据库的完整性，确保成批的数据库操作可以作为一个单一的工作单元来执行。事务通常用于保证在多步操作过程中数据的一致性，例如在银行转账操作中，确保从一个账户扣款和向另一个账户存款的操作要么都成功，要么都失败。

事务具有以下四个特性，简称 ACID 特性。

（1）原子性（Atomicity）：事务中的所有操作要么全部完成，要么全部不完成，不会停留在中间状态。

（2）一致性（Consistency）：事务执行前后，数据库的状态必须保持一致。

（3）隔离性（Isolation）：多个事务同时执行时，一个事务的执行不会被其他事务干扰。

（4）持久性（Durability）：一旦事务提交，对数据库的改变就是永久的，即使系统发生故障也不会丢失。

### 二、事务提交

事务提交是指将事务中的所有操作结果都保存到数据库中，使这些操作结果对其他事务可见。在 MySQL 中，默认情况下，事务是处于自动提交模式的。这意味着每一条语句都处于一个单独的事务中，在语句执行完毕后，如果执行成功则隐式提交事务，否则隐式回滚事务。提交事务后，事务的所有修改将成为永久性的。然而，在某些情况下，我们需要显式地管理事务，以确保一组操作要么全部成功，要么全部失败。

首先，需要关闭自动提交模式，这样可以手动控制事务的提交和回滚，具体如下。

```
SET AUTOCOMMIT = 0;
```

通过 SHOW VARIABLES 语句查看系统变量 AUTOCOMMIT 值，具体如下。

```
SHOW VARIABLES LIKE 'autocommit';
```

执行结果如图 4-1 所示。

```
mysql> SHOW VARIABLES LIKE 'autocommit';
+---------------+-------+
| Variable_name | Value |
+---------------+-------+
| autocommit    | OFF   |
+---------------+-------+
1 row in set, 1 warning (0.01 sec)
```

**图 4-1 查看系统变量 AUTOCOMMIT 值**

使用 START TRANSACTION 或 BEGIN 语句开始一个事务，语法如下。

```
START TRANSACTION;
BEGIN;
```

使用 COMMIT 语句提交事务，语法如下。

```
COMMIT;
```

例如，将 products 表中 Product A 产品的价格提高 10%，并在 product_update_log 表中记录此次价格更新操作。确保更新操作和日志记录操作要么全部成功，要么全部失败。具体如下。

```
-- 创建 product_update_log 表
CREATE TABLE product_update_log (
    log_id INT AUTO_INCREMENT PRIMARY KEY,
    product_id VARCHAR (10),
    operation VARCHAR (255),
    log_timestamp TIMESTAMP DEFAULT CURRENT_TIMESTAMP
);

-- 开始一个事务
START TRANSACTION;

-- 更新产品的价格
UPDATE products
```

```
SET product_price = product_price * 1.1
WHERE product_name = 'Product A';

-- 插入日志记录
INSERT INTO product_update_log (product_id, operation)
VALUES ((SELECT product_id FROM products WHERE product_name = 'Product A'),'Updated price
by 10%');

-- 提交事务
COMMIT;
```

上述 SQL 语句中，使用 COMMIT 提交事务前，要确保前面的更新操作和日志记录操作都生效。

查看 products 表和 product_update_log 表中的记录，验证事务是否全部执行成功，具体如下。

```
-- 重新开启自动提交模式
SET AUTOCOMMIT = 1;

-- 查看结果
SELECT * FROM products WHERE product_name ='Product A';
SELECT * FROM product_update_log;
```

执行结果如图 4－2 所示。

```
mysql> SET AUTOCOMMIT = 1;
Query OK, 0 rows affected (0.00 sec)

mysql> SELECT * FROM products WHERE product_name='Product A';
+------------+--------------+---------------+
| product_id | product_name | product_price |
+------------+--------------+---------------+
| P009       | Product A    |        110.55 |
+------------+--------------+---------------+
1 row in set (0.00 sec)

mysql> SELECT * FROM product_update_log;
+--------+------------+----------------------+---------------------+
| log_id | product_id | operation            | log_timestamp       |
+--------+------------+----------------------+---------------------+
|      1 | P009       | Updated price by 10% | 2024-06-18 10:11:48 |
+--------+------------+----------------------+---------------------+
1 row in set (0.00 sec)
```

**图 4－2 查看 products 表和 product_update_log 表中的记录**

## 三、事务回滚

事务回滚是指在事务中的操作出现错误或异常时，将事务中已经执行的所有操作撤销，使数据库回到事务开始前的状态。通过回滚事务，可以确保数据的完整性和一致性，避免部分操作成功而部分操作失败的情况。

使用ROLLBACK语句回滚事务，语法如下。

```
ROLLBACK;
```

例如，将products表中某个产品的价格更新，并在product_update_log表中记录此次操作。如果在更新日志时发生错误，则撤销价格更新操作。具体如下。

```
-- 关闭自动提交模式
SET AUTOCOMMIT = 0;

-- 开始一个事务
START TRANSACTION;

-- 更新产品的价格
UPDATE products
SET product_price = product_price * 1.1
WHERE product_id = 'P002';

-- 尝试插入日志记录
-- 假设这里故意插入一个错误的SQL语句,产品ID为P000002
INSERT INTO product_update_log (product_id, operation)
VALUES ('P000002','Updated price');
```

执行上述SQL语句后，虽然返回结果均为“Query OK”，但此时没有手动提交事务，使用ROLLBACK语句可以回滚事务操作，具体如下。

```
ROLLBACK;
```

## 任务实施

在企业员工信息管理系统中，事务管理对于确保数据的一致性和完整性至关重要，尤其是在处理多个相关表的数据更新时。通过本节任务的学习，请完成以下需求。

（1）插入员工信息并添加员工薪资信息，说明如下。

- 插入新员工信息；
- 插入该员工的薪资记录；
- 如果任何操作失败，则回滚事务。

```
-- 开始一个事务
START TRANSACTION;

-- 插入新员工信息
INSERT INTO Employee_tb (employee_id, department_id, position_id, emp_name, emp_sex, emp_age, hire_date, contact, administrator_id)
```

```
VALUES (22,104,1011,'施二','Male',30,'2024-06-15','1234567000',1);

-- 插入该员工的薪资记录
INSERT INTO Salary_tb (employee_id, basic_salary, allowance, bonus, penalty)
VALUES (22,55000.00,500.00,1000.00,0.00);

-- 如果一切成功,提交事务
COMMIT;

-- 如果有任何失败,回滚事务
ROLLBACK;
```

（2）更新员工信息并更新员工薪资记录，说明如下。

- 更新员工的部门和职位信息；
- 更新员工的薪资记录；
- 如果任何操作失败，则回滚事务。

```
-- 开始一个事务
START TRANSACTION;

-- 更新员工的部门和职位信息
UPDATE Employee_tb
SET department_id = 102, position_id = 1022
WHERE employee_id = 22;

-- 更新员工的薪资记录
UPDATE Salary_tb
SET basic_salary = 5800.00, allowance = 600.00, bonus = 1200.00
WHERE employee_id = 22;

-- 如果一切成功,提交事务
COMMIT;

-- 如果有任何失败,则回滚事务
ROLLBACK;
-- 重新开启自动提交模式
SET AUTOCOMMIT = 1;
```

单元4-任务1

# 任务2 数据库安全策略保障员工信息安全

## 任务概述

本任务学习如何通过实施数据库安全策略来保障企业员工信息的安全，主要包括：管理用户和设定权限，确保只有授权的人员才能访问和操作数据库中的敏感信息；如何备份和还原数据库，以应对数据丢失或损坏的情况，确保数据安全和业务连续性。

## 知识储备

### 一、管理用户和设定权限

在 MySQL 中，管理用户和设定权限是确保数据库安全和数据访问控制的重要措施。通过创建用户、授予和回收用户权限、修改用户名、查看用户和删除用户，可以有效地管理数据库的访问和操作权限。

#### （一）创建用户

在 MySQL 数据库中，root 用户是默认的超级用户（Superuser），拥有最高权限，类似于操作系统中的 root 用户。这个用户通常是在 MySQL 安装过程中创建的，并赋予了完全的访问权限，可以对数据库中的所有对象执行任何操作。

在企业环境中，为了安全性和管理的规范性，通常不直接使用 root 用户进行日常操作，而是创建具有特定权限的新用户。这样做不仅能提高安全性，还能更好地控制和管理数据库的访问权限。

使用 CREATE USER 语句创建一个新用户，语法格式如下。

```
CREATE USER '用户名'@'主机名' IDENTIFIED BY 'password';
```

在上述语法中，主机名可以是 IP、IP 段、域名以及“%”，其中“%”表示允许从任何主机连接。注意，有的版本“%”不包括本地主机，遇到这个问题再加一个 localhost 用户就可以解决。password 表示创建用户的登录密码，如果不指定该项，则表示用户不需要密码即可登录。

例如，创建一个名为 boss 的用户，密码为 boss123，允许从任何主机连接，具体如下。

```
CREATE USER 'boss'@'%' IDENTIFIED BY 'boss123';
CREATE USER 'boss'@'localhost' IDENTIFIED BY 'boss123';
```

### （二）授予和回收用户权限

用户权限是数据库管理系统用于控制用户对数据库对象（如表、视图、存储过程等）访问和操作的机制。通过分配不同的权限，管理员可以限制用户只能执行特定的操作，从而保护数据的安全性和完整性。例如，一些用户可能只需要读取数据，而其他用户可能需要执行插入、更新和删除操作。

MySQL 的用户权限如表4－1 所示。表4－1 中涵盖了 MySQL 中常见的用户权限，并列出了每种权限适用的级别。

**表4－1　MySQL 的用户权限**

| 权限名称 | 含义 | 可授予级别 |
| --- | --- | --- |
| SELECT | 允许用户查询（读取）数据库表中的数据 | 全局、数据库、表、列级别权限 |
| INSERT | 允许用户向数据库表中插入新的数据 | 全局、数据库、表、列级别权限 |
| UPDATE | 允许用户修改数据库表中已有的数据 | 全局、数据库、表、列级别权限 |
| DELETE | 允许用户删除数据库表中的数据 | 全局、数据库、表级别权限 |
| CREATE | 允许用户创建新的数据库或数据库对象 | 全局、数据库、表级别权限 |
| DROP | 允许用户删除数据库或数据库对象 | 全局、数据库、表级别权限 |
| RELOAD | 允许用户重载授权表或清空缓存 | 全局权限 |
| SHUTDOWN | 允许用户关闭数据库服务器 | 全局权限 |
| PROCESS | 允许用户查看其他用户的进程 | 全局权限 |
| FILE | 允许用户执行文件读写操作 | 全局权限 |
| GRANT OPTION | 允许用户将自己拥有的权限授予其他用户 | 全局、数据库、表、列级别权限 |
| REFERENCES | 允许用户定义外键，以便在表之间建立关联 | 全局、数据库、表、列级别权限 |
| INDEX | 允许用户创建或删除索引 | 全局、数据库、表级别权限 |
| ALTER | 允许用户对数据库表结构进行更改 | 全局、数据库、表级别权限 |
| SHOW DATABASES | 允许用户查看数据库列表 | 全局权限 |
| SUPER | 允许用户执行超级权限操作 | 全局权限 |
| CREATE TEMPORARY TABLES | 允许用户创建临时表 | 全局、数据库级别权限 |
| LOCK TABLES | 允许用户锁定表，以便执行备份或其他操作 | 全局权限 |
| EXECUTE | 允许用户执行存储过程或用户定义函数 | 全局、数据库级别权限 |

续表

| 权限名称 | 含义 | 可授予级别 |
|---|---|---|
| REPLICATION SLAVE | 允许用户将所在服务器配置为复制架构中的从服务器（Slave） | 全局权限 |
| REPLICATION CLIENT | 允许用户在复制架构中扮演客户端角色，可查询主服务器或从服务器的复制状态与相关配置 | 全局权限 |
| CREATE VIEW | 允许用户创建视图 | 全局、数据库级别权限 |
| SHOW VIEW | 允许用户查看视图定义 | 全局、数据库、表级别权限 |
| CREATE ROUTINE | 允许用户创建存储过程或定义函数 | 全局、数据库级别权限 |
| ALTER ROUTINE | 允许用户修改存储过程或定义函数 | 全局、数据库级别权限 |
| CREATE USER | 允许用户创建新的 MySQL 用户 | 全局权限 |
| EVENT | 允许用户创建、修改和删除事件 | 全局、数据库级别权限 |
| TRIGGER | 允许用户创建和删除触发器 | 全局、数据库、表级别权限 |
| CREATE TABLESPACE | 允许用户创建新的表空间 | 全局权限 |
| CREATE ROLE | 允许用户创建新的角色 | 全局权限 |
| DROP ROLE | 允许用户删除角色 | 全局权限 |

使用 GRANT 语句授予用户权限，语法格式如下。

```
GRANT 权限列表 ON 数据库 . 表 TO '用户名'@'主机';
```

上述语法中，“权限列表”可以是一个或多个权限，以逗号分隔；“数据库 . 表”指定权限适用的数据库和表，可以用“ * ”表示所有数据库或表；“'用户名' @'主机'”指定要授予权限的用户和主机。

例如，授予用户 boss 在所有数据库中的 SELECT 和 INSERT 权限，具体如下。

```
GRANT SELECT, INSERT ON *. * TO 'boss '@'localhost';
```

使用 REVOKE 语句回收用户权限，语法格式如下。

```
REVOKE 权限列表 ON 数据库 . 表 FROM '用户名'@'主机';
```

例如，回收用户 boss 在所有数据库中的所有权限，具体如下。

```
REVOKE ALL PRIVILEGES ON *. * FROM 'boss '@'localhost';
```

## （三）修改用户名

在 MySQL 中，修改用户名通常涉及更改现有用户的登录名和主机名。使用 RENAME USER 语句修改用户名，语法格式如下。

```
RENAME USER '旧用户名'@'主机' TO '新用户名'@'主机';
```

例如，将用户 boss 改名为 new_boss，具体如下。

```
RENAME USER 'boss '@'localhost' TO 'new_boss '@'localhost';
```

（四）查看用户

查看数据库中所有用户，可以查询 mysql. user 系统表，该表存储了所有用户的信息。

例如，列出所有用户，具体如下。

```
SELECT User, Host FROM mysql. user;
```

执行结果如图 4－3 所示。

```
mysql> SELECT User, Host FROM mysql.user;
+------------------+-----------+
| User             | Host      |
+------------------+-----------+
| boss             | %         |
| mysql.infoschema | localhost |
| mysql.session    | localhost |
| mysql.sys        | localhost |
| new_boss         | localhost |
| root             | localhost |
+------------------+-----------+
6 rows in set (0.00 sec)
```

**图 4－3　查看数据库中所有用户**

（五）删除用户

使用 DROP USER 语句删除用户。删除用户后，该用户将无法再登录数据库，也无法进行任何操作。语法格式如下。

```
DROP USER '用户名'@'主机';
```

例如，删除用户名为 boss，且可以从任何主机（由% 指定）连接的用户 boss，具体如下。

```
DROP USER 'boss'@'%';
```

## 二、备份和还原数据库

数据库的备份和还原是确保数据安全性和完整性的重要手段，特别是在数据丢失、损坏或其他紧急情况下，备份和还原可以快速恢复数据库。

（一）备份数据库

备份数据库是指将数据库或表的数据导出到一个文件中，以便在需要时可以将数据恢复到数据库中。常用的备份工具包括 mysqldump 和 mysqlhotcopy。需要注意的是，MySQL 提供的 mysqldump 和 mysqlhotcopy 等工具主要是通过命令行接口运行的，所以需要打开命令提示符（Windows）或终端（Linux/Mac）运行。

**1. 使用 mysqldump 工具**

mysqldump 是一个常用的备份工具，它将数据库导出为一个 SQL 脚本文件，其中包含创建表的语句和插入数据的语句。语法格式如下。

```
-- 备份整个数据库
mysqldump -u 用户名 -p 数据库名 > 备份文件名.sql
-- 备份特定的表
mysqldump -u 用户名 -p 数据库名 表名 > 备份文件名.sql
-- 备份所有数据库
mysqldump -u 用户名 -p --all-databases > 备份文件名.sql
```

例如，备份 inventorymanagementdb 数据库，并导出为 inventorymanagementdb_bak. sql 文件，备份位置为“D：//mysql_backup”文件夹，具体如下。

```
mysqldump -u root -p inventorymanagementdb > D://mysql_backup/inventorymanagementdb_bak.sql
```

打开命令提示符（Windows），输入上述命令，然后按下回车键，系统会提示输入 MySQL 的 root 用户密码。输入 MySQL 的 root 用户密码并按下回车键，等待备份完成。

执行结果如图 4-4 所示。

```
C:\Users\gg> mysqldump -u root -p inventorymanagementdb > D://my
sql_backup/inventorymanagementdb_bak.sql
Enter password: ******
```

**图 4-4　备份 inventorymanagementdb 数据库**

**2. 使用 mysqlhotcopy 工具**

mysqlhotcopy 是一个 Perl 脚本，用于快速备份 MyISAM 表。这个工具只能在 MySQL 服务器运行的主机上使用，并且只支持 MyISAM 存储引擎。语法格式如下。

```
mysqlhotcopy -u 用户名 -p 数据库名 目标目录
```

## （二）还原数据库

还原数据库是指将备份的数据库或表的数据导入数据库。常用的方法是使用 mysql 命令行工具，语法格式如下。

```
-- 还原整个数据库或者还原特定的表
mysql -u 用户名 -p 数据库名 < 备份文件名.sql
-- 还原所有数据库
mysql -u root -p < 备份文件名.sql
```

例如，将“D：//mysql_backup/inventorymanagementdb_bak. sql”文件还原到 inventory_db2 数据库，具体如下。

```
-- Step 1: 使用 mysql 命令登录 MySQL 并创建 inventory_db2 数据库
mysql -u root -p -e "CREATE DATABASE inventory_db2;"
-- Step 2: 还原备份文件
mysql -u root -p inventory_db2 < D://mysql_backup/inventorymanagementdb_bak.sql
```

执行结果如图 4-5 所示。

```
C:\Users\gg> mysql -u root -p -e "CREATE DATABASE inventory_db2;"
Enter password: ******

C:\Users\gg> mysql -u root -p inventory_db2 < D://mysql_backup/inve
ntorymanagementdb_bak.sql
Enter password: ******
```

**图 4-5　还原备份文件到数据库**

还原完成后，可以登录 MySQL 并查看 inventory_db2 数据库中的表和数据，以确认还原是否成功，具体如下。

```
-- 切换至 inventory_db2;
USE inventory_db2;
-- 查看所有数据表
SHOW TABLES;
```

执行结果如图 4-6 所示。

```
mysql> USE inventory_db2;
Database changed
mysql> SHOW TABLES;
+-------------------------+
| Tables_in_inventory_db2 |
+-------------------------+
| deleted_products_log    |
| departments             |
| emp_salary_tb           |
| employees               |
| new_warehouses          |
| numbers                 |
| product_log             |
| product_price_log       |
| product_update_log      |
| products                |
| products2               |
| products_test           |
| storages                |
| warehouseproductdetails |
+-------------------------+
14 rows in set (0.00 sec)
```

**图 4-6　查看 inventory_db2 数据库中的表和数据**

## 任务实施

在企业员工信息管理系统中，数据库的安全性至关重要。通过本节任务的学习，请完成以下需求。

（1）创建用户。

创建一个只读用户，用于查询员工信息；创建一个管理员用户，用于管理数据库。

```
-- 创建只读用户
CREATE USER 'readonly_user'@'localhost' IDENTIFIED BY 'password123';
-- 创建管理员用户
CREATE USER 'admin_user'@'localhost' IDENTIFIED BY 'adminpass456';
```

（2）授予和回收用户权限。

授予只读用户对员工信息表的 SELECT 权限；授予管理员用户所有权限；回收只读用户的 INSERT 权限。

```
-- 授予只读用户对 Employee_tb 表的 SELECT 权限
GRANT SELECT ON employee_management_db. Employee_tb TO 'readonly_user'@'localhost';
-- 授予管理员用户对 employee_management_db 数据库的所有权限
GRANT ALL PRIVILEGES ON employee_management_db. * TO 'admin_user'@'localhost';
-- 回收只读用户的 INSERT 权限（假设之前意外授予了 INSERT 权限）
REVOKE INSERT ON employee_management_db. Employee_tb FROM 'readonly_user'@'localhost';
```

（3）修改用户名。

将只读用户的用户名从 readonly_user 改为 query_user。

```
-- 修改用户名
RENAME USER 'readonly_user'@'localhost' TO 'query_user'@'localhost';
```

（4）查看用户及其权限。

查看所有用户及其权限；查看 query_user 用户和 admin_user 用户的权限。

```
-- 查看所有用户及其权限
SELECT user, host FROM mysql. user;
-- 查看 query_user 用户和 admin_user 用户的权限
SHOW GRANTS FOR 'query_user'@'localhost';
SHOW GRANTS FOR 'admin_user'@'localhost';
```

执行结果如图 4－7 所示。

```
mysql> -- 查看所有用户及其权限
mysql> SELECT user, host FROM mysql.user;
+------------------+-----------+
| user             | host      |
+------------------+-----------+
| admin_user       | localhost |
| mysql.infoschema | localhost |
| mysql.session    | localhost |
| mysql.sys        | localhost |
| new_boss         | localhost |
| query_user       | localhost |
| root             | localhost |
+------------------+-----------+
7 rows in set (0.00 sec)

mysql> -- 查看query_user用户和admin_user用户的权限
mysql> SHOW GRANTS FOR 'query_user'@'localhost';
+-------------------------------------------------------------------------------+
| Grants for query_user@localhost                                               |
+-------------------------------------------------------------------------------+
| GRANT USAGE ON *.* TO `query_user`@`localhost`                                |
| GRANT SELECT ON `employee_management_db`.`employee_tb` TO `query_user`@`localhost` |
+-------------------------------------------------------------------------------+
2 rows in set (0.00 sec)

mysql> SHOW GRANTS FOR 'admin_user'@'localhost';
+-------------------------------------------------------------------------+
| Grants for admin_user@localhost                                         |
+-------------------------------------------------------------------------+
| GRANT USAGE ON *.* TO `admin_user`@`localhost`                          |
| GRANT ALL PRIVILEGES ON `employee_management_db`.* TO `admin_user`@`localhost` |
+-------------------------------------------------------------------------+
2 rows in set (0.00 sec)
```

图 4－7　查看所有用户及其权限

（5）删除用户。

删除 query_user 用户。

```
DROP USER 'query_user'@'localhost';
```

（6）备份数据库。

打开 Window 命令行窗口使用命令行工具备份 employee_management_db 数据库。

```
-- 备份数据库
mysqldump -u root -p employee_management_db > D://mysql_backup/employee_management_db_backup.sql
```

（7）还原数据库。

打开 Window 命令行窗口使用备份文件还原 employee_management_db 数据库。

```
-- 还原数据库
mysql -u root -p employee_management_db < D://mysql_backup/employee_management_db_backup.sql
```

单元4-任务2

## 拓展延伸

在数据库系统中，事务的隔离级别用于控制事务之间的相互影响，确保数据的一致性和完整性。隔离级别定义了事务在读取数据时的可见性，决定了一个事务在读取数据时是否会看到其他未提交事务的修改。MySQL 支持四种标准的隔离级别，说明如下。

（1）读未提交（Read Uncommitted）：最低的隔离级别，事务可以读取其他事务尚未提交的数据。这可能导致脏读（Dirty Read）问题，即读取到未提交的错误数据。

（2）读已提交（Read Committed）：保证事务只能读取其他已经提交的事务的数据。这避免了脏读问题，但可能导致不可重复读和幻读问题。

（3）可重复读（Repeatable Read）：默认隔离级别，确保在同一事务中多次读取相同数据时，读取一样的结果。这避免了脏读和不可重复读问题，但可能导致幻读问题，即同一查询在同一事务中可能返回不同数量的行。

（4）可串行化（Serializable）：最高的隔离级别，确保一个事务的读写操作都会完全锁定涉及的数据，避免了脏读、不可重复读和幻读问题，但会降低并发性能。但是，由于事务的串行化执行，可能导致大量的超时现象和锁竞争，因此很少实际应用，除非特别需要严格的数据隔离性。

事务的隔离级别越高，越能保证数据的完整性和一致性，但是对并发性能的影响也会相应增大。另外，不同的隔离级别也可能会造成不同的并发异常，具体如表 4－2 所示。

**表 4－2 隔离级别及问题**

| 隔离级别 | 脏读 | 不可重复读 | 幻读 |
|---|---|---|---|
| 读未提交 | √ | √ | √ |
| 读已提交 | × | √ | √ |
| 可重复读 | × | × | √ |
| 可串行化 | × | × | × |

## 单元小结

本单元介绍了如何通过事务管理和安全策略来保障企业员工信息管理数据库的完整性和安全性。通过学习事务的概念、特性、提交和回滚，学生了解了如何确保数据操作的一致性。通过管理用户权限及备份和还原数据库，学生掌握了数据库安全保障的基本方法，为实际工作中数据库安全管理奠定了基础。

## 课堂思考

思考如何在企业中应用事务管理和安全策略，保障数据库的稳定运行和数据安全。深入探讨数据库安全性的高级话题，如加密技术、防火墙配置、入侵检测系统（IDS）的应用等。研究如何通过安全审计和日志分析，及时发现和处理潜在的安全威胁，进一步提高数据库的安全性和稳定性。探讨在大数据时代，如何应对不断变化的安全威胁和挑战，持续提升数据库安全管理水平，为企业的数字化转型保驾护航。

## 课后练习

### 一、填空题

1. 事务的四个特性包括原子性、一致性、隔离性和________。
2. 使用________语句提交事务，使事务中的所有操作都永久生效。
3. 使用________语句回滚事务，将事务中的所有操作撤销。
4. 在 MySQL 中，默认情况下事务处于________模式。
5. 数据库备份可以通过________工具实现。

### 二、选择题

1. 下列选项中，用于提交事务的语句是（　　）。

A. ROLLBACK　　B. COMMIT　　C. SAVEPOINT　　D. RELEASE

2. 下列选项中，在 MySQL 中，默认的事务隔离级别是（　　）。

A. READ UNCOMMITTED　　B. READ COMMITTED

C. REPEATABLE READ　　D. SERIALIZABLE

3. 下列选项中，可以授予用户来执行 SELECT 操作的权限是（　　）。

A. INSERT　B. UPDATE　C. SELECT　D. DELETE

4. 下列选项中，可以备份 MySQL 数据库的工具是（　　）。

A. mysqladmin　B. mysqldump　C. mysqlshow　D. mysqlbinlog

5. 下列选项中，用于删除 MySQL 用户的是（　　）。

A. DROP DATABASE　B. DROP TABLE

C. DROP USER　D. DELETE USER

**三、简答题**

1. 简述事务的四个特性及其重要性。

2. 解释数据库备份和还原的重要性，并描述如何在 MySQL 中进行备份和还原。

**四、操作题**

在 StudentGradesDB 数据库中，存在 Students 表、Classes 表、CourseInfo 表、Enrollments 表、Exams 表、Teachers 表。请完成以下操作。

1. 创建一个新用户 student_user，密码为 password123，只允许从 localhost 访问。

2. 授予该用户对 Students 表的 SELECT 权限。

3. 插入一条新考试记录，并确保该记录被成功插入。如果失败，则回滚事务。

4. 在事务中，先插入一条新课程记录，然后插入一条新考试记录，如果任何操作失败，则回滚事务。

单元 5

# 在 Navicat for MySQL 中操作企业员工信息管理数据库

- 任务 1　使用 Navicat for MySQL 进行企业员工信息管理数据库的基础操作
- 任务 2　使用 Navicat for MySQL 进行企业员工信息管理数据库的高级管理

## 知识目标

- 了解 Navicat for MySQL 的安装和基本配置方法。
- 掌握在 Navicat for MySQL 中数据库和数据表的基本操作，包括创建、修改、复制和删除。
- 掌握在 Navicat for MySQL 中视图、索引、存储过程和触发器工具的使用方法。
- 掌握在 Navicat for MySQL 中数据库导入、导出、备份和还原的方法。

## 技能目标

- 能够熟练使用 Navicat for MySQL 进行数据库的基础操作，如创建、修改和删除数据库及数据表。
- 掌握使用 Navicat for MySQL 增加、修改和删除记录的技能。
- 能够在 Navicat for MySQL 中应用视图和索引。
- 能够在 Navicat for MySQL 中创建和调用存储过程实现复杂业务逻辑。
- 能够在 Navicat for MySQL 中创建和管理触发器实现自动化数据操作。
- 能够在 Navicat for MySQL 中熟练进行数据库的导入、导出、备份和还原操作。

## 素质目标

- 培养良好的学习习惯和实践能力，能够自主学习和应用新的数据库管理工具和技术。
- 培养随机应变与多种办法解决问题的能力。

## 内容导学

在现代企业的信息管理中，数据库的高效操作和管理至关重要。随着数据库管理需求的不断增加，桌面化工具（如 Navicat for MySQL）为数据库管理员和开发人员提供了直观、便捷的操作界面和强大的管理功能。本单元将学习如何在 Navicat for MySQL 中操作和管理企业员工信息管理数据库。

# 任务1 使用 Navicat for MySQL 进行企业员工信息管理数据库的基础操作

## 任务概述

本任务要完成 Navicat for MySQL 的安装和配置，并进行基础的数据库操作，包括创建、修改和删除数据库及数据表，增删改查记录等。通过这些基础操作，学生将掌握 MySQL 数据库管理的基本技能。

## 知识储备

### 一、认识 Navicat for MySQL

Navicat for MySQL 是一款功能强大的 MySQL 数据库管理和开发工具，它基于 Windows 平台，为 MySQL 量身定做，提供了直观易用的图形界面，帮助用户高效地进行数据库管理、开发和维护。Navicat for MySQL 支持单一程序同时连接到 MySQL 和 MariaDB，为数据库管理、开发和维护提供了全面的工具。无论是数据库新手还是专业人士，都可以通过 Navicat for MySQL 轻松完成各种数据库操作。

Navicat for MySQL 中的命令列界面允许用户通过 SQL 命令直接对数据库进行操作。在 Navicat 的主界面上，单击“工具”菜单，如图 5－1 所示。在下拉菜单中选择“命令列界面”，即可打开命令列界面，如图 5－2 所示。

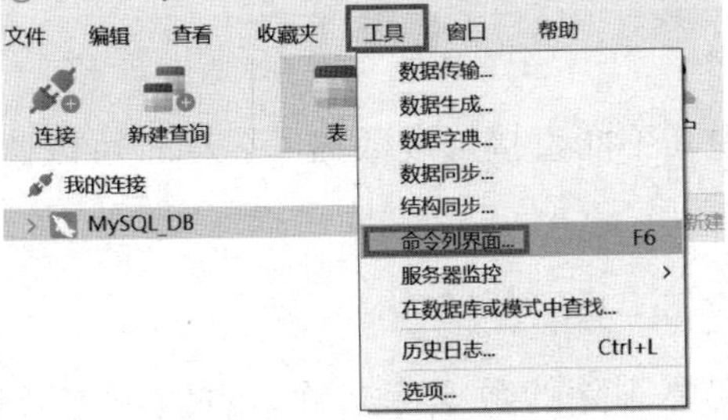


图 5－1 “工具”菜单

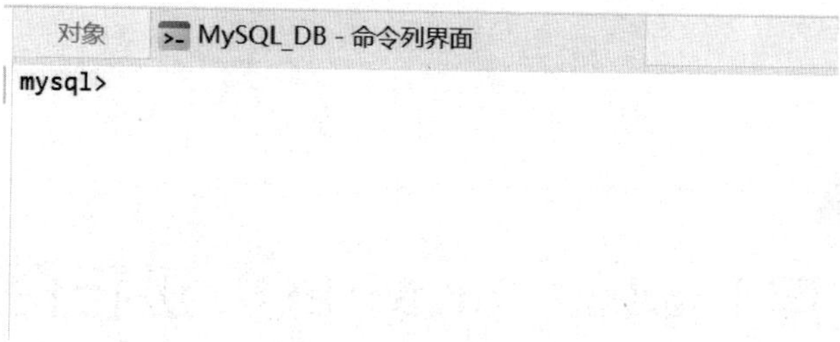


图 5-2　命令列界面

在命令列界面的输入框中，可以直接输入 SQL 命令，按下回车键即可执行命令。执行结果会在命令列界面的下方显示。

## 二、创建、修改和删除数据库

### （一）创建数据库

在左侧数据库导航栏中，右键单击 MySQL_DB，选择“新建数据库”，如图 5-3 所示。

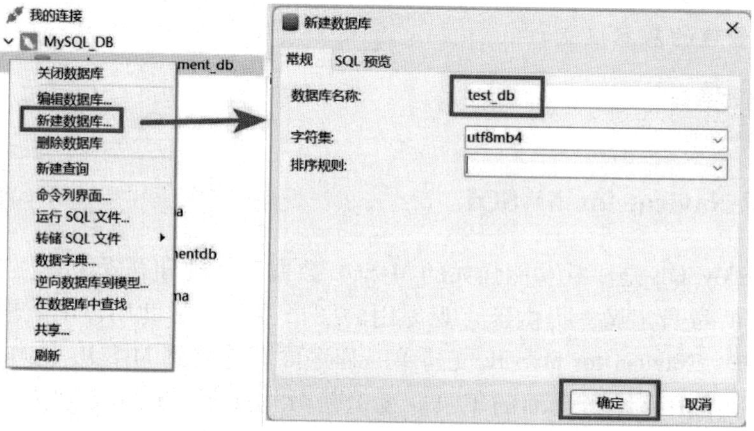


图 5-3　新建数据库

在弹出的对话框中，输入数据库名称，如 test_db，然后选择数据库字符集和排序规则。不选择时，则按默认字符集和排序规则处理。单击“确认”按钮，test_db 数据库创建完成。

### （二）修改数据库

在 Navicat for MySQL 中，不能直接修改数据库名称，可以修改数据库字符集和排序规则，如图 5-4 所示。

### （三）删除数据库

在左侧导航栏中，找到要删除的数据库名称。右键单击要删除的数据库名称，选择“删除数据库”，如图 5-5 所示。

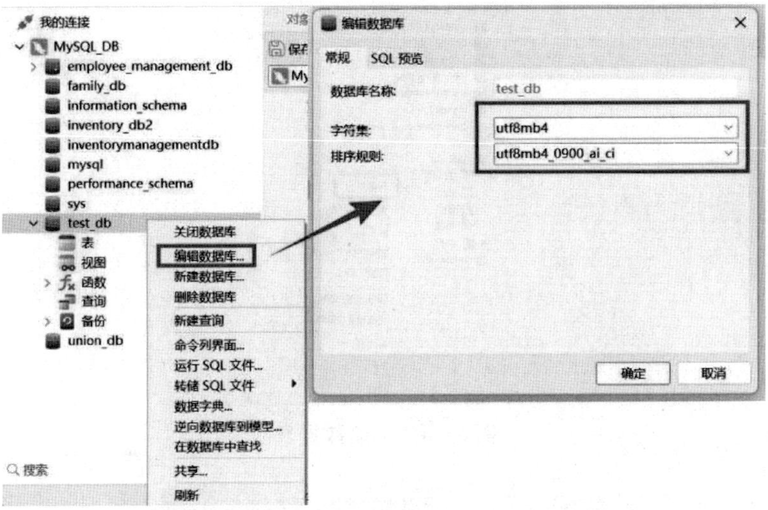


图 5-4　修改数据库字符集和排序规则

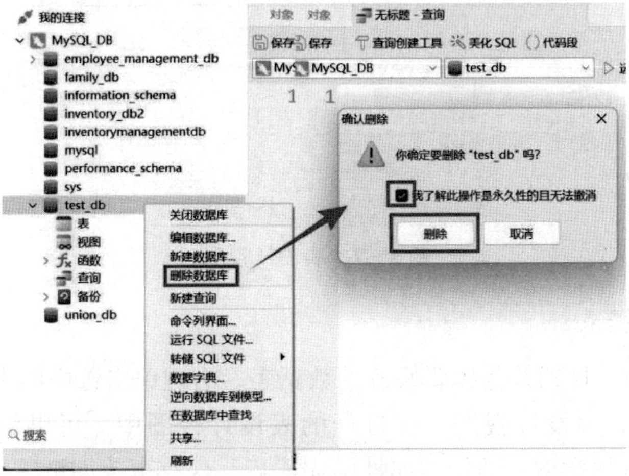


图 5-5　删除数据库

在弹出的“确认删除”对话框中，单击“删除”按钮，删除操作将永久性地移除数据库及其所有数据。

## 三、创建、修改、复制和删除数据表

### (一) 创建数据表

在左侧导航栏中，选择要创建数据表的数据库。如图 5-6 所示，右键单击选中的数据库下方的“表”，选择“新建表”，则会打开表设计视图，如图 5-7 所示。在打开的表设计视图中，可以添加列（字段），并为每个列指定数据类型、约束等属性。完成后，单击“保存”按钮，弹出“另存为”对话框，在“表名称”输入框中输入名称命名数据表，单击“保存”按钮。

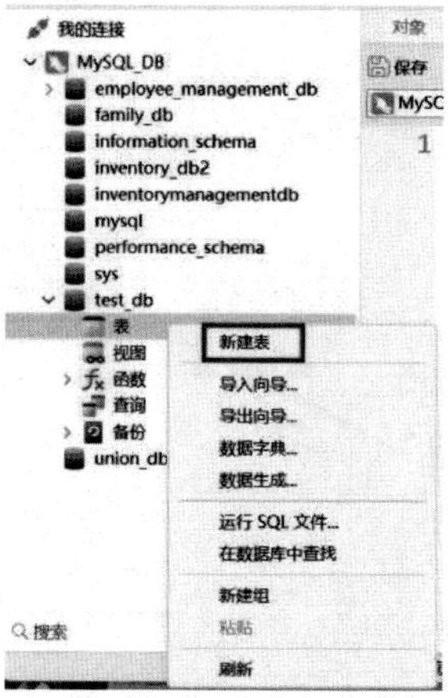


图 5－6　创建数据表

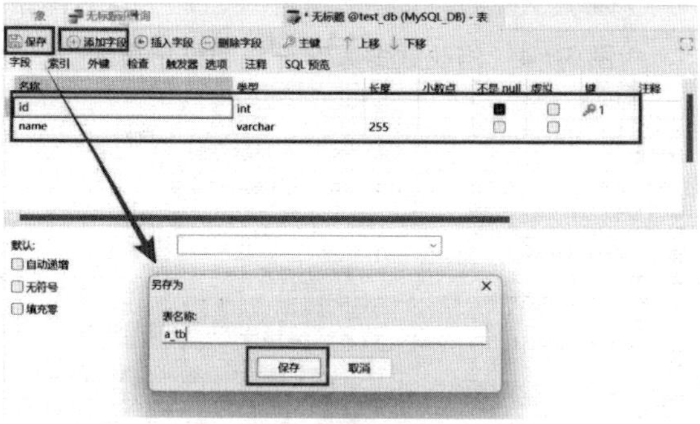


图 5－7　表设计视图

## （二）修改数据表

在左侧导航栏中，找到并选择要修改的数据表。右键单击选中的表，选择“设计表”，如图 5－8 所示，打开表设计视图。在打开的表设计视图中，可以添加、删除或修改列（字段），以及更改数据类型、约束等属性。完成后，保存更改即可。

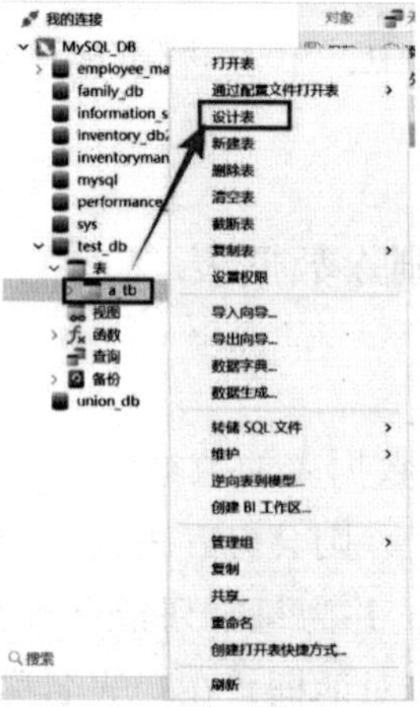


图 5－8　打开设计表

### （三）复制数据表

在左侧导航栏中，找到并选择要复制的数据表，右键单击选中的表，选择“复制表”，如图 5-9 所示。复制表对应两种复制方式，分别为“结构和数据”和“仅结构”，区别如下。

- 结构和数据：将复制选中的数据表的结构（即字段、数据类型、约束等）以及表中的所有数据。
- 仅结构：仅复制选中的数据表的结构，而不包括表中的数据。

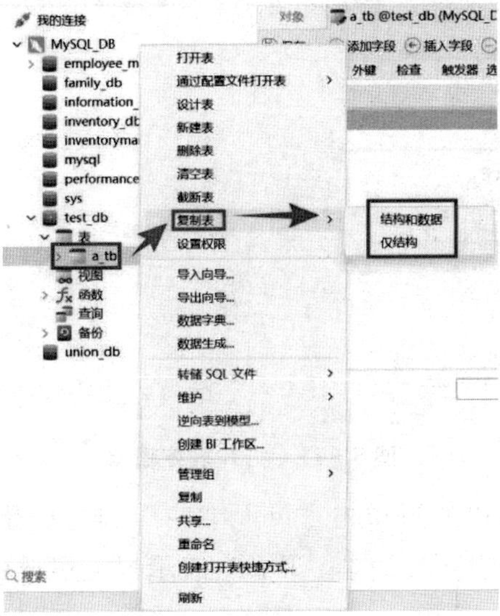


图 5-9　复制数据表

### （四）删除数据表

如图 5-10 所示，在左侧导航栏中，找到并选择要删除的数据表，右键单击选中的表，选择“删除表”。在弹出的“确认删除”对话框中，单击“删除”按钮。

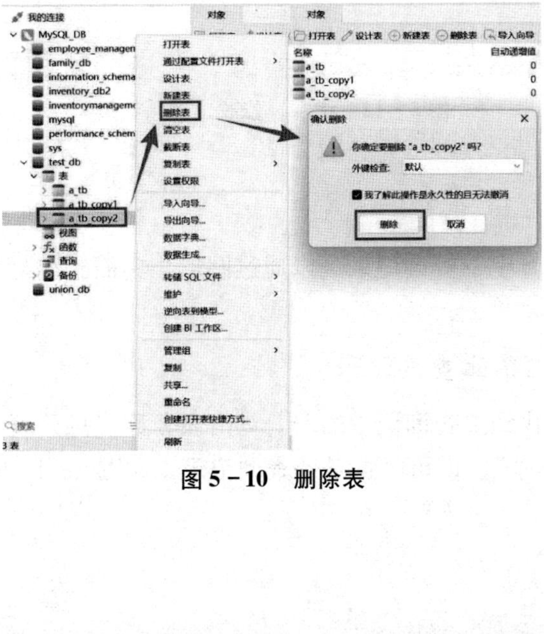


图 5-10　删除表

## 四、增加、修改、删除记录

在左侧导航栏中，找到要添加记录的表，右键单击选中的表，选择“打开表”，或者双击选中的表，都可以打开表编辑器，如图 5 - 11 所示。

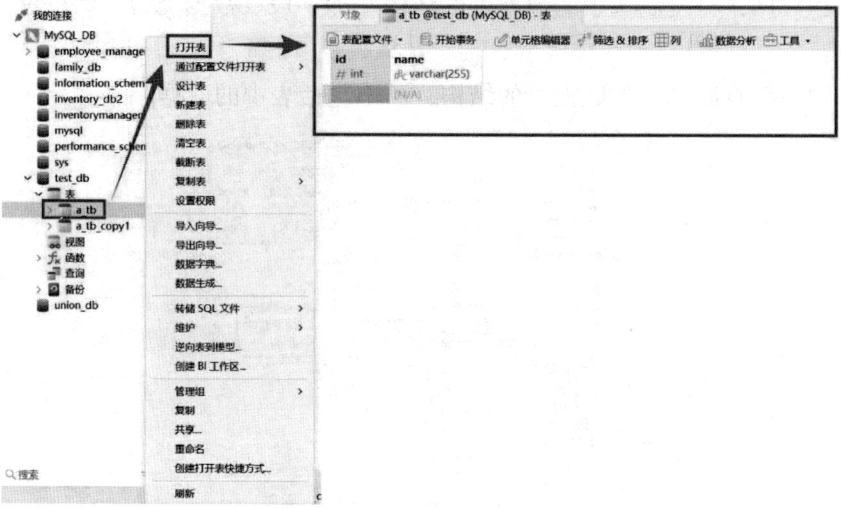


**图 5 - 11　打开表编辑器**

在表编辑器中，用户可以通过单击“ + ”“ - ”符号分别对记录进行添加和删除操作；双击单元格的数据则可以更改记录。“√”表示提交更改的操作，“ × ”则表示放弃更改，如图 5 - 12 所示。

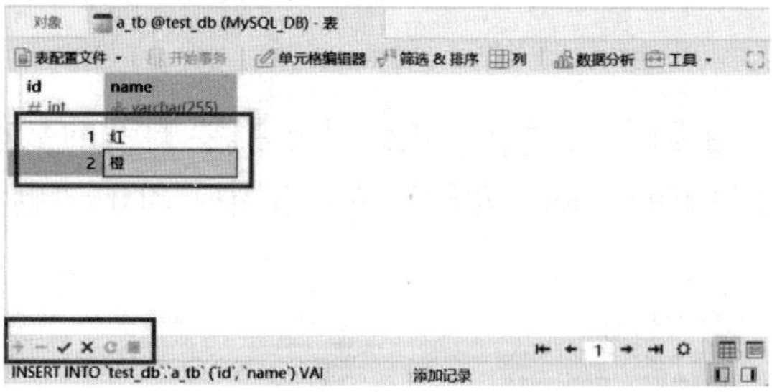


**图 5 - 12　增加、修改、删除记录**

## 五、查询记录

在 Navicat for MySQL 中，查询记录可以通过图形化界面和编写 SQL 查询语句两种方式进行。

### （一）使用图形化界面查询记录

在左侧导航栏中，找到要查询记录的表。双击表名称，打开表编辑器。单击表编辑器菜单栏中的“筛选 & 排序”，即可根据条件查询记录，如图 5 - 13 所示。

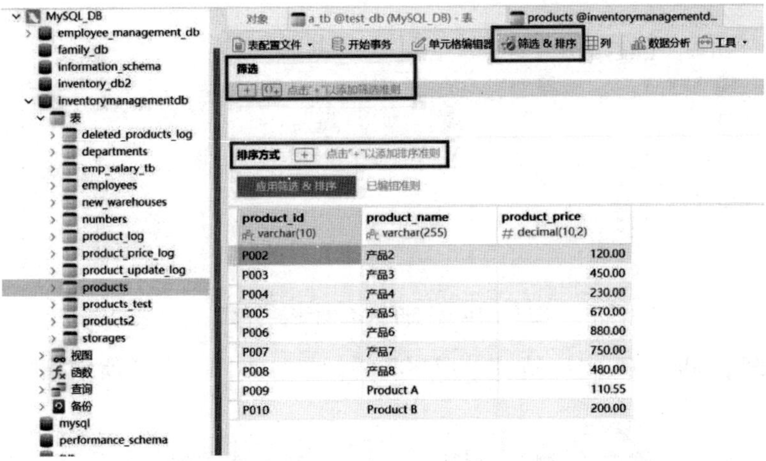


图 5－13　筛选 & 排序

例如，查询 products 表的所有记录，并按照产品价格的升序排序，如图 5－14 所示。

图 5－14　查询 products 表的所有记录

## （二）使用 SQL 查询语句

在工具栏中，单击“查询”按钮，再单击“新建查询”按钮，如图 5－15 所示，打开查询编辑器界面，如图 5－16 所示。

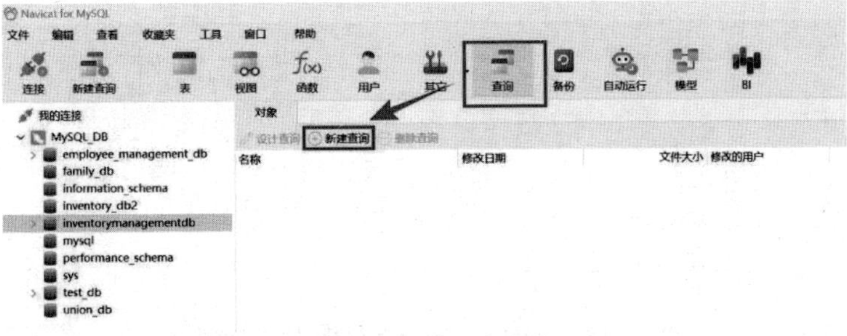


图 5－15　单击“新建查询”按钮

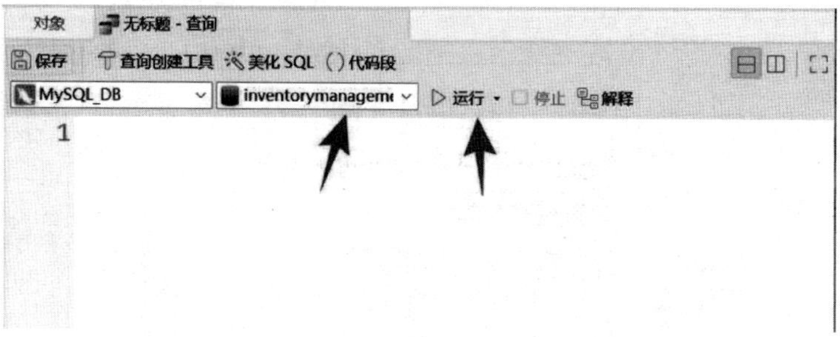


图 5－16　打开查询编辑器界面

例如，查询 products 表中产品 ID 为 P003 的记录，如图 5－17 所示。

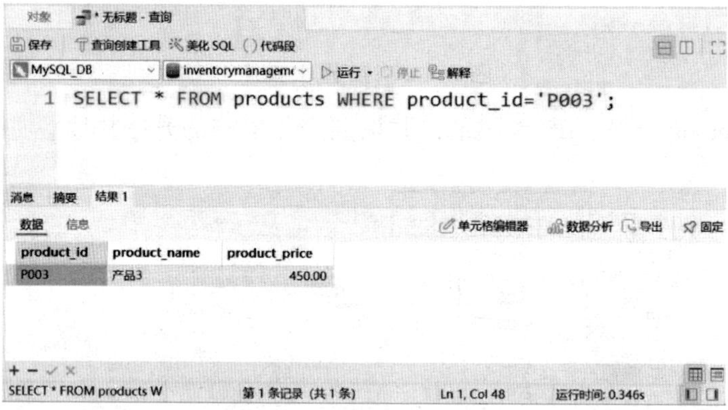


图 5－17　查询 products 表中产品 ID 为 P003 的记录

## 任务实施

## 一、安装和配置 Navicat for MySQL

### （一）安装 Navicat for MySQL

首先，访问 Navicat 的官方网站，找到 Navicat for MySQL 的下载界面，如图 5－18 所示。

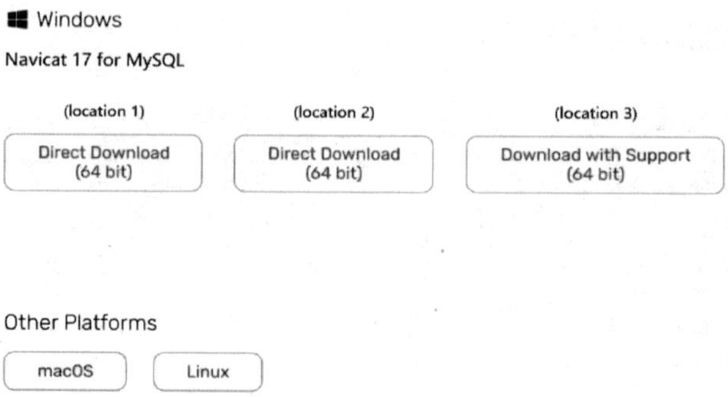


图 5－18　Navicat for MySQL 的下载界面

可以根据自己的操作系统（如 Windows、macOS 或 Linux）选择相应的版本进行下载。注意，Navicat 是收费的，但通常也提供试用版，试用版通常有 14 天的试用期。

单击 Direct Download（64 bit）下载按钮，将下载以 . exe 类型的安装文件，如图 5－19 所示。

**图 5－19　Navicat for MySQL 的安装文件**

双击 Navicat for MySQL 的安装文件，开始安装。Navicat for MySQL 的安装向导界面如图 5－20 所示。

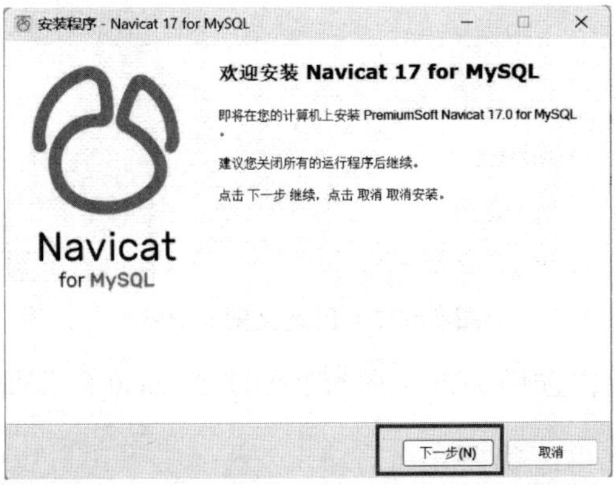


**图 5－20　Navicat for MySQL 的安装向导界面**

按照安装向导的提示进行操作，单击“下一步”按钮，选择“我同意”，同意 Navicat 的许可协议，如图 5－21 所示。

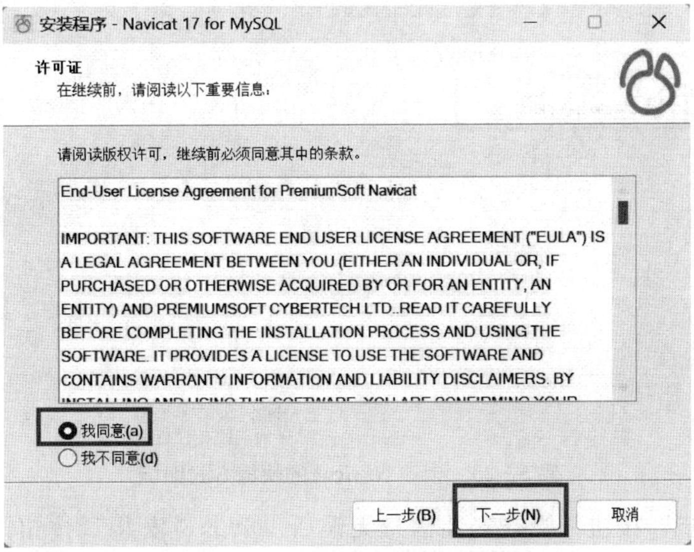


**图 5－21　同意 Navicat 的许可协议**

单击“下一步”按钮，自定义安装路径，具体如图5－22所示。

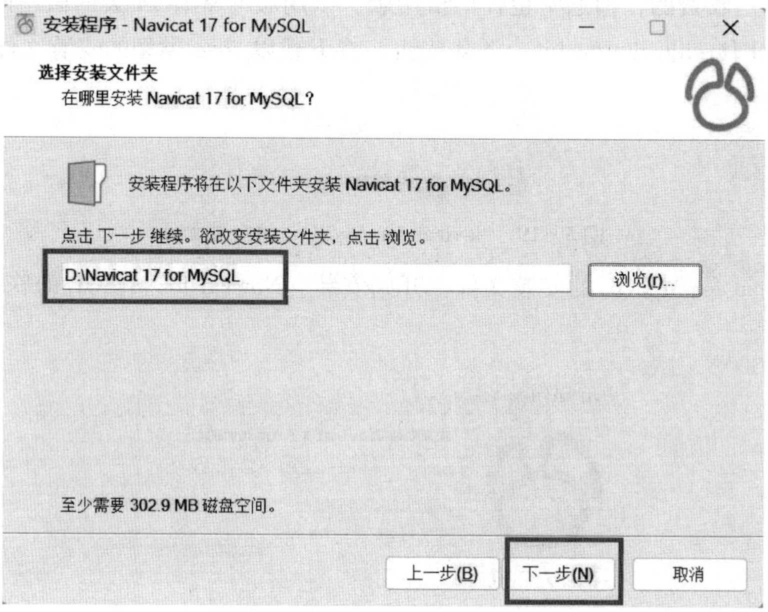


**图5－22　自定义安装路径**

单击“下一步”按钮，选择是否在桌面上创建Navicat的快捷方式图标，具体如图5－23所示。

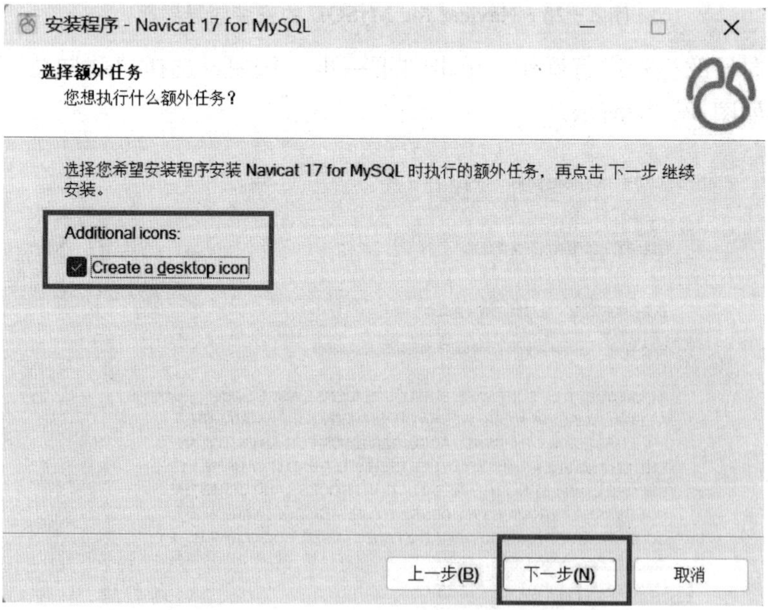


**图5－23　创建Navicat的快捷方式图标**

单击“下一步”按钮，检查安装信息无误后，单击“安装”按钮，开始安装过程，具体如图5－24所示。

安装完成后，单击“完成”按钮，退出安装向导，如图5－25所示。

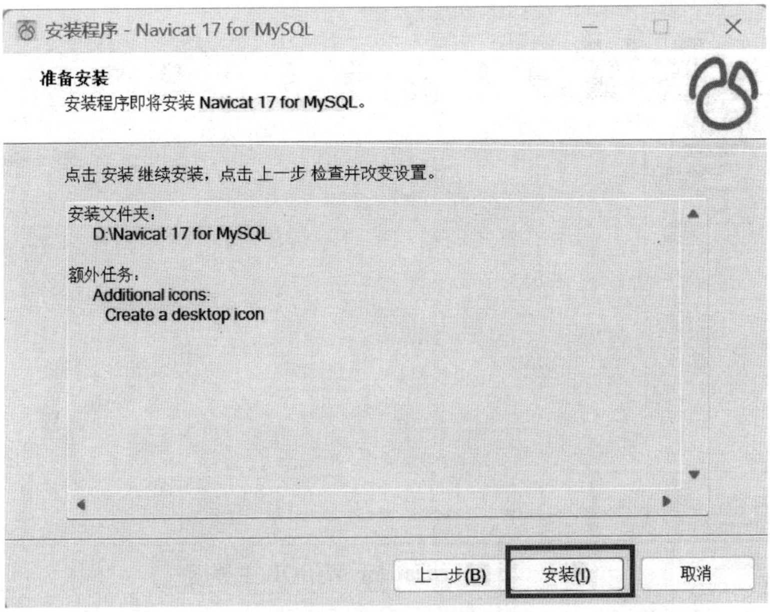


图 5－24　确认安装信息

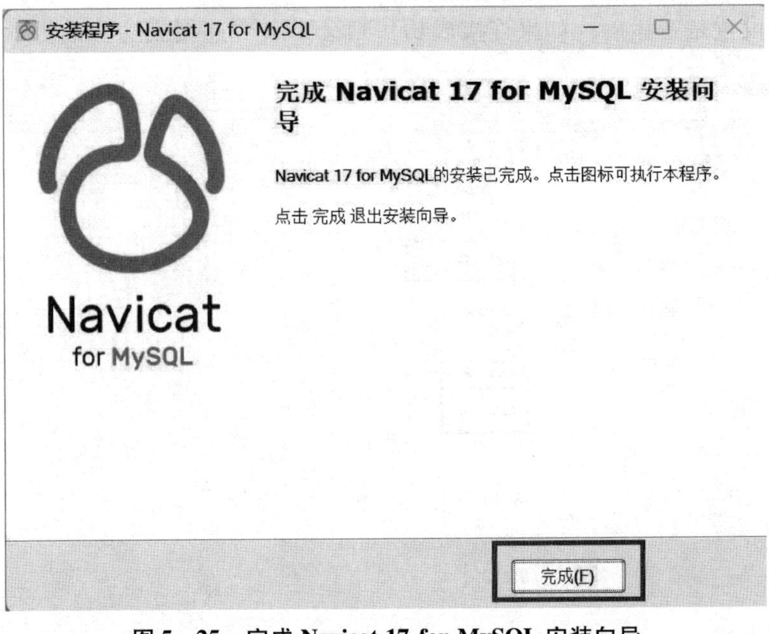


图 5－25　完成 Navicat 17 for MySQL 安装向导

### （二）配置 Navicat for MySQL

安装完成后，在桌面上找到 Navicat for MySQL 的快捷方式图标，双击打开 Navicat for MySQL 软件，进入主界面，如图 5－26 所示。

在主界面上单击“连接”按钮，或者右击“我的连接”按钮，然后选择“新建连接”来新建一个 MySQL 连接。

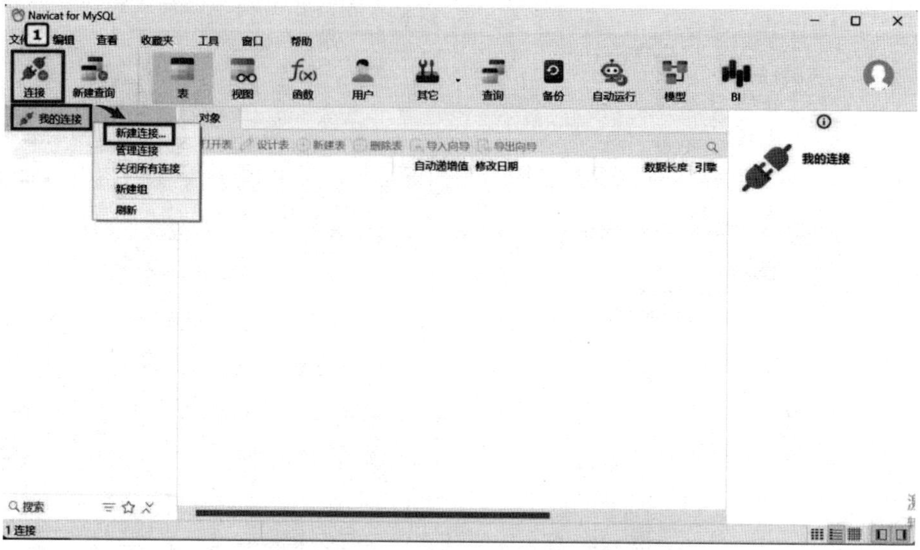


图 5-26 Navicat for MySQL 主界面

在弹出的“新建连接”对话框（见图 5-27）中，填写连接名称、MySQL 主机地址、端口号（默认为 3306）、用户名和密码等信息。填写完连接信息后，单击“测试连接”按钮来测试连接设置是否正确。如果连接成功，则会弹出“连接成功”的提示框。

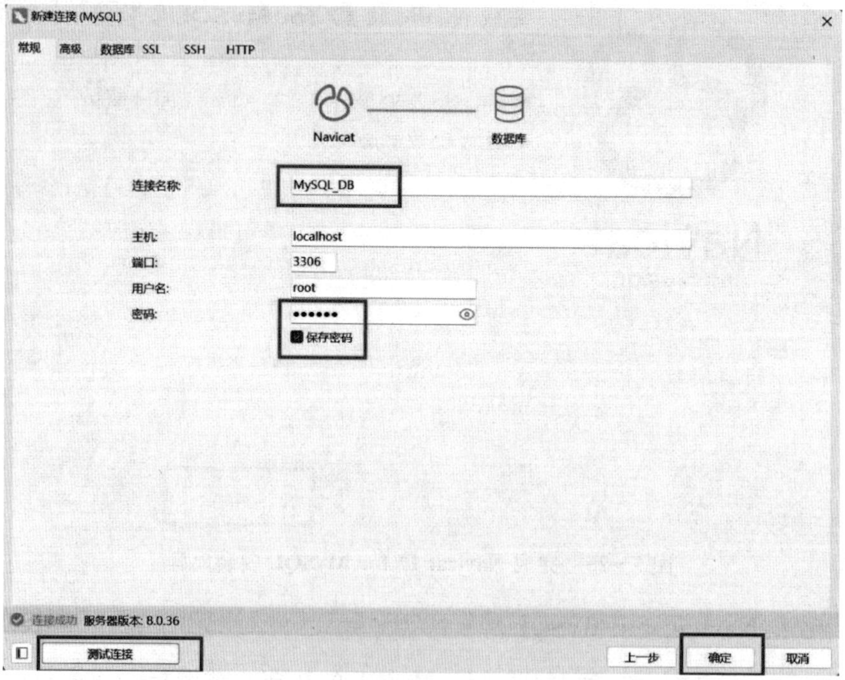


图 5-27 “新建连接”对话框

测试连接成功后，单击“确定”按钮，保存连接设置，就可以在 Navicat for MySQL 中看到这个 MySQL 连接了，如图 5-28 所示。

双击连接名称，可以连接本地 MySQL 数据库，如图 5-29 所示。

图 5-28　MySQL_DB 连接

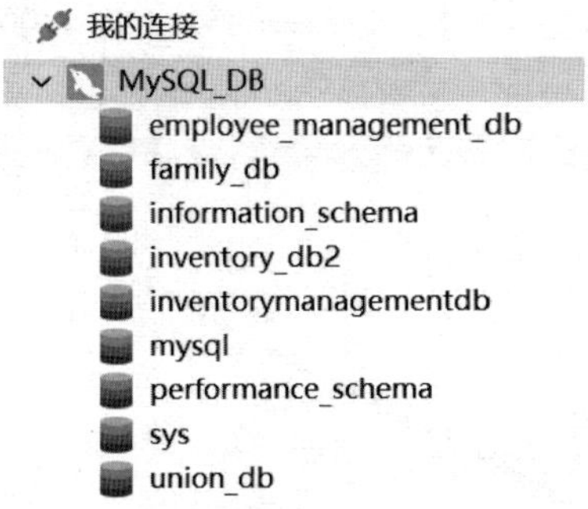


图 5-29　连接本地 MySQL 数据库

## 二、在 Navicat for MySQL 中进行企业员工信息管理数据库的基础操作

（1）向 workexperience_tb 表中添加以下三条记录，如表 5-1 所示。

表 5-1　workexperience_tb 表

| employee_id | work_id | company_name | position | work_duration |
|---|---|---|---|---|
| 1 | 1 | 公司 A | 销售专员 | 2 |
| 1 | 2 | 公司 B | 销售经理 | 2 |
| 2 | 3 | 公司 C | 销售组长 | 6 |

在 Navicat for MySQL 中，选择 employee_management_db 数据库并打开 workexperience_tb 表，手动输入表 5-1 中的记录，如图 5-30 所示。

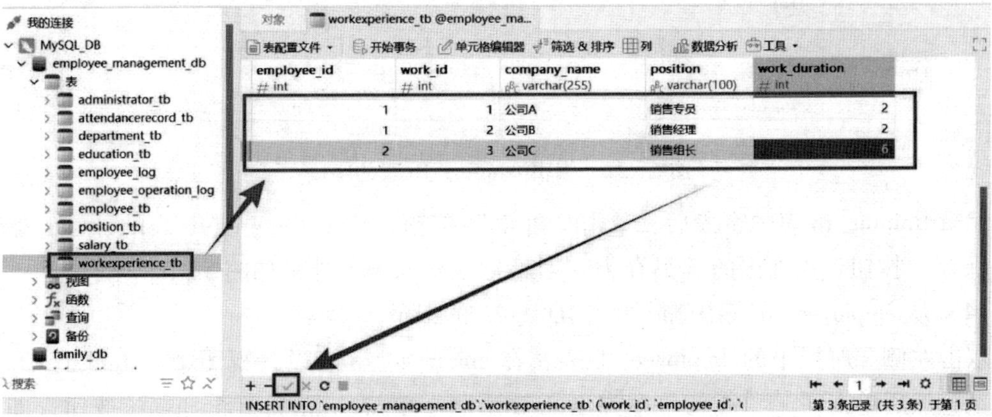


图 5-30　向 workexperience_tb 表中添加三条记录

（2）修改 administrator_tb 表中的记录，将管理员 A 的 email 修改为 123@ xx. com，管理员 B 的 email 修改为 321@ xx. com。

在 Navicat for MySQL 中，选择 employee_management_db 数据库并打开 administrator_tb 表，手动输入管理员 A 和管理员 B 的 email，如图 5－31 所示。

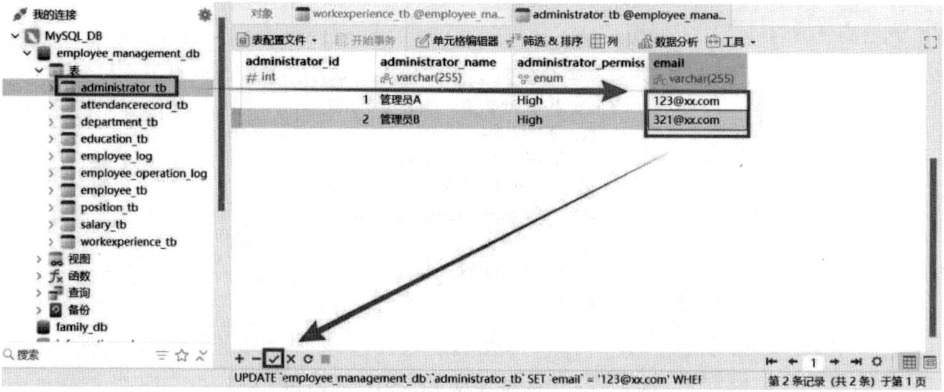

**图 5－31　修改 administrator_tb 表中的记录**

（3）创建一个新表 training_tb，用于记录员工的培训信息。

在左侧导航栏中，右键单击 employee_management_db 数据库下方的任意数据表，然后选择“新建表”，如图 5－32 所示。

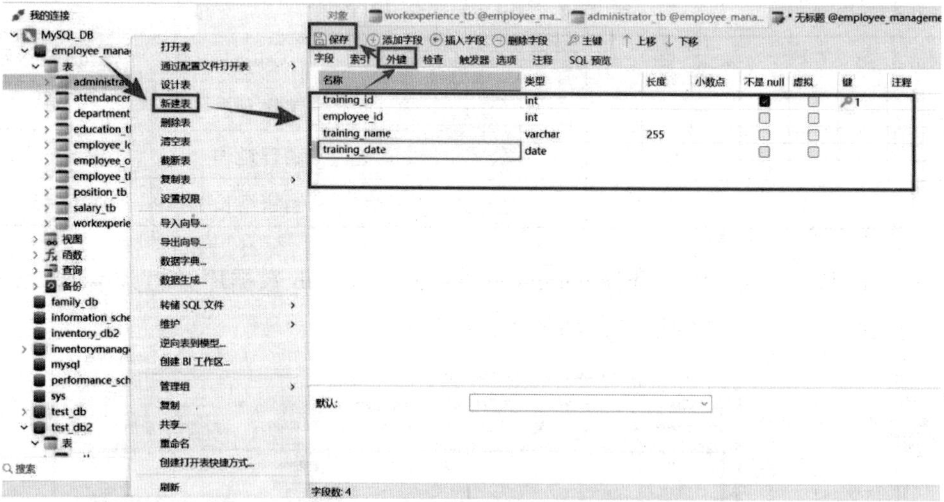

**图 5－32　编辑 training_tb 表的字段**

编辑 training_tb 表的字段后，单击“外键”按钮，编辑 training_tb 表的外键，然后单击“保存”按钮，在弹出的“另存为”对话框中输入表名称，如图 5－33 所示。

（4）从 employee_tb 表中删除员工 ID 为 22 的记录。

双击左侧导航栏中的 employee_tb 表，在 employee_tb 表设计视图中单击员工 ID 为 22 的记录，然后单击“－”按钮，在弹出的对话框中单击“删除一条记录”按钮，即可删除该记录，如图 5－34 所示。

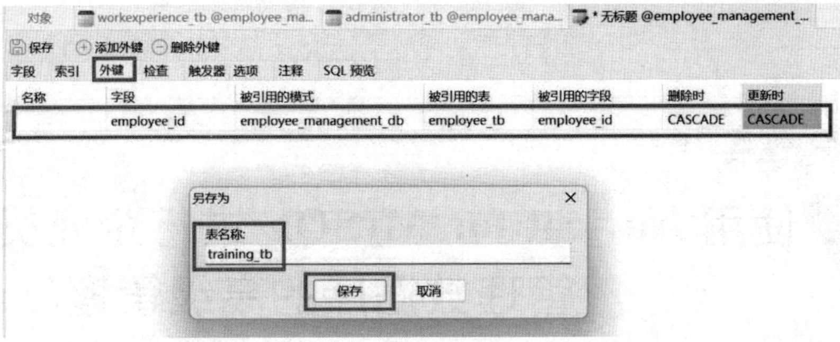


图 5－33　保存 training_tb 表

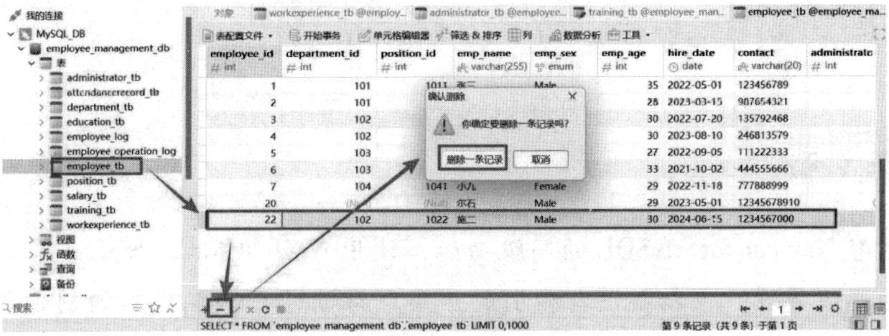


图 5－34　删除员工 ID 为 22 的记录

（5）查询所有在 2023 年以后入职的员工信息。

打开 employee_tb 表设计视图，单击“筛选 & 排序”按钮，然后在筛选编辑器中设置筛选条件“hire_date ＞＝ 2023－01－01”，最后单击“应用筛选 & 排序”按钮查询结果集，如图 5－35 所示。

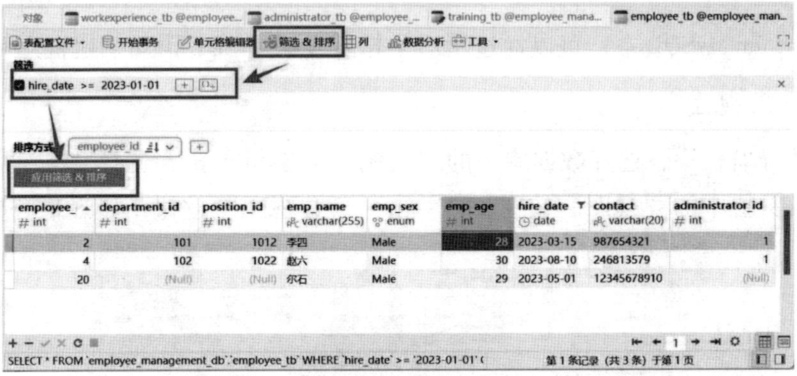


图 5－35　查询所有在 2023 年以后入职的员工信息

单元 5－任务 1

# 任务 2 使用 Navicat for MySQL 进行企业员工信息管理数据库的高级管理

## 任务概述

本任务学习 Navicat for MySQL 的高级功能，使用 Navicat for MySQL 进行企业员工信息管理数据库的高级管理，包括视图与索引的应用、存储过程和触发器的创建与使用，以及数据库数据的导入导出和备份还原。利用这些高级功能，能够优化数据库性能，自动化管理任务，确保数据安全和一致性。

## 知识储备

### 一、应用视图与索引

在 Navicat for MySQL 中，可以通过图形化界面或编写 SQL 语句创建视图和添加索引。

#### （一）应用视图

在左侧的导航栏中，选择数据库下的“视图”并右键单击，选择“新建视图”，或者单击主界面工具栏中的“视图”按钮，再单击“新建视图”按钮，如图 5－36 所示。

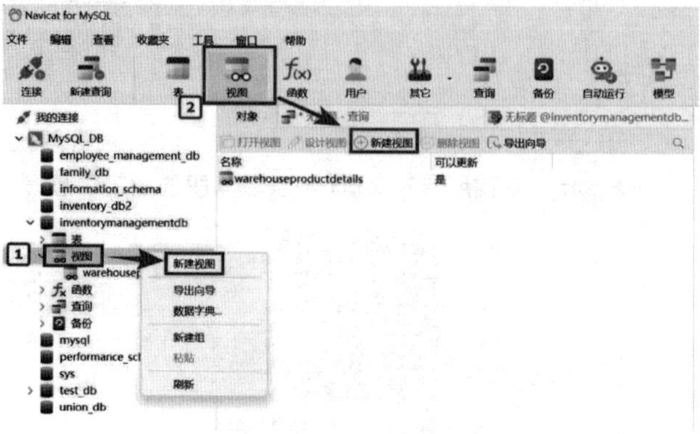


图 5－36 新建视图

在弹出的界面中，可以通过两种方式创建视图：使用 SQL 语句或使用 Navicat 的视图创建工具，如图 5－37 所示。

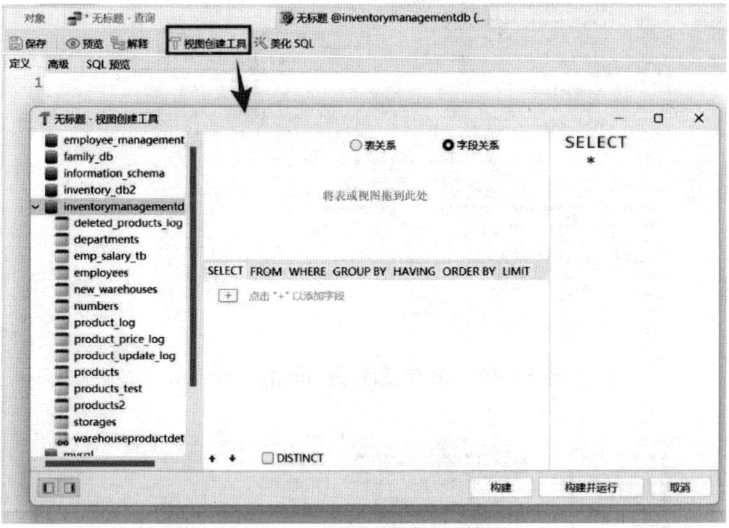

图 5－37　视图创建工具

使用视图创建工具时，将需要的表拖到右侧窗口，设置表之间的关联关系，选择需要的字段，然后保存视图。例如，创建一个视图 product_overview，用于查看 products 表中的产品价格以及 storages 表中对应产品的库存数量，如图 5－38 所示。

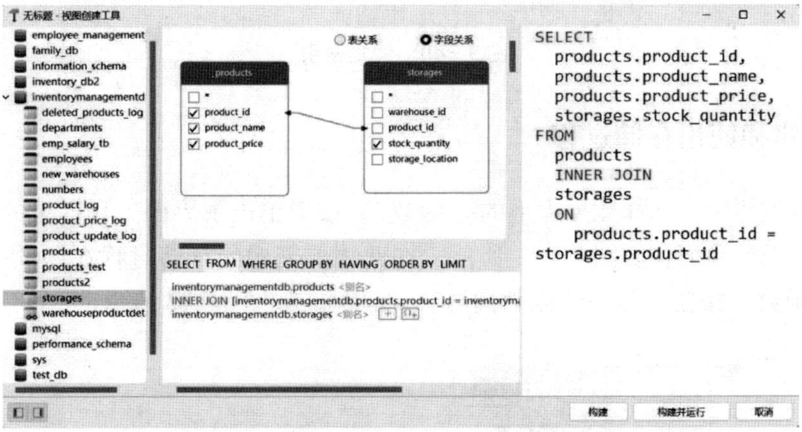

图 5－38　创建一个视图 product_overview

单击“构建并运行”按钮，会显示运行结果。单击“保存”按钮，在弹出的“另存为”对话框中输入视图名称，如图 5－39 所示，再单击“保存”按钮。

### （二）应用索引

选择需要创建索引的表，在表的下一级列表中，右键单击“索引”，选择“添加索引”。添加索引名称、相关字段、索引类型等索引信息后，单击“保存”按钮即可添加索引，如图 5－40 所示。

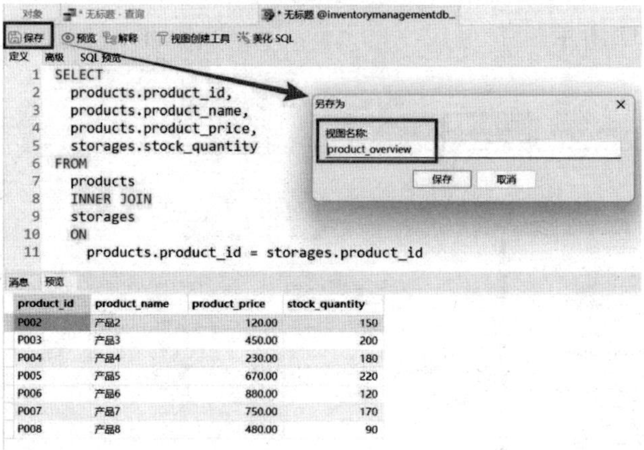

图 5－39　保存视图 product_overview

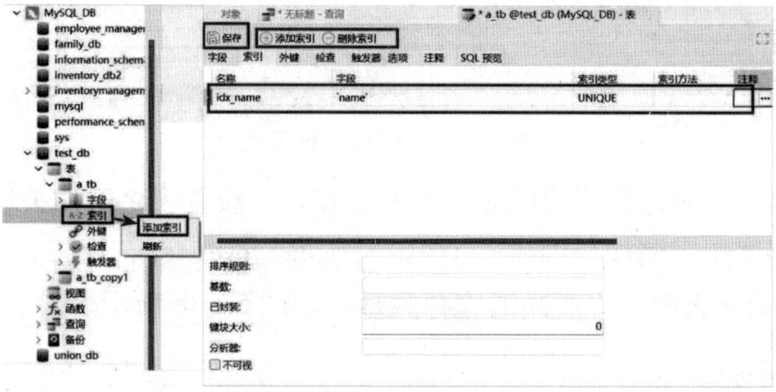

图 5－40　添加索引

## 二、创建和使用存储过程

在左侧导航栏中，选择数据库下的“函数”，或者单击主界面工具栏里的“函数”按钮，打开函数设计界面，如图 5－41 所示。在此之前创建的存储过程在函数列表中显示。单击“新建函数”按钮，弹出“函数向导”对话框，如图 5－42 所示。

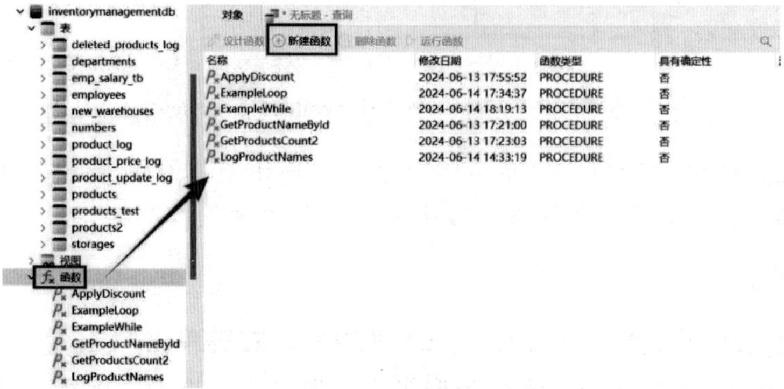

图 5－41　打开函数设计界面

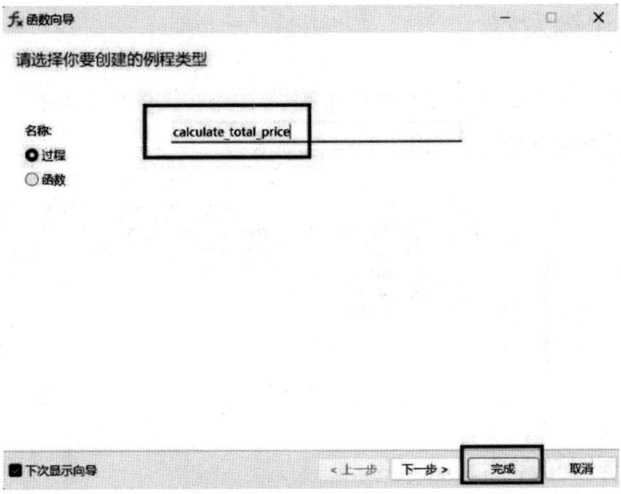


**图 5-42　“函数向导”对话框**

选择“过程”，输入存储过程的名称，如 calculate_total_price，单击“完成”按钮，进入存储过程编辑器界面。

如图 5-43 所示，创建一个存储过程 calculate_total_price 来计算所有产品的总价格。单击“保存”按钮，即可保存该存储过程。单击“运行”按钮，即可运行该存储过程，得到结果，如图5-44所示。

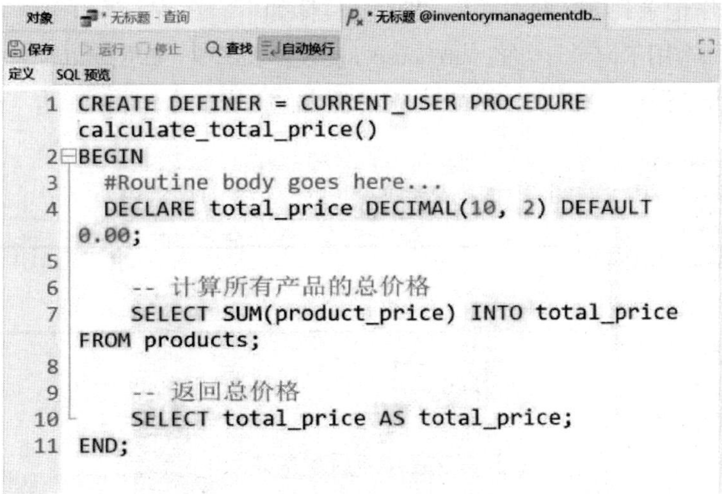


**图 5-43　calculate_total_price 存储过程**

**图 5-44　运行存储过程 calculate_total_price**

## 三、创建和使用触发器

在左侧导航栏中找到需要操作的数据库表，在下一级列表中找到触发器，右键单击“触发器”，选择“添加触发器”，如图 5－45 所示。

图 5－45　添加触发器

打开的视图中可以看到已创建的触发器列表，单击“添加触发器”按钮，即可添加新的触发器。

例如，针对 new_warehouses 表添加一个触发器。当向 new_warehouses 表插入新记录时，将插入的操作记录到 warehouse_log 表中，具体如下。

首先，创建一个用于记录日志的 warehouse_log 表。如图 5－46 所示，添加 warehouse_log 表的字段；然后单击“保存”按钮，在弹出的对话框中输入表名称，最后单击“保存”按钮。

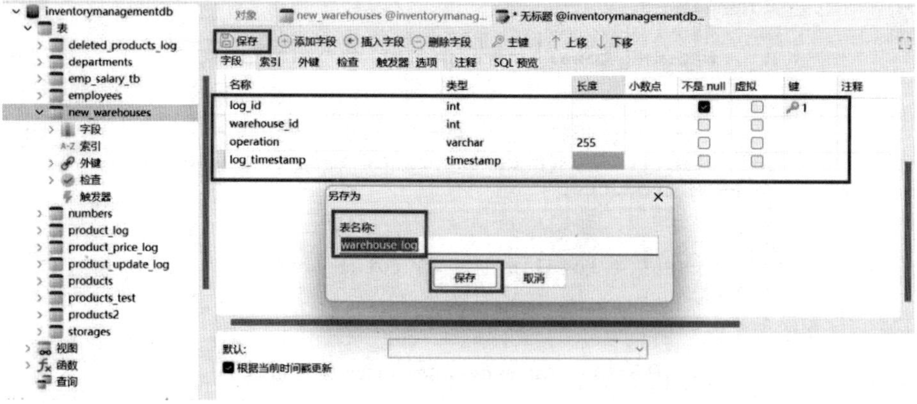

图 5－46　创建用于记录日志的 warehouse_log 表

其次，在左侧导航栏中选择 new_warehouses 表，右键单击“触发器”，选择“添加触发器”。在触发器编辑器界面，添加名称为“after_warehouse_insert”的触发器，选择关联的表、触发时机（AFTER）、触发事件（插入）以及触发器的主体（即 SQL 代码），如图 5－47 所示。

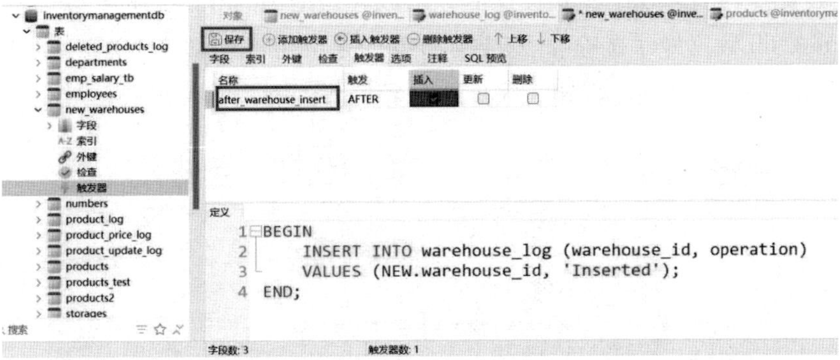


图 5－47　添加触发器 after_warehouse_insert

为了验证触发器的效果，可以向 new_warehouses 添加一条新记录，如“501，电子设备库，25#501”。查看 warehouse_log 表中是否记录了这一个操作，如图 5－48 所示。

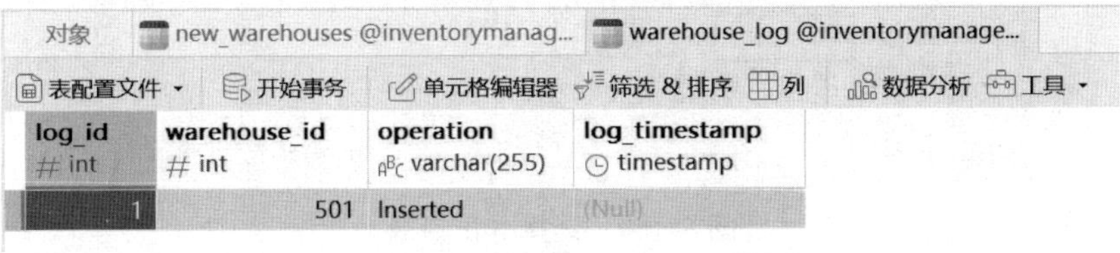


图 5－48　查看 warehouse_log 表

## 四、导入和导出数据库

在 Navicat for MySQL 中，导入和导出数据库是一项非常实用的功能，可以方便地将数据库内容备份、迁移或共享。

在左侧导航栏中，右键单击需要导出的数据库名，在弹出的菜单中，选择“转储 SQL 文件”，如图 5－49 所示。

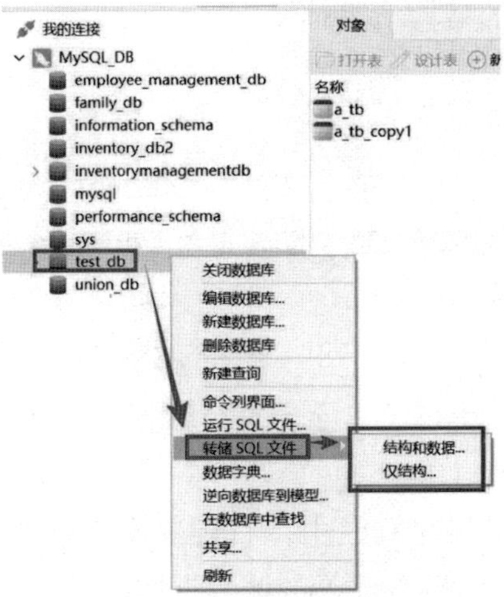


图 5－49　转储 SQL 文件

转储 SQL 文件可以实现结构和数据的导出或者仅结构的导出，此处以结构和数据的导出为例，将 test_db 数据库中的全部表结构和数据导出至本地“D：\ mysql_backup”，如图 5－50 所示。单击“保存”按钮，完成文件转储，如图 5－51 所示。

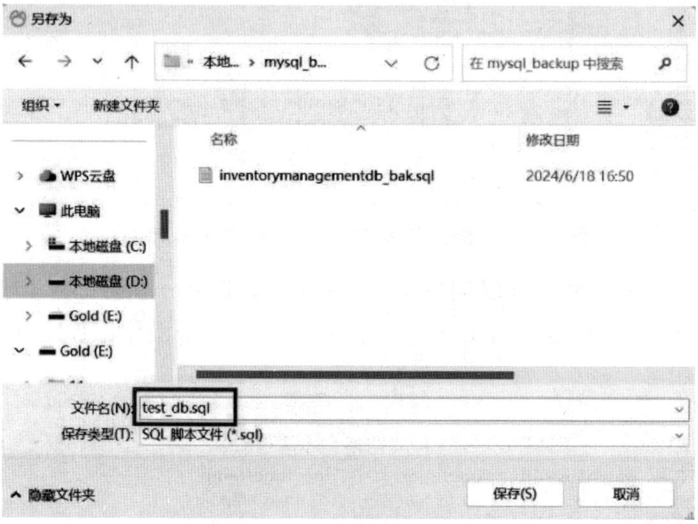


图 5－50　选择导出目录

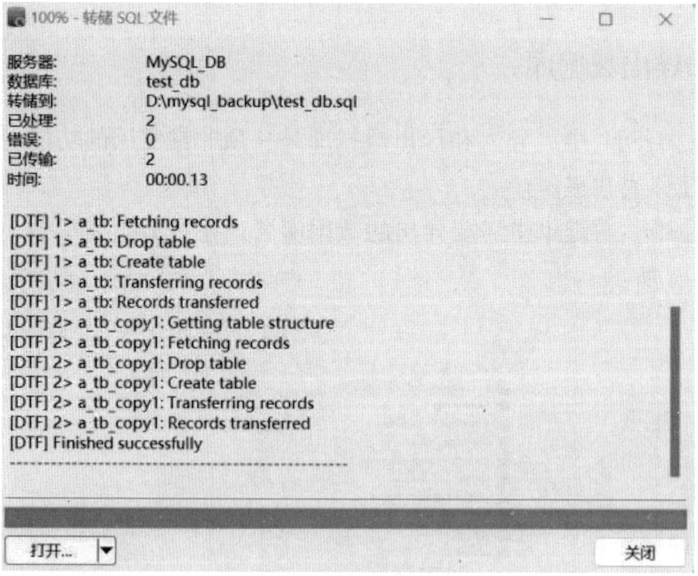


图 5－51　完成文件转储

在 Navicat for MySQL 中，不仅可以导出整个数据库，还可以导出数据库中的特定表、查询结果、视图和其他数据库对象。

导入数据库时，需要在左侧导航栏中，右键单击 MySQL_DB，选择“新建数据库”。例如，创建 test_db2 数据库，然后右键单击该数据库，选择“运行 SQL 文件”，在弹出的对话框中单击“开始”按钮，等待 SQL 文件运行完成，如图 5－52 所示。

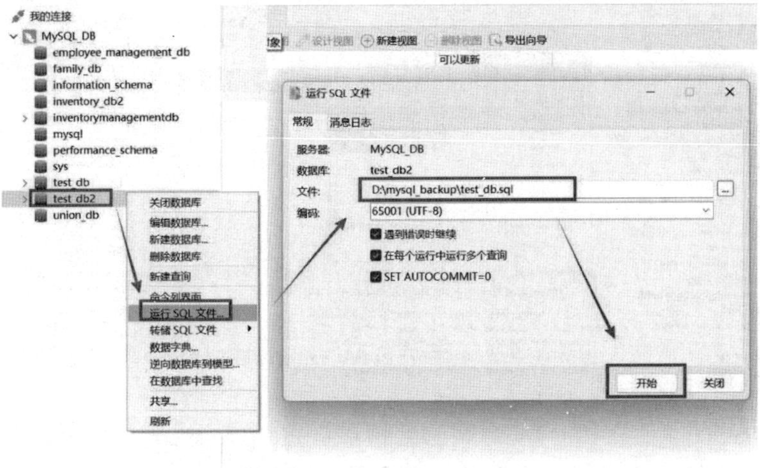


**图 5－52　运行 SQL 文件**

## 五、备份和还原数据库

在 Navicat for MySQL 中，备份与还原数据库是保障数据安全与完整性的重要操作，其步骤虽与导入和导出数据库一致，但目的和侧重点有所不同。以下是备份和还原数据库时需要注意的四个关键要点，以优化操作流程。

（1）在进行备份和还原操作之前，最好先停止对数据库的写操作，以避免数据不一致。

（2）定期备份数据库，并将备份文件存储在安全的位置。

（3）在还原数据库之前，确保目标数据库是干净的（即没有与备份文件冲突的数据）。

（4）对于大型数据库，备份和还原操作可能需要较长时间，请耐心等待并监控进度。

## 任务实施

在本次任务中，将使用 Navicat for MySQL 进行企业员工信息管理数据库的高级管理，涵盖视图、索引、存储过程、触发器，以及数据库的导入和导出。通过本任务的学习，请完成以下需求。

（1）创建一个视图 EmployeeBasicInfoView，显示员工的基本信息，包括员工 ID、员工姓名、性别、所属部门、职位。

在 Navicat for MySQL 中，选择数据库 employee_management_db。然后右键单击“视图”，选择“新建视图”，在视图编辑器中，单击“视图创建工具”。在视图创建工具界面，选中 employee_tb 表、department_tb 表和 position_tb 表，勾选视图需要的字段，如图 5－53 所示。

单击“构建并运行”按钮查看视图结果集。单击“保存”按钮，在弹出的“另存为”对话框中输入视图名称，最后单击“保存”按钮，如图 5－54 所示。

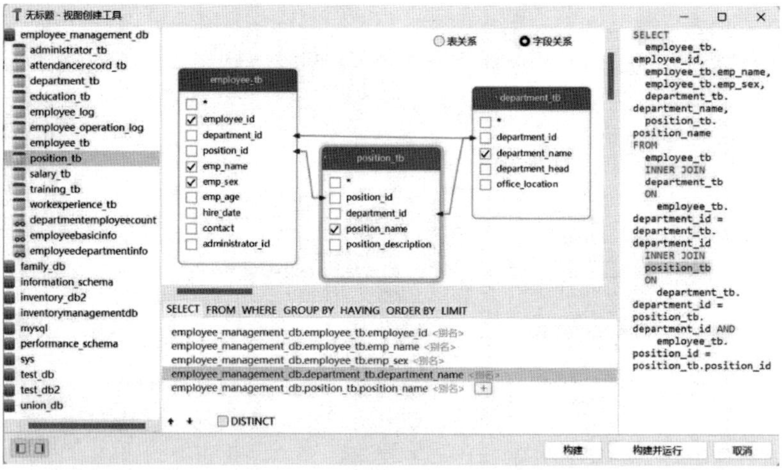

图 5－53　视图创建工具界面

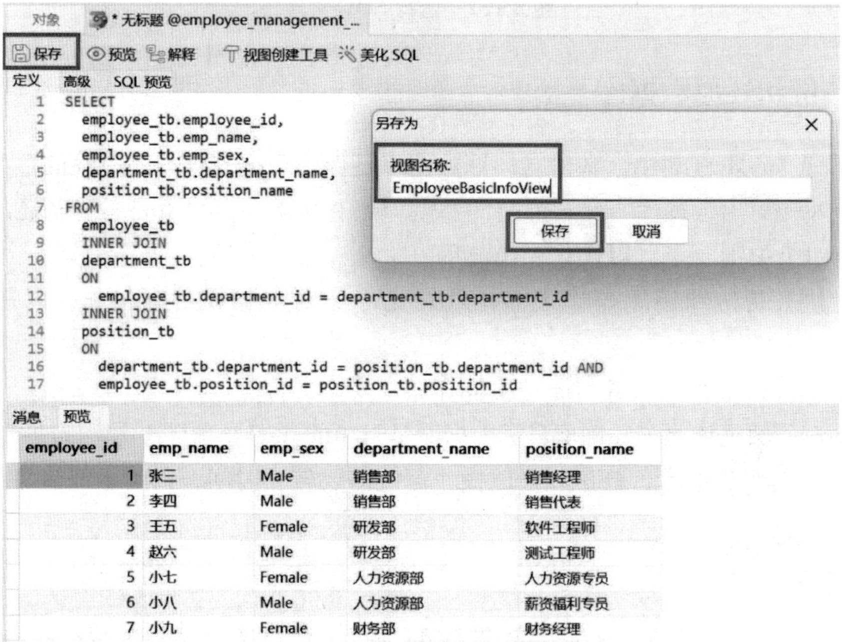

图 5－54　视图结果集

（2）为 employee_tb 表的 emp_name 列创建普通索引，以优化查询速度。

选择 employee_tb 表，在表的下一级列表中，右键单击“索引”，选择“添加索引”，在索引编辑器中，单击“添加索引”按钮，在输入框中依次添加名称“idx_emp_name”、字段、索引类型、索引方法等信息，单击“保存”按钮，如图 5－55 所示。

（3）创建一个存储过程 AddNewEmployee，用于插入新员工信息。

在左侧导航栏中，选择 employee_management_db 数据库下的“函数”或者单击主界面工具栏里的“函数”，打开函数设计界面，如图 5－56 所示。

单击“新建函数”按钮，在弹出的“函数向导”对话框中选择“过程”，输入存储过程的名称“AddNewEmployee”，如图 5－57 所示。

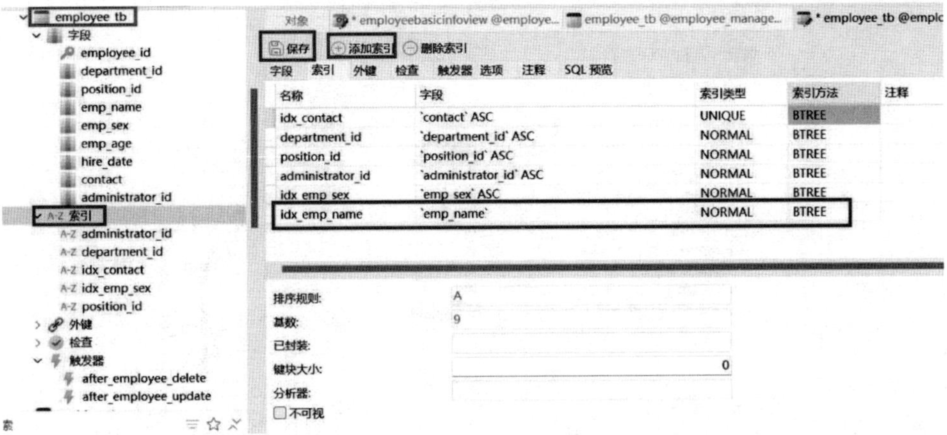

图 5－55　创建 idx_emp_name 索引

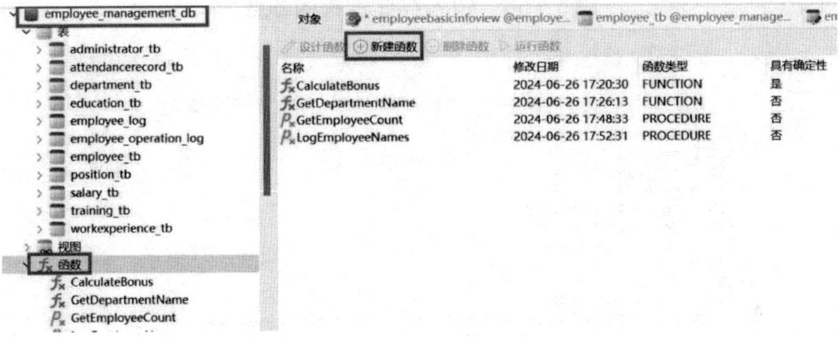

图 5－56　函数设计界面

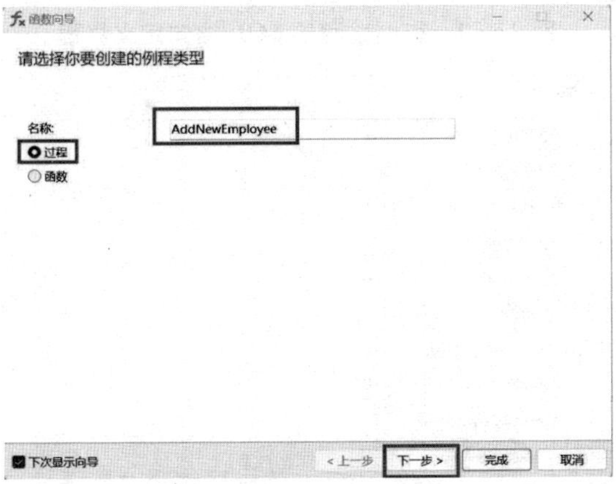

图 5－57　函数向导

然后单击“下一步”按钮，输入存储过程 AddNewEmployee 的参数，如图 5－58 所示。

单击“完成”按钮，回到存储过程的 SQL 语句定义界面，如图 5－59 所示。

保存并运行，即可调用此存储过程。在“输入参数”对话框中，输入员工信息，如图 5－60 所示。

单击“确定”按钮，即可向 employee_tb 表中插入该员工的信息。

（4）创建一个触发器 AfterInsertEmployee，在插入员工信息之后自动记录操作日志。

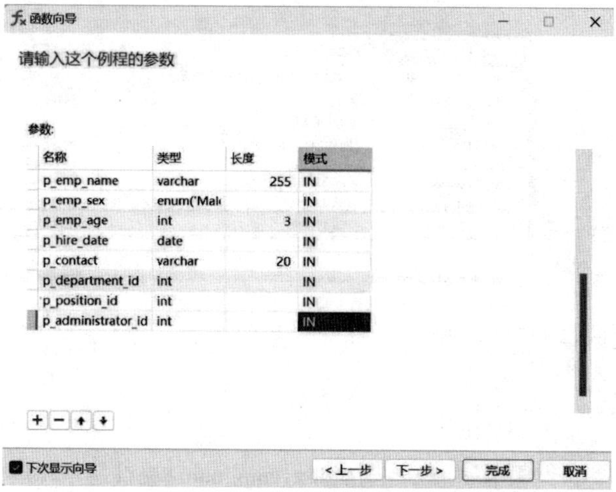


图 5－58　输入存储过程的参数

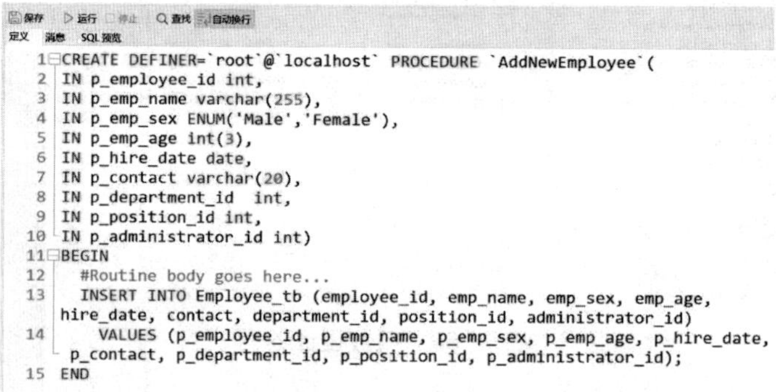


图 5－59　存储过程的 SQL 语句定义界面

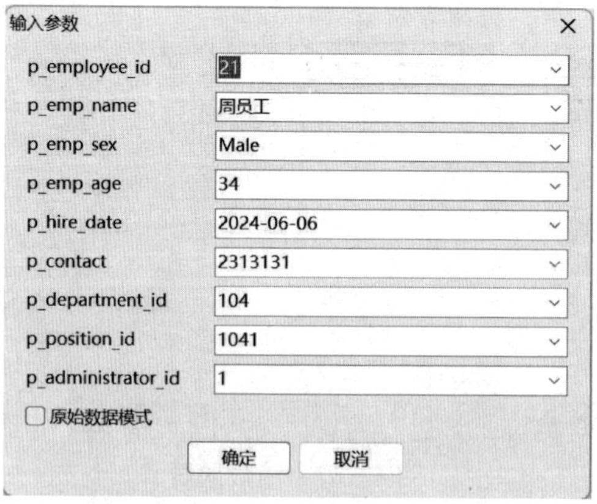


图 5－60　“输入参数”对话框

在左侧导航栏中选择 employee_tb 表，在下拉列表中右键单击触发器，选择“添加触发器”，打开触发器编辑器，输入触发器的名称、触发时机、触发事件以及定义触发器执行的操作，如图 5－61 所示。

（5）导出 employee_management_db 数据库的结构和数据。

在左侧导航栏中选择数据库 employee_management_db，右键单击该数据库，选择“转

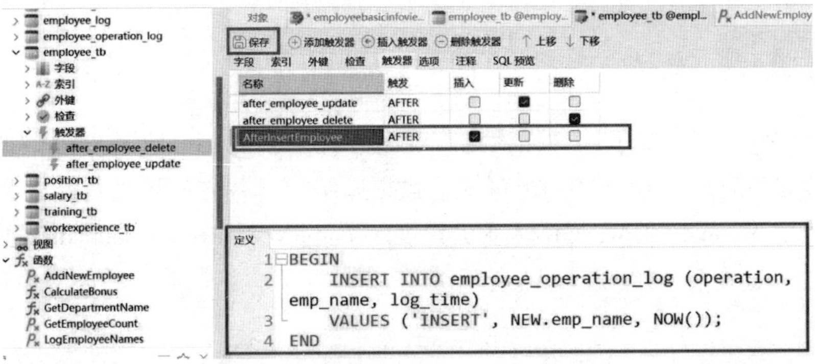


图 5 - 61　添加触发器 AfterInsertEmployee

储 SQL 文件”，继续选择“结构和数据”，如图 5 - 62 所示。弹出“另存为”对话框，输入 employee_management_db 数据库 SQL 脚本文件名，单击“保存”按钮，如图 5 - 63 所示。

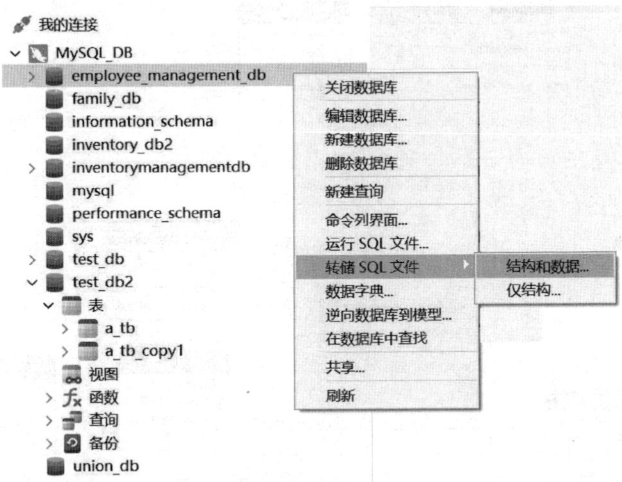


图 5 - 62　选择“转储 SQL 文件”中的“结构和数据”

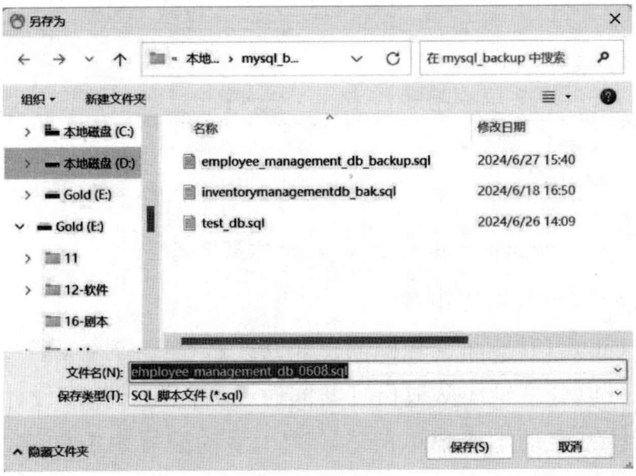


图 5 - 63　保存 employee_management_db 数据库 SQL 脚本文件

单元 5 -任务 2

## 拓展延伸

Navicat for MySQL 提供了一种强大且直观的方式来创建、修改和管理数据库模型。模型可以帮助数据库管理员和开发人员可视化数据库结构，并方便地进行修改和优化。

例如，使用 Navicat for MySQL 模型工具展示 employee_management_db 数据库中的表、列以及它们之间的关系，如图 5－64 所示。

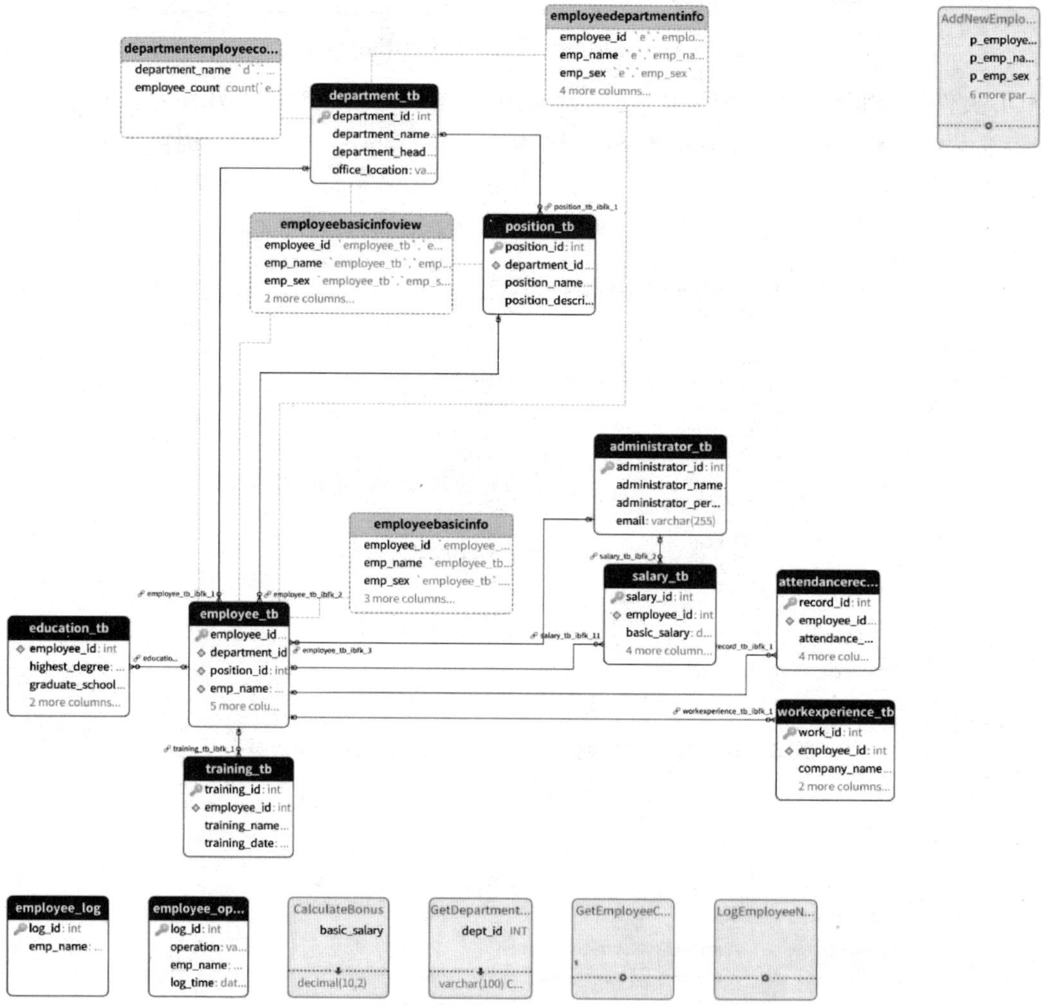


**图 5－64 employee_management_db 数据库模型**

使用 Navicat for MySQL 模型工具有以下优点。

- 可视化设计：通过直观的图形界面，轻松创建和修改数据库结构。
- 高效协作：模型文件可以分享给团队成员，共同讨论和优化数据库设计。
- 自动生成脚本：根据模型自动生成 SQL 脚本，减少手动编写 SQL 的错误风险。
- 同步管理：轻松同步数据库和模型，确保数据结构的一致性。

## 单元小结

本单元介绍了使用 Navicat for MySQL 进行企业员工信息管理数据库管理的各项操作；学习了如何安装和配置 Navicat for MySQL，以及进行数据库和数据表的创建、修改和删除操作；学习了数据记录的增删改查方法，了解了视图与索引的应用技巧，学会了创建和使用存储过程及触发器。此外，还学习了数据库的备份和还原技术。Navicat for MySQL 作为 MySQL 数据库桌面化工具，使得数据库管理更加直观和便捷，极大地提高了工作效率和操作准确性，为未来高效、安全地管理企业数据库奠定了坚实基础。

## 课堂思考

除了 Navicat for MySQL，市场上还有许多其他优秀的数据库桌面化工具，如 phpMyAdmin、HeidiSQL、DBeaver、MySQL Workbench、Toad for MySQL 等。作为未来的数据库管理员和 IT 从业者，学生需要思考如何在实际工作中充分利用这些工具来优化企业的数据库管理流程。

## 课后练习

### 一、填空题

1. Navicat for MySQL 是一种用于________和________MySQL 数据库的工具。

2. 在 Navicat for MySQL 中，可以通过________工具进行数据库模型的设计和管理。

3. 使用 Navicat for MySQL 的________功能可以将一个表的结构和数据复制到新的表中。

4. 在 Navicat for MySQL 中，增加记录可以通过________功能实现。

5. 在 Navicat for MySQL 中，使用________工具可以直接进行 SQL 操作。

### 二、选择题

1. 下列选项中，在 Navicat for MySQL 中，用于创建新的数据库功能是（　　）。

A. 创建表　　B. 创建数据库　　C. 创建视图　　D. 创建索引

2. 下列选项中，可以用来修改现有数据表结构的是（　　）。

A. 查询编辑器　　B. 表编辑器　　C. 数据同步　　D. 数据导入向导

3. 下列选项中，可以用来增加表中记录的是（　　）。

A. 表编辑器　　B. 记录编辑器　　C. 数据同步　　D. 模型设计器

4. 在 Navicat for MySQL 中，下列选项中，用于复制数据表的是（　　）。

A. 复制数据库　　B. 复制视图　　C. 复制表　　D. 复制索引

5. 在 Navicat for MySQL 中，下列选项中，可以进行 SQL 查询功能的是（　　）。

A. 查询编辑器　　B. 数据同步　　C. 数据导入向导　　D. 表编辑器

## 三、简答题

1. 在 Navicat for MySQL 中，如何通过图形化界面查询数据表中的记录？请简要描述操作步骤。

2. 请简述除 Navicat for MySQL 之外的数据库桌面化工具。

## 四、操作题

在 StudentGradesDB 数据库中，存在 Students 表、Classes 表、CourseInfo 表、Enrollments 表、Exams 表、Teachers 表。在 Navicat for MySQL 中请完成以下操作。

1. 为 Students 表创建一个视图 StudentBasicInfoView，该视图显示学生的基本信息（student_id、name、age、gender）。

2. 为 Enrollments 表创建一个触发器 AfterInsertEnrollment，在插入新的报名记录之后，自动更新相应课程的报名人数。

3. 创建一个存储过程 GetStudentExams，用于查询某个学生的所有考试信息。存储过程应接收一个参数 student_id。

4. 为 CourseInfo 表创建一个唯一索引，确保课程名称在每个学期内唯一。

单元 6

# 使用达梦数据库存储员工信息

- 任务 1　使用达梦数据库进行员工信息管理的基本操作
- 任务 2　迁移员工信息到达梦数据库

## 知识目标

- 掌握达梦数据库的基础知识，包括其特点、版本、逻辑存储结构和相关工具。
- 理解并熟悉达梦数据库的基本操作，如管理表空间、用户和创建数据库对象。
- 掌握达梦数据库的启动与关闭操作。
- 掌握在达梦数据库中创建企业员工信息管理数据库及相关表的方法。
- 了解数据迁移的概念及重要性。
- 熟悉从 MySQL 迁移到达梦数据库的基本流程和步骤。

## 技能目标

- 能够使用达梦数据库进行基础的员工信息管理操作，包括创建和管理表空间及用户。
- 熟练操作达梦数据库的基本对象创建，包括表的创建和管理。
- 能够独立完成达梦数据库的安装、配置及实例的启动与关闭。
- 能够在达梦数据库中创建和管理员工信息表，实现相关数据的插入、更新、删除及查询。
- 能够制订合理的数据迁移计划，使用合适的迁移工具完成从 MySQL 到达梦数据库的数据迁移。

## 素质目标

- 掌握不同数据库管理系统的基本操作和管理技能，提升对多种数据库系统的熟悉程度和适应能力。
- 培养独立思考和解决问题的能力，提升应对实际工作中挑战的能力。
- 培养持续学习和自我更新的意识。
- 认识信息技术在国家发展中的重要地位，增强民族自豪感和责任感。
- 积极参与数据库技术创新与研发，培养创新精神和实践能力。

## 内容导学

本单元将深入介绍如何在达梦数据库中进行员工信息管理，以及如何将员工信息从其他数据库系统（如 MySQL）迁移到达梦数据库；结合党的二十大精神，强调科技创新和关键核心技术自主可控的重要性。通过学习本单元内容，学生将掌握达梦数据库的基础知识、基本操作方法和数据迁移技术，增强数据管理能力，推动企业信息化建设。

# 任务 1　使用达梦数据库进行员工信息管理的基本操作

## 任务概述

本任务主要介绍如何在达梦数据库中进行基本的员工信息管理，包括数据库的安装、配置、启动与关闭，以及创建和管理员工信息表等。通过本任务的学习，学生将掌握在达梦数据库中进行员工信息管理的基本方法，为后续的复杂操作打下基础。

## 知识储备

### 一、达梦数据库基础

达梦（DM）数据库是武汉达梦数据库股份有限公司推出的一款高性能、可扩展和可靠的关系数据库。它是国内领先的数据库产品，具备完全自主知识产权，并且已经广泛应用于国家重大核心领域，如金融、电力、通信、能源、交通、医疗、教育等多个行业。

#### （一）达梦数据库的特点

达梦数据库的特点如下。

（1）高性能：达梦数据库基于先进的存储引擎和优化技术，具备较高的查询和事务处理性能。

（2）兼容性：达梦数据库兼容 SQL 标准语法和 ANSI SQL，能够与其他常用数据库无缝集成。其支持多种操作系统、多种编程语言和多种标准，可以与其他数据库系统和应用程序无缝集成。

（3）可扩展性：支持分布式架构，在大规模数据环境下具备良好的水平扩展能力。

（4）可靠性：提供可靠的事务处理和数据保护机制，确保数据的一致性和完整性。

（5）安全性：已通过公安部安全四级评测，是安全等级最高的商业数据库之一。其提供基于角色的访问控制和细粒度的权限管理，以保护数据的安全。

### （二）DM 数据库版本

根据不同的应用需求与配置，DM 数据库提供了多种不同的产品系列，具体如下。

**1. DM 标准版**

DM 标准版（Standard Edition）为政府部门、中小型企业以及互联网/内部网应用提供了一个全面的数据管理和分析平台。它具备数据库管理、安全管理和开发支持等基本功能，并支持多用户的并发访问。该版本以其极高的易用性和性价比，为政府和企业提供了基础操作的支持能力。同时，用户可以根据需求，轻松升级到企业版。

**2. DM 企业版**

DM 企业版（Enterprise Edition）是一款功能全面且具有优良伸缩性的数据库解决方案。它适用于驱动网站、打包应用程序、联机事务处理、决策分析以及数据仓库等。该版本支持多 CPU 处理和 PB 级别的海量数据存储，能够处理大量并发用户请求。它还为高端应用提供了数据复制和数据守护等高可靠性的数据管理功能，完全能够满足各种企业应用的需求。

**3. DM 安全版**

DM 安全版（Security Edition）不仅具备企业版的所有功能，还特别加强了安全特性。它引入了强制访问控制功能，并采用数据库管理员（DBA）、数据库审计员（AUDITOR）、数据库安全员（SSO）、数据库对象操作员（DBO）四权分立的安全机制。此外，它支持 KERBEROS 和操作系统用户等多种身份鉴别与验证方式，提供透明和半透明的存储加密，以及审计控制和通信加密等辅助安全手段，使其安全级别达到了 B1 级。该版本适用于对安全性要求更高的政府或企业敏感部门。

需要注意的是，随着技术的不断发展和更新，数据库产品的功能和性能也会不断改进和增强。因此，具体的产品特性和性能可能会因版本和更新而有所不同。如果需要更详细和准确的信息，建议直接查阅 DM 数据库的官方文档或联系技术支持团队。

### （三）DM8

DM8 是 DM 数据库管理系统的较新版本，它在继承和发展了 DM 系列产品的优点基础上，进行了大量的研发和改进。DM8 的主要特性与优势如下。

（1）高性能：DM8 采用全新的体系架构，优化了数据处理机制，显著提升了性能。例如，它采用基于代价计算的优化器和独立的虚拟机执行器，通过批量数据向量化执行和多版本并发控制（MVCC）等技术提升性能，实现双路 CPU 单节点 TPMC 达到百万级。

（2）高可用性：DM8 支持多版本并发控制、多 CPU 并行处理等技术，确保系统的高可用性。它还提供事务级的同步复制和异步复制功能，以及主备系统架构，保障数据的安全和服务的连续性。

（3）高安全性：DM8 已通过公安部安全四级评测和中国信息安全测评中心的 EAL4 认证，是国内最高安全等级的数据库之一。它提供基于用户口令和用户数字证书相结合的用户身份鉴别功能，支持数据库审计功能，以及强制访问控制等安全措施。

（4）兼容性：DM8 与多种主流操作系统、编程语言、开发框架和数据库接口兼容。它支持主流的 SQL 标准和通用编程语言、接口、开发框架，方便用户进行应用开发和系统集成。

除此之外，DM8 采用了独特的双存储引擎架构，即行存储引擎和列存储引擎，二者可相互配合、协同工作，实现了计算层和存储层的分离，支持共享存储式集群和分布式事务集群。

## （四）DM 数据库逻辑存储结构

DM 数据库为数据库中的所有对象分配逻辑空间，并存放在数据文件中。在 DM 数据库内部，所有的数据文件组合在一起被划分到一个或者多个表空间中，数据库内部的所有对象都存放在这些表空间中。同时，表空间被进一步划分为段、簇和页（也称为块）。通过这种细分，DM 数据库能够更加高效地控制磁盘空间的利用率。DM 数据库逻辑存储结构如图 6－1 所示。

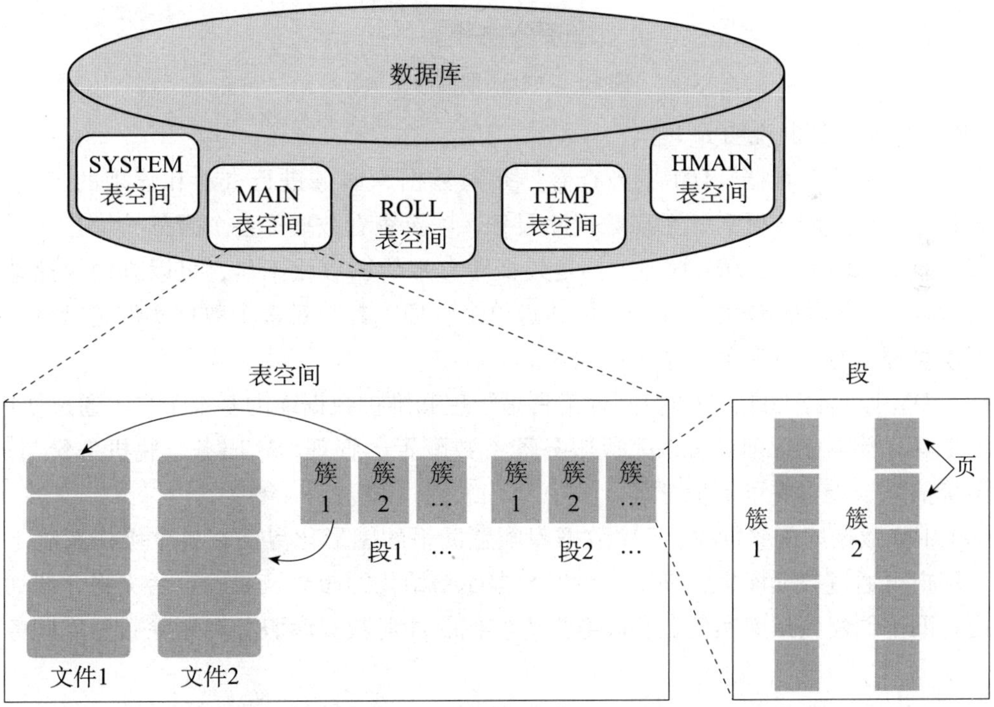


**图 6－1　DM 数据库逻辑存储结构**

DM 数据库中存储的层次结构如下。

（1）数据库由一个或多个表空间组成。

（2）每个表空间由一个或多个数据文件组成。

（3）每个数据文件由一个或多个簇组成。

（4）段是簇的上级逻辑单元，一个段可以跨多个数据文件。

（5）簇由磁盘上连续的页组成，一个簇总是在一个数据文件中。

（6）页是数据库中最小的分配单元，也是数据库中使用的最小的I/O（读写）单元。

### （五）DM数据库工具

DM数据库工具，即DM数据库提供的一系列用于数据库管理、运维和开发的工具，这些工具涵盖了从数据库的安装、配置、管理到数据迁移、备份恢复等多个方面，如图6-2所示。

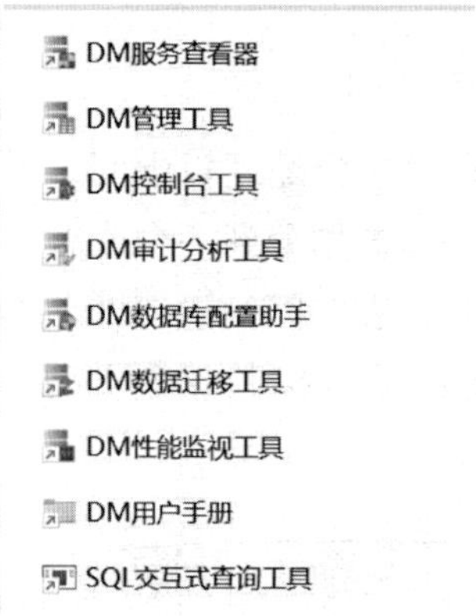


**图6-2　DM数据库工具**

DM数据库工具的说明如下。

（1）DM服务查看器：DM服务查看器是对数据库服务进行查看和管理的工具。DM服务查看器，可关闭、开启、重启数据库服务，以及查看数据库各个服务的状态。

（2）DM管理工具：DM管理工具是数据库自带的图形化工具，可以方便快捷地对数据进行管理。在网络允许的条件下，可通过单个管理工具，对多个数据实例进行管理，简化数据库管理员对数据库的日常运维操作。

（3）DM控制台工具：DM控制台工具是管理和维护数据库的基本工具。通过使用DM控制台工具，数据库管理员可以完成服务器参数配置、管理DM服务、脱机备份与还原、查看系统信息、查看许可证信息等。

（4）DM数据库配置助手：DM数据库配置助手的图形化界面在各个操作系统上保持一致，用户可通过数据库配置助手来设置数据库初始化的参数及属性。后文将介绍通过数据库配置助手创建数据库实例、删除数据库实例、注册数据库服务和删除数据库服务四种操作。

（5）DM数据迁移工具（DTS）：DM数据迁移工具提供了主流大型数据库迁移到DM、DM到DM、文件迁移到DM以及DM迁移到文件等功能。

（6）DM性能监视工具：DM性能监视工具是数据库管理员用来监视服务器的活动和性能情况，并对系统参数进行调整的客户端工具，它允许数据库管理员在本机或远程监视服务器的运行状况。

（7）SQL交互式查询工具：常用的SQL交互式查询工具为DISQL。DISQL是DM数据库的一款命令行客户端工具，用于进行SQL交互式查询。DISQL一般用于没有图形化界面时的操作。

## 二、DM 数据库基本操作

### （一）管理表空间

打开 DM 管理工具，其界面如图 6－3 所示。

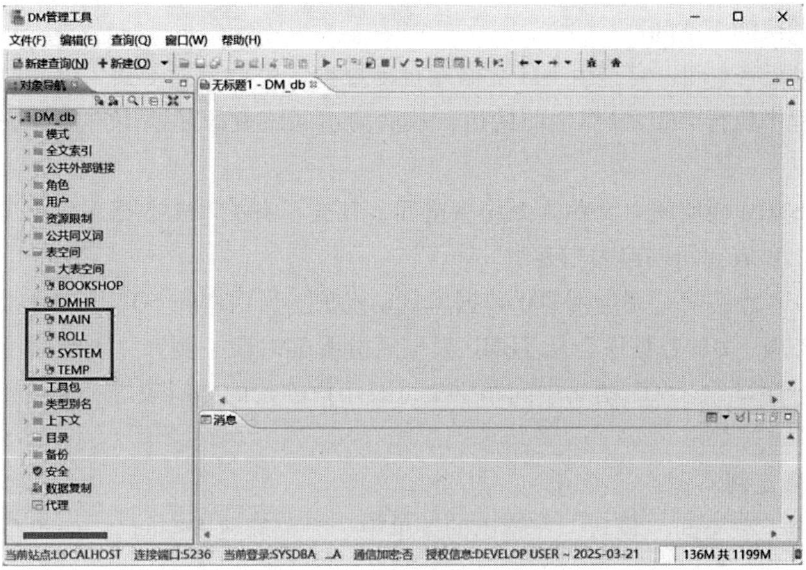


**图 6－3　DM 管理工具界面**

单击“连接”按钮新建数据库连接，在弹出的“新建数据库连接”对话框中输入用户名和口令，然后单击“测试”按钮。弹出“连接测试成功”的提示后，单击“连接”按钮，如图 6－4 所示。

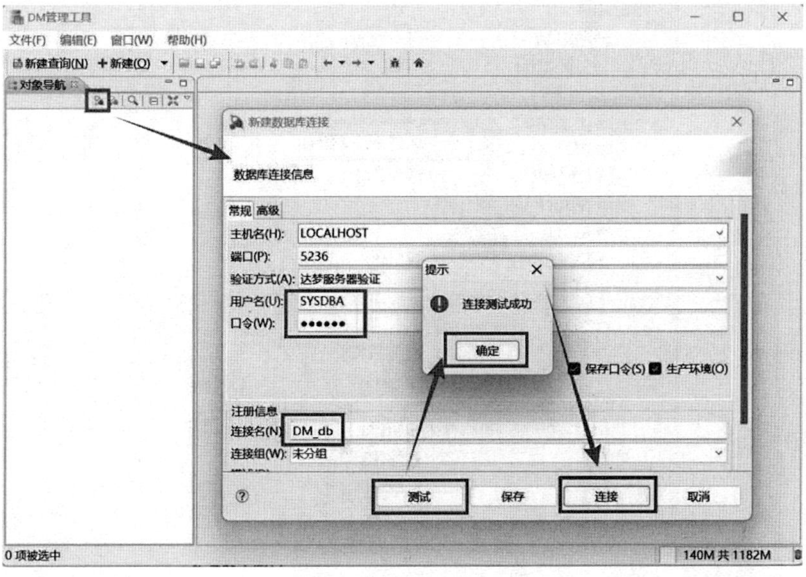


**图 6－4　新建数据库连接**

在创建 DM 数据库时，会自动创建四个表空间：MAIN 表空间、ROLL 表空间、SYSTEM 表空间和 TEMP 表空间。

（1）MAIN 表空间：在初始化数据库时，会自动创建一个大小为 128MB 的数据文件 MAIN. DBF，以及一个 HMAIN 目录作为 HUGE 数据（大数据）文件路径，因此 MAIN 表空间为混合表空间。在创建用户时，如果没有指定默认表空间，则系统自动指定 MAIN 表空间为用户默认的表空间。

（2）ROLL 表空间：完全由 DM 数据库自动维护，用户无须干预。该表空间用来存放事务运行过程中执行 DML 操作之前的值，从而为访问该表的其他用户提供表数据的一致性视图。

（3）SYSTEM 表空间：又称为系统表空间，存放了有关 DM 数据库的字典信息，用户不能在 SYSTEM 表空间创建表和索引。

（4）TEMP 表空间：完全由 DM 数据库自动维护。当用户的 SQL 语句需要磁盘空间来完成某个操作时，DM 数据库会从 TEMP 表空间分配临时段。例如，创建索引、无法在内存中完成的排序操作、SQL 语句中间结果集以及用户创建的临时表等都会使用到 TEMP 表空间。

**1. 创建表空间**

右键单击“表空间”模块，在弹出的菜单中选择“新建表空间”，如图 6－5 所示。

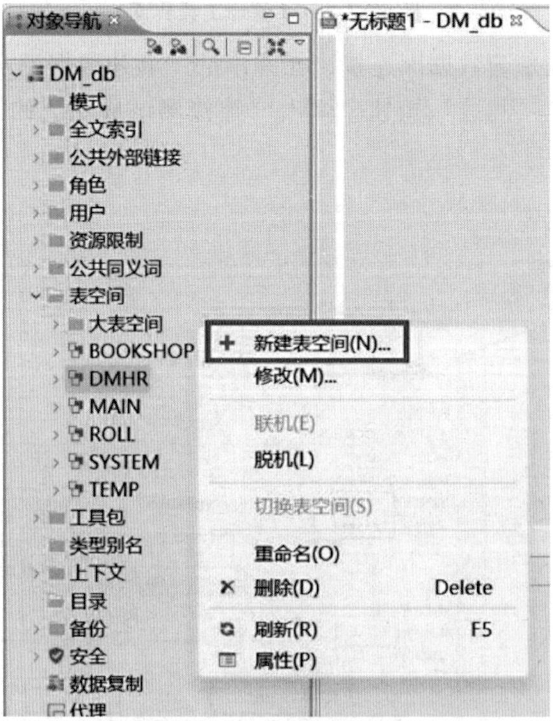


**图 6－5　新建表空间**

弹出“新建表空间”对话框，定义表空间名和数据文件，如输入表空间名为 TEST，指定数据文件为 TEST. DBF，如图 6－6 所示。

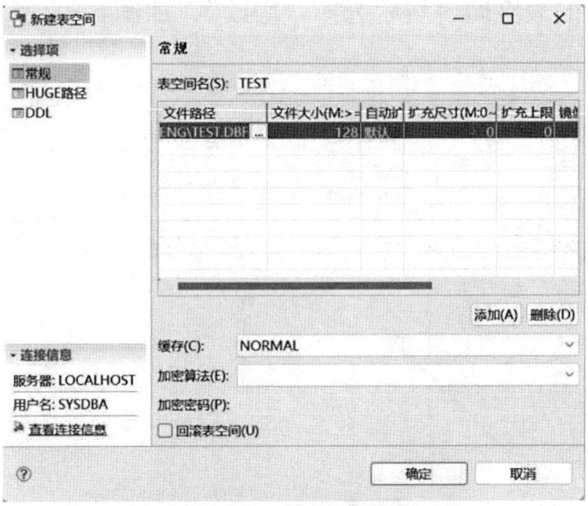


图 6－6　定义表空间名和数据文件

创建表空间的基本语法格式如下。

```
CREATE TABLESPACE <表空间名>
DATAFILE '<数据文件路径和名称>' SIZE initial_size [AUTOEXTEND ON NEXT extend_size MAXSIZE max_size]
[DATAFILE 'another_file_path_and_name' SIZE...];
```

上述语法中，initial_size 表示表空间的初始大小，单位可以是 MB 或 GB；AUTOEXTEND ON NEXT extend_size 表示自动扩展设置，指定每次扩展的大小；MAXSIZE max_size 表示数据文件最大尺寸。可以通过添加多个 DATAFILE 子句来指定多个数据文件。

需要注意的是，表空间名在数据库中必须唯一；一个表空间中，数据文件和镜像文件一共不能超过 256 个。

例如，创建表空间 TEST2，指定数据文件 TEST. DBF，大小 128MB，具体如下。

```
CREATE TABLESPACE TEST2 DATAFILE 'D: \ dmdba \ dmdbms \ data \ DAMENG \ TEST2. dbf' SIZE 128;
```

执行结果如图 6－7 所示。

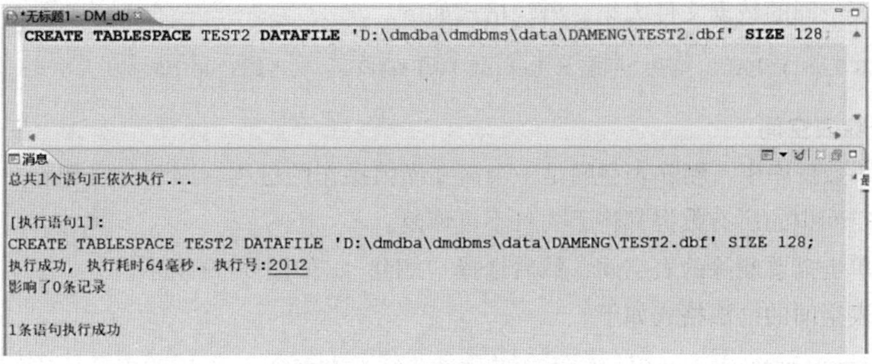


图 6－7　创建表空间 TEST2

**2. 修改表空间**

右键单击需要修改的表空间，然后选择“修改”，如图 6－8 所示。

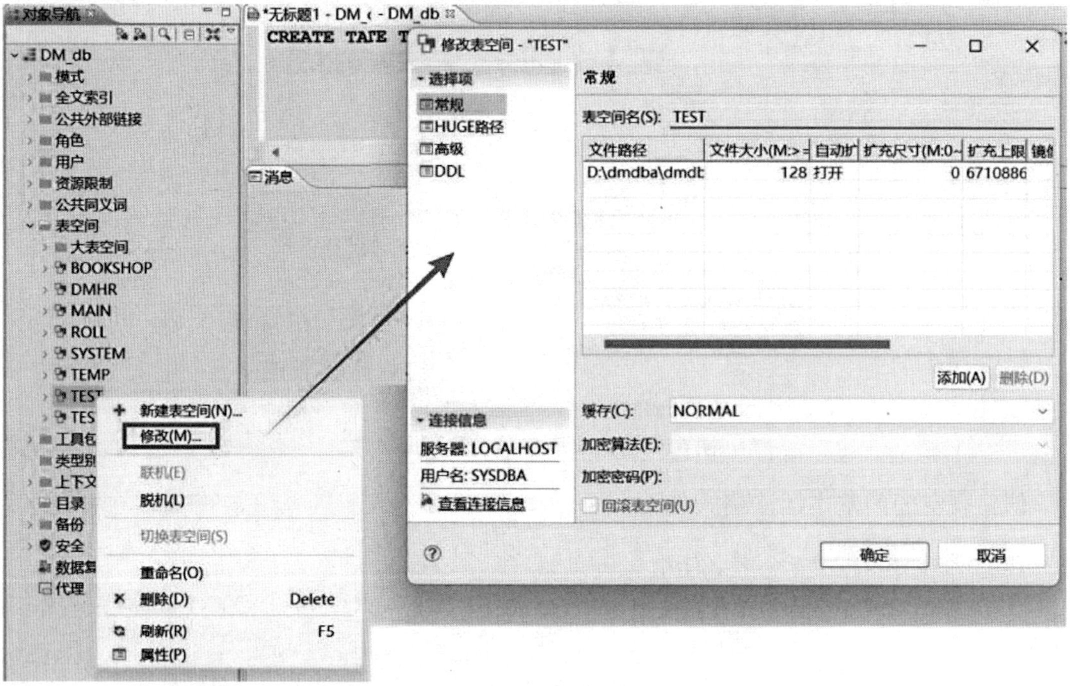


图 6－8　修改表空间

修改表空间名称，即重命名表空间的语法格式如下。

```
ALTER TABLESPACE <原表空间名> RENAME TO <新表空间名>;
```

需要注意的是，在执行重命名操作之前，请确保没有事务正在使用该表空间，并且具有足够的权限。

为表空间增加数据文件的语法格式如下。

```
ALTER TABLESPACE <表空间名> ADD DATAFILE '<文件路径>' SIZE <初始大小> [AUTOEXTEND ON NEXT <扩展大小> MAXSIZE <最大尺寸>];
```

修改表空间的数据文件大小，语法格式如下。

```
ALTER TABLESPACE <表空间名> RESIZE DATAFILE '<文件路径>' TO <新大小>;
```

**3. 删除表空间**

在 DM 数据库中，删除表空间是一个需要谨慎操作的过程，因为一旦删除并且没有备份，该表空间中的所有数据都将丢失且不可恢复。

右键单击需要删除的表空间，然后选择“删除”，如图 6－9 所示。

删除表空间的语法格式如下。

```
DROP TABLESPACE <表空间名>;
```

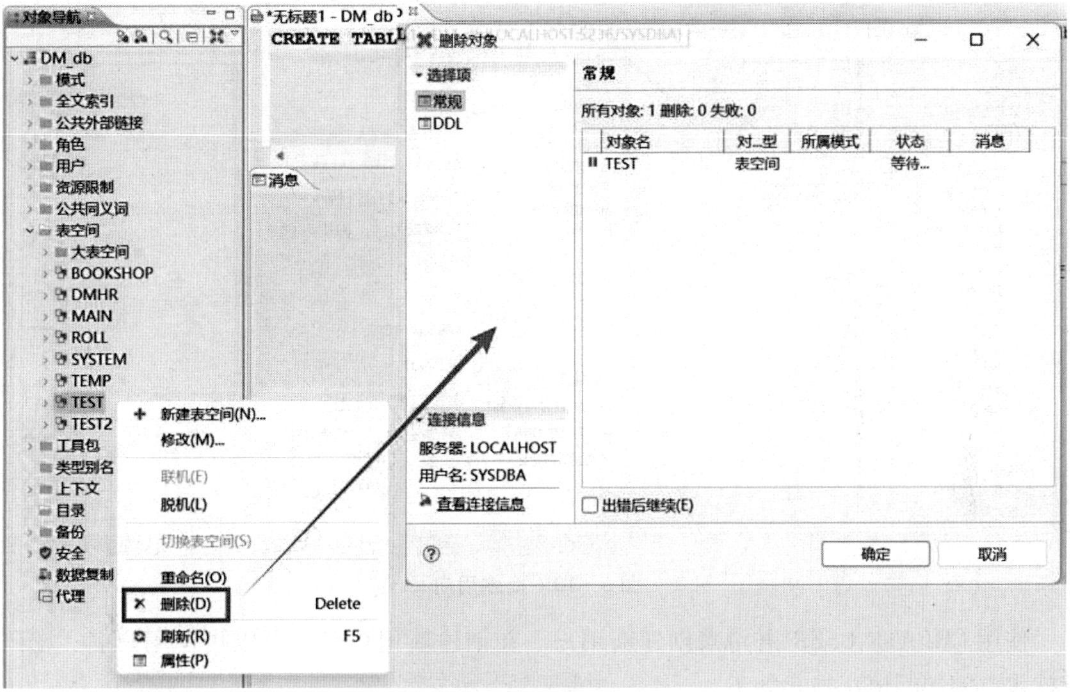

图 6-9　删除表空间

## （二）管理用户

DM 数据库的四个核心系统用户分别如下。

（1）SYSDBA：SYSDBA 是数据库的管理员用户，拥有对数据库的最高权限。它可以执行包括数据库启动、停止、备份、还原等在内的所有管理操作。SYSDBA 的默认表空间是 MAIN。

（2）SYSAUDITOR：SYSAUDITOR 是审计用户，主要负责审查和分析系统管理员和安全保密管理员的日志。然而，它不能创建用户，也不能进行审计策略的设置。SYSAUDITOR 的默认表空间是 SYSTEM。

（3）SYSSSO：SYSSSO 是安全用户，负责用户权限设定以及系统日志、普通用户和安全审计员日志的审查分析。它还可以设置所有用户（包括自己）的审计策略，并配置自主访问控制。SYSSSO 的默认表空间也是 SYSTEM。

（4）SYS：SYS 是 DM 数据库的内置管理用户，但它不能用于登录数据库。它主要负责生成用户身份标识符和系统运行维护，包括创建、删除用户，查看用户属性（但没有修改用户安全属性的权限），创建、删除角色，管理表空间，以及备份和还原数据库。SYS 用户还可以访问和使用数据库中的大部分数据字典和动态性能视图。SYS 用户的默认表空间是 SYSTEM。

**1. 创建用户**

展开“用户”模块，右键单击“管理用户”，选择“新建用户”，创建一个 TEST 用户，并为该用户关联表空间 TEST，如图 6-10 所示。

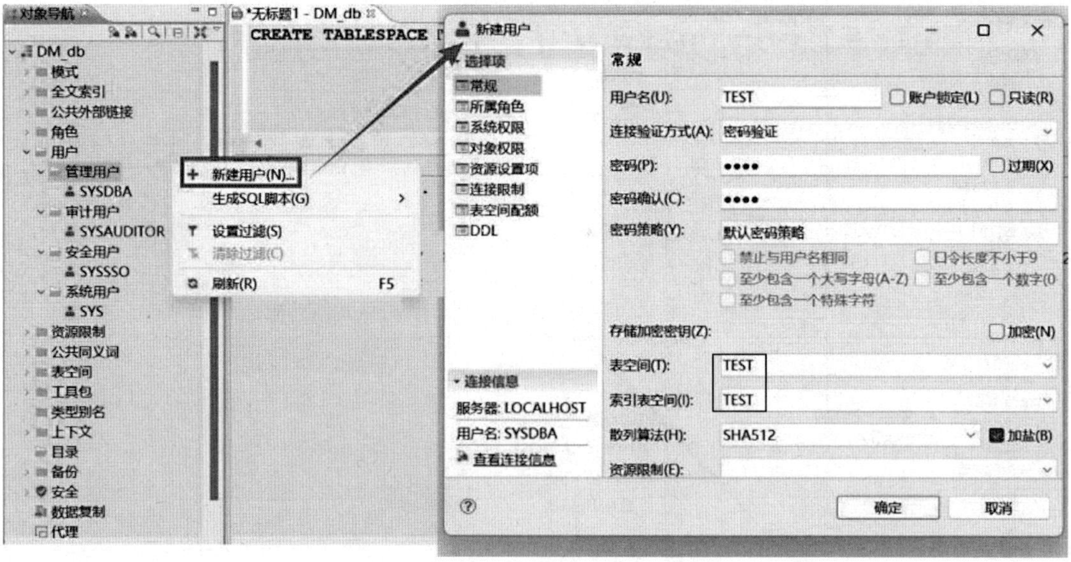


**图 6－10　新建用户**

使用 CREATE USER 语句来创建新用户。在创建新用户时，可以指定用户名、密码、默认表空间等，语法格式如下。

```
CREATE USER <登录名> IDENTIFIED BY <密码>
[ DEFAULT TABLESPACE <表空间名> ]
[ QUOTA quota_size ON <表空间名> ]
……;
```

例如，创建用户 TEST2，密码“Test2@123”，使用散列算法 SHA512，使用存储加密密钥“123456”，指定表空间为 TEST2，关联表空间为 TEST2，具体如下。

```
CREATE USER"TEST2" IDENTIFIED BY "Test2@123" hash with SHA512 salt
ENCRYPT BY "123456"
DEFAULT TABLESPACE "TEST2"
DEFAULT INDEX TABLESPACE "TEST2";
```

### 2. 修改用户

右键单击需要修改权限的用户，选择“修改”，如图 6－11 所示。除了修改常规的用户信息，还可以修改用户的所属角色、系统权限、对象权限等。

使用 ALTER USER 语句可修改用户口令。除口令外，这个语句还可以修改用户的口令策略、空间限制、只读属性以及资源限制等。

### 3. 删除用户

当一个用户不再需要访问数据库时，应将这个用户及时地从数据库中删除，否则可能会有安全隐患。删除用户的操作一般由 SYSDBA、SYSSSO、SYSAUDITOR 完成，它们可以删除同类型的其他用户。普通用户要删除其他用户，需要具有 DROP USER 权限。

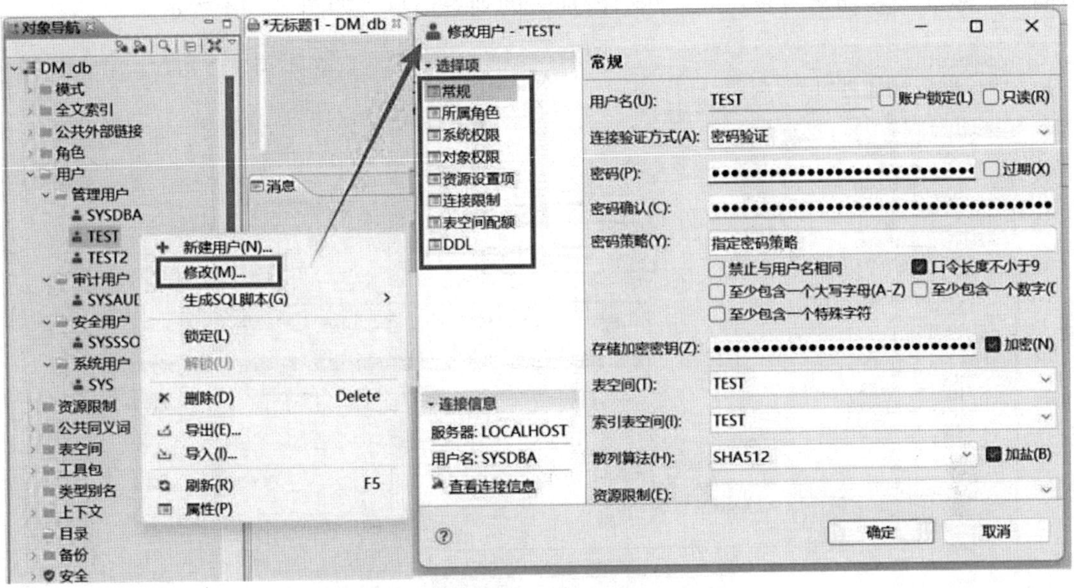


图 6-11　修改用户

右键单击需要删除的用户，选择“删除”，如图 6-12 所示。

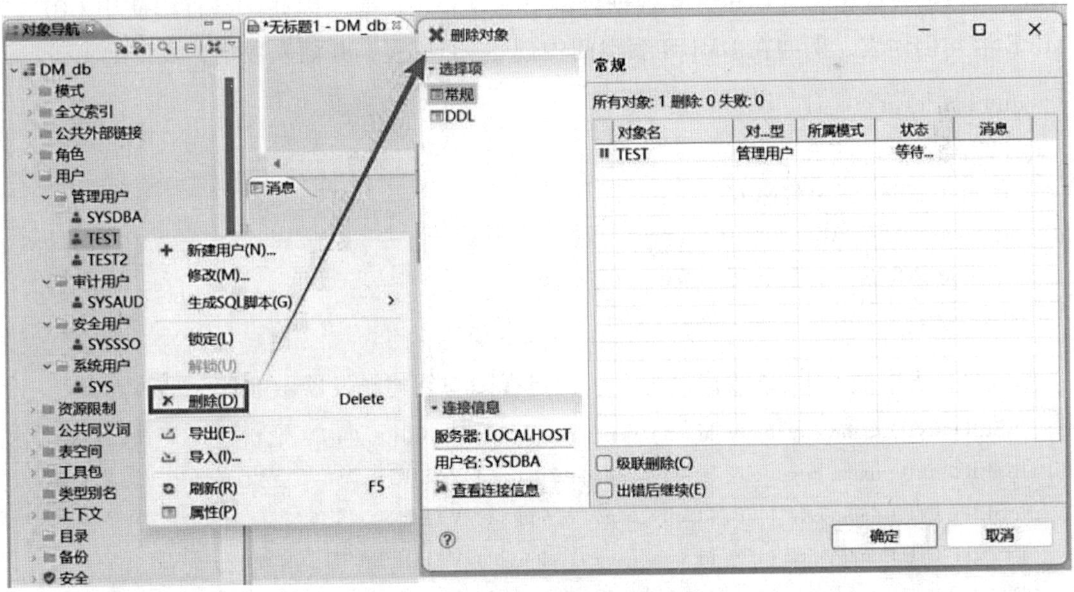


图 6-12　删除用户

使用 DROP USER 语句删除用户，语法格式如下。

```
DROP USER [IF EXISTS] <用户名> [RESTRICT | CASCADE];
```

## （三）创建数据库对象

### 1. 创建表

打开 DM 管理工具中的“+新建”列表，单击“表”按钮，在弹出的“新建表”对话框中，添加表名和索引表空间，然后添加表的列等信息，如图 6－13 所示。

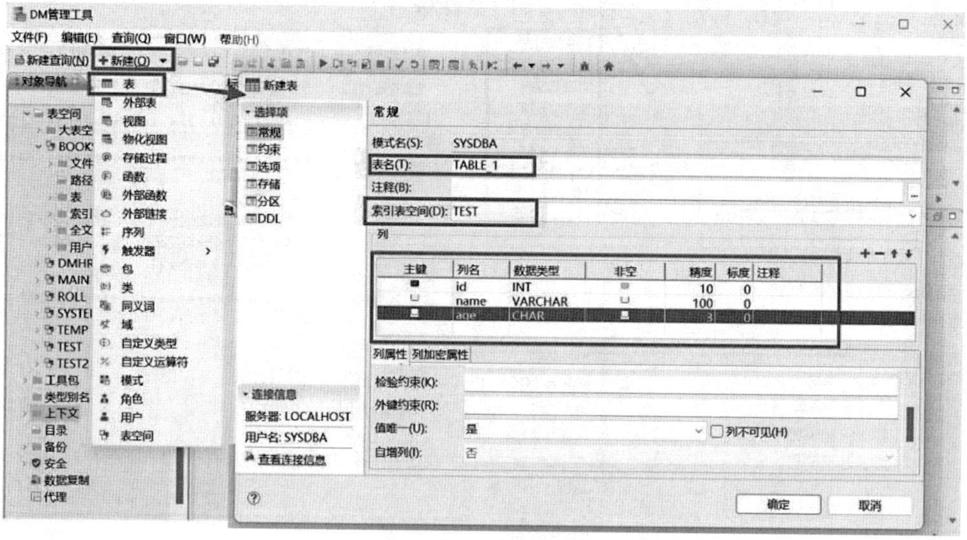


**图 6－13　创建表**

DM 数据库遵循 SQL 的基本语法结构，如数据定义语言（DDL）、数据操纵语言（DML）、数据查询语言（DQL）和数据控制语言（DCL）等。因此，可直接使用 CREATE TABLE 语句创建表，例如在 DMHR 表空间中创建 CITY 表，并插入数据，具体如下。

```
CREATE TABLE dmhr. city
(
city_id CHAR (3) NOT NULL,
city_name VARCHAR (40) NULL,
region_id INT NULL
);
```

在 CITY 表中插入 11 条数据，为后续创建视图与创建触发器做准备，具体如下。

```
INSERT INTO dmhr. city (city_id, city_name, region_id) VALUES ('BJ', '北京', 1);
INSERT INTO dmhr. city (city_id, city_name, region_id) VALUES ('SJZ', '石家庄', 1);
INSERT INTO dmhr. city (city_id, city_name, region_id) VALUES ('SH', '上海', 2);
INSERT INTO dmhr. city (city_id, city_name, region_id) VALUES ('NJ', '南京', 2);
INSERT INTO dmhr. city (city_id, city_name, region_id) VALUES ('GZ', '广州', 3);
INSERT INTO dmhr. city (city_id, city_name, region_id) VALUES ('HK', '海口', 3);
INSERT INTO dmhr. city (city_id, city_name, region_id) VALUES ('WH', '武汉', 4);
INSERT INTO dmhr. city (city_id, city_name, region_id) VALUES ('CS', '长沙', 4);
INSERT INTO dmhr. city (city_id, city_name, region_id) VALUES ('SY', '沈阳', 5);
INSERT INTO dmhr. city (city_id, city_name, region_id) VALUES ('XA', '西安', 6);
INSERT INTO dmhr. city (city_id, city_name, region_id) VALUES ('CD', '成都', 7);
```

查询 CITY 表中的数据，具体如下。

```
SELECT * FROM dmhr.city;
```

执行结果如图6-14所示。

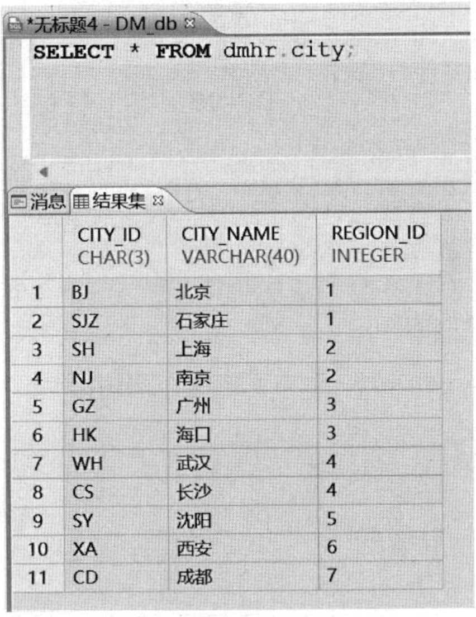

*无标题4 - DM_db

SELECT * FROM dmhr.city;

消息 结果集

| | CITY_ID CHAR(3) | CITY_NAME VARCHAR(40) | REGION_ID INTEGER |
|---|---|---|---|
| 1 | BJ | 北京 | 1 |
| 2 | SJZ | 石家庄 | 1 |
| 3 | SH | 上海 | 2 |
| 4 | NJ | 南京 | 2 |
| 5 | GZ | 广州 | 3 |
| 6 | HK | 海口 | 3 |
| 7 | WH | 武汉 | 4 |
| 8 | CS | 长沙 | 4 |
| 9 | SY | 沈阳 | 5 |
| 10 | XA | 西安 | 6 |
| 11 | CD | 成都 | 7 |

**图6-14　查询CITY表中的数据**

### 2. 创建视图

对CITY表创建一个视图，命名为V_CITY，保存region_id小于4的数据，列名包含city_id、city_name和region_id，具体如下。

```
CREATE VIEW dmhr.v_city AS
SELECT
        city_id,
        city_name,
        region_id
FROM
        dmhr.city
WHERE
        region_id < 4;
```

查询V_CITY视图结果集，具体如下。

```
SELECT * FROM dmhr.v_city;
```

执行结果如图6-15所示。

### 3. 创建存储过程

创建一个名为PROC_1的存储过程，输入参数的数据类型为INT，变量B赋予初始值10，输出变量A的值为输入变量A的值与变量B的值之和，具体如下。

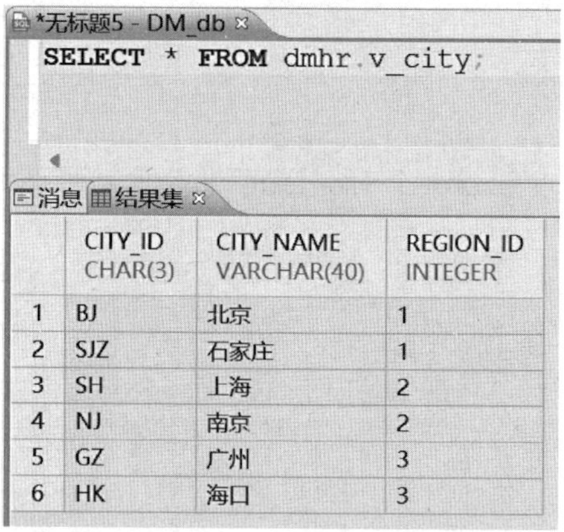


图 6-15　查询 V_CITY 视图结果集

```
CREATE PROCEDURE dmhr. proc_1
          (a IN OUT INT)
AS
          b INT: =10;
BEGIN
          a: =a+b;
          PRINT 'DMHR. PROC_1 调用结果: '||a;
END;
```

调用存储过程 dmhr. proc_1，输入变量值 3，得到结果值 13，具体如下。

```
CALL dmhr. proc_1 (3);
```

执行结果如图 6-16 所示。

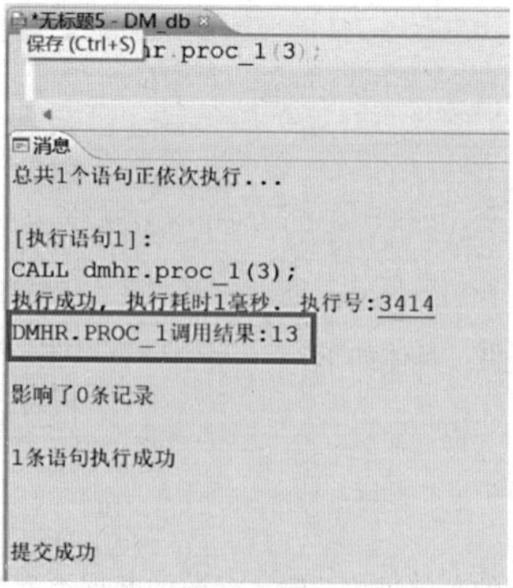


图 6-16　调用存储过程 dmhr. proc_1

## 任务实施

### 一、达梦数据库的安装与配置

#### （一）软件下载

达梦在线服务平台提供 X86 平台、信创平台和 Docker 镜像开发版的下载，用户可根据系统环境自行选择。达梦在线服务平台如图 6－17 所示。

图 6－17　达梦在线服务平台

单击“下载”，选择合适的安装包，这里选择开发版（X86 平台），单击对应的“下载”按钮，如图 6－18 所示。

图 6－18　选择合适的安装包

选择操作系统和 CPU 类型，单击“立即下载”按钮，则可以下载 DM8 安装包，如图 6－19 所示。

将下载完成的 DM8 安装包进行解压，解压后的文件如图 6－20 所示。

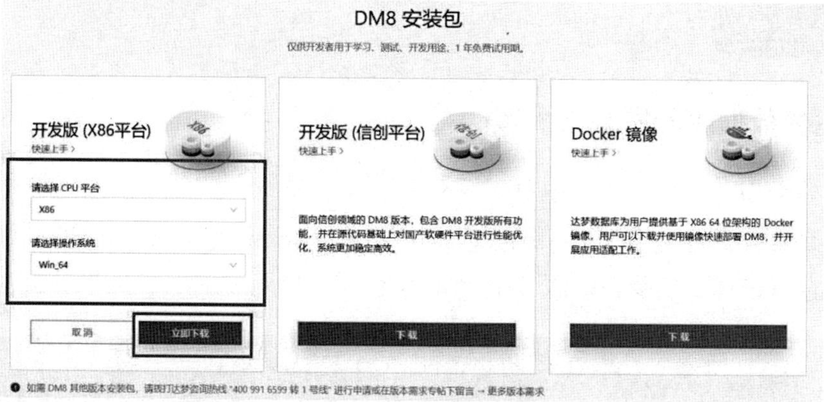


图 6－19　选择适配的操作系统和 CPU 类型

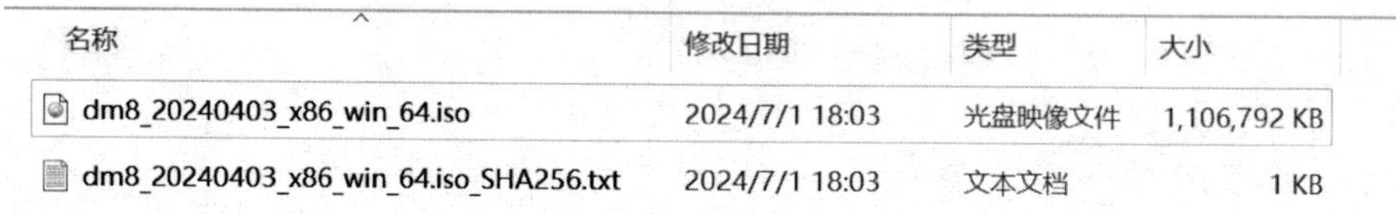


图 6－20　DM8 安装包解压后的文件

## （二）DM 数据库安装

用户在安装 DM 数据库前，需要检查当前操作系统的相关信息，确认 DM 数据库安装程序与当前操作系统匹配，以保证 DM 数据库能够正确安装和运行。

在终端通过 Win + R 打开运行窗口，输入 cmd，打开命令行工具，输入 systeminfo 命令查看系统配置，如图 6－21 所示。

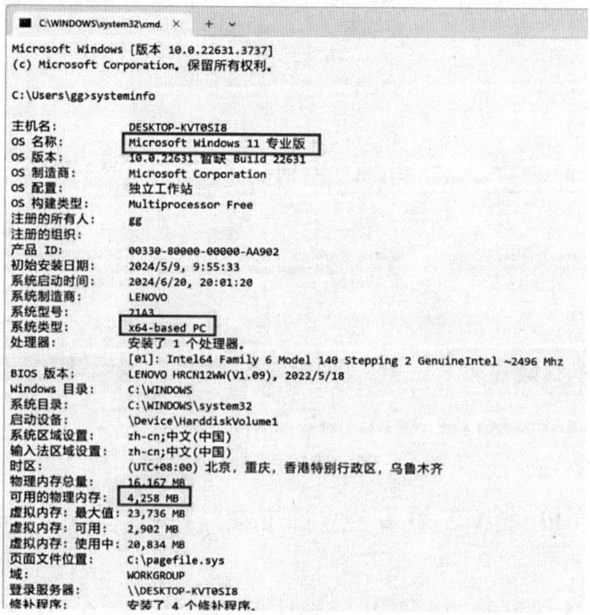


图 6－21　查看系统配置

需要注意的是，为了保证 DM 数据库的正确安装和运行，要尽量保证操作系统至少有 2GB 以上的可用内存（RAM）。如果可用内存过少，可能导致 DM 数据库安装或启动失败。可以通过“任务管理器”查看可用内存，如图 6－22 所示。

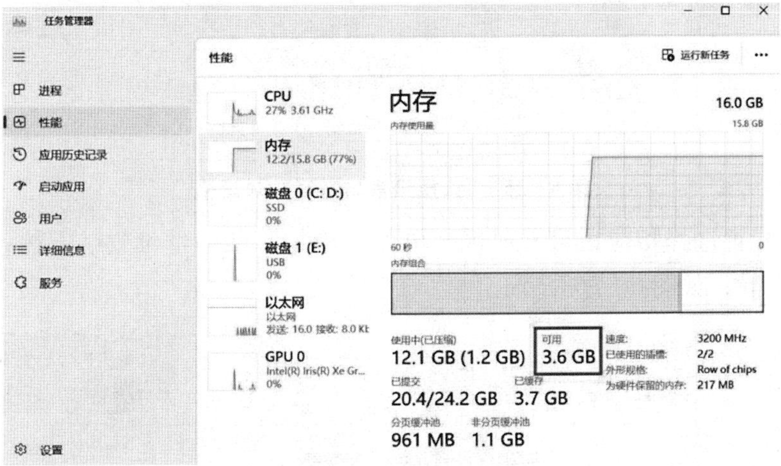


**图 6－22　查看可用内存**

找到 DM8 安装包解压后的文件，右键单击以 iso 为后缀的镜像文件，选择“装载”，如图 6－23 所示。

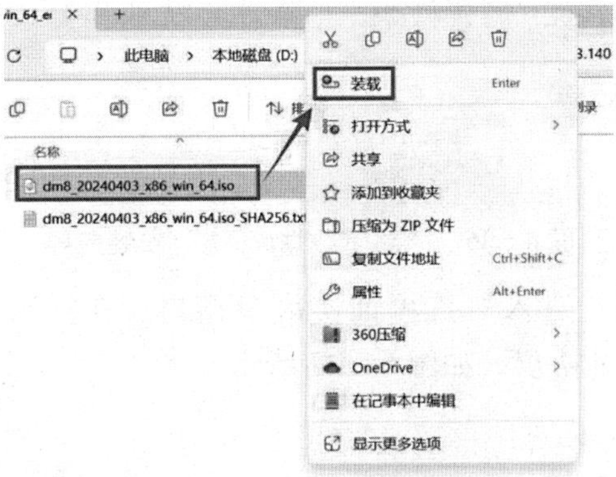


**图 6－23　装载镜像文件**

需要注意的是，可能会弹出安全警告，可以继续单击“打开”按钮。

装载成功后会弹出安装程序 setup. exe，如图 6－24 所示。

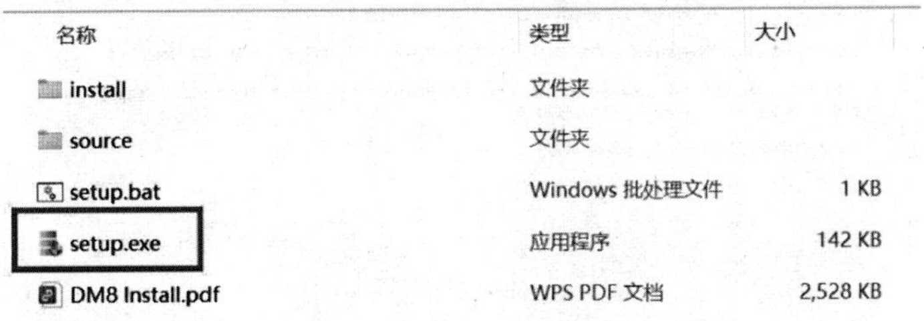


**图 6－24　安装程序 setup. exe**

双击运行安装程序 setup. exe，系统可能出现保护提示，阻止安装数据库，单击“警告”中的“更多信息”，选择“仍要运行”即可开始安装，并弹出“选择语言与时区”对话框，如图 6-25 所示。

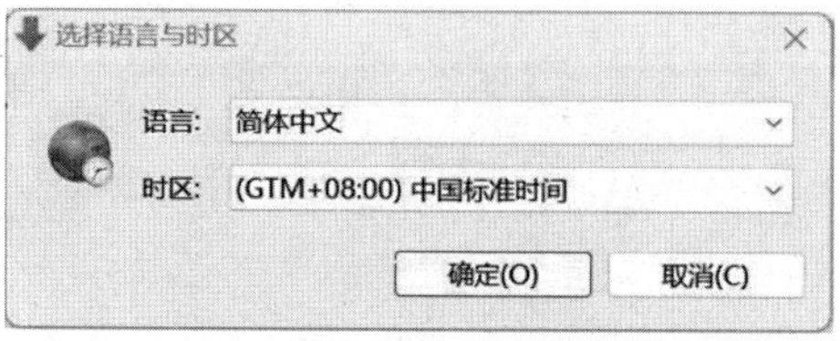


**图 6-25 “选择语言与时区”对话框**

根据系统配置选择相应语言与时区，单击“确定”按钮继续安装，进入“达梦数据库 V8”安装向导，如图 6-26 所示。

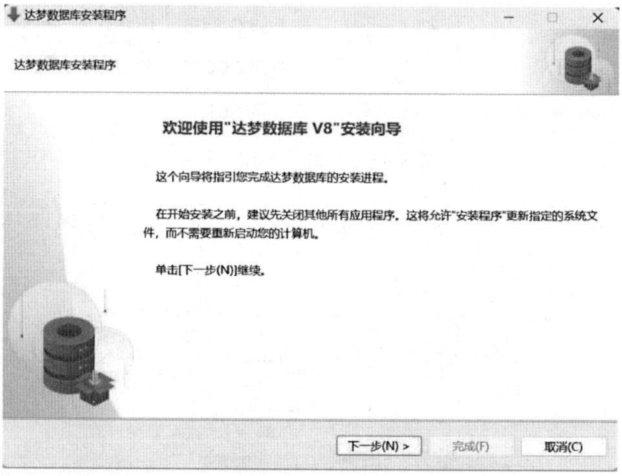


**图 6-26 “达梦数据库 V8”安装向导**

单击“下一步”按钮，进入“许可证协议”窗口。在安装和使用 DM 数据库之前，需要用户阅读并接受许可证协议，如图 6-27 所示。

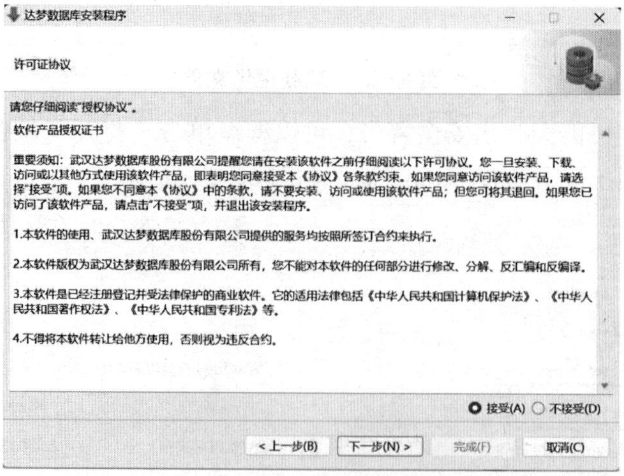


**图 6-27 阅读并接受许可证协议**

选择“接受”并单击“下一步”按钮，开始验证 Key 文件，如图 6－28 所示。如果没有 Key 文件，验证 Key 文件环节可跳过，单击“下一步”按钮即可。如有则单击“浏览”按钮，选取 Key 文件，安装程序将自动验证 Key 文件的合法性，单击“下一步”按钮继续安装。

**图 6－28　验证 Key 文件**

此处直接单击“下一步”按钮，选择安装组件。DM 数据库安装程序提供典型安装、服务器安装、客户端安装和自定义安装四种安装方式。此处建议选择“典型安装”，如图 6－29 所示。

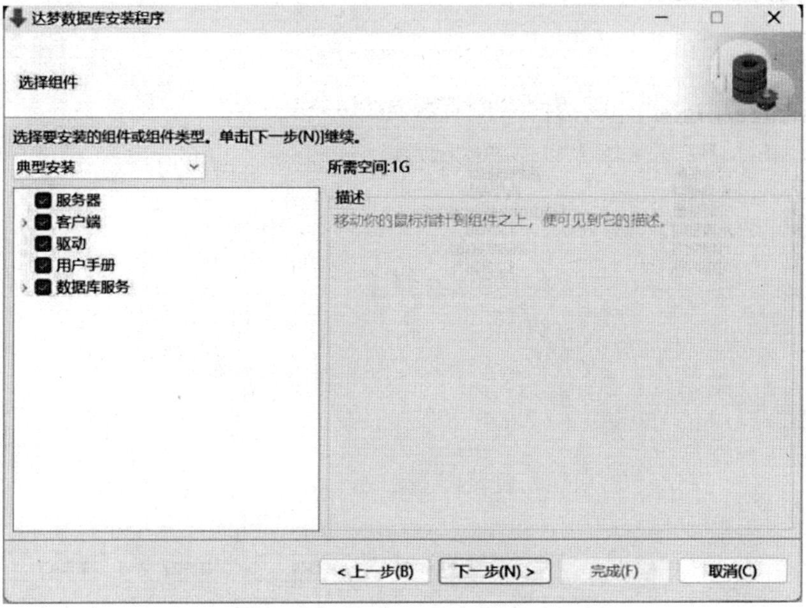


**图 6－29　选择安装组件**

单击“下一步”按钮，选择安装目录。DM 数据库默认安装在“C:\ dmdbms”目录下，此处选择安装在“D:\dmdba\dmdbms”，如图 6-30 所示。

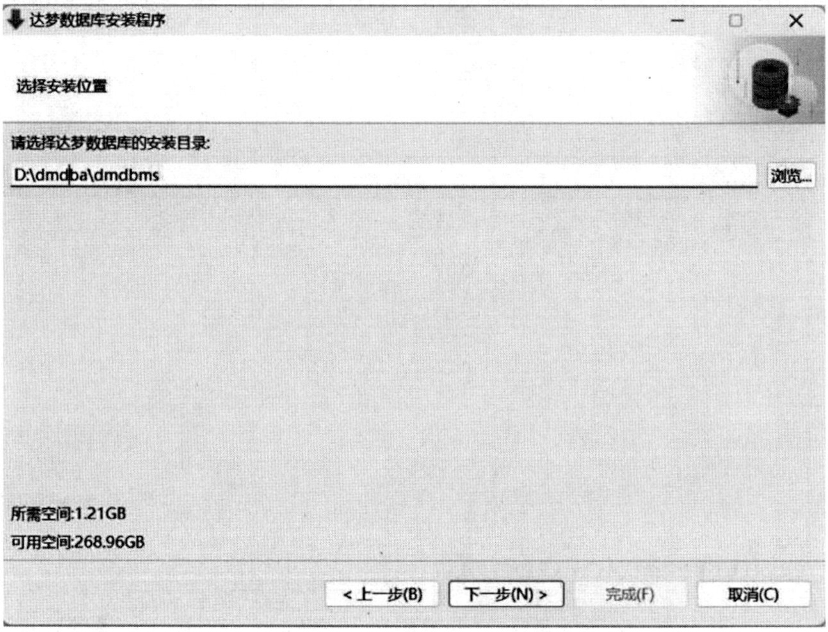


图 6-30　选择安装目录

单击“下一步”按钮，显示数据库安装信息，如产品名称、安装类型、安装目录、所需空间、可用空间、可用内存等，如图 6-31 所示，用户检查无误后单击“安装”按钮进行 DM 数据库的安装。

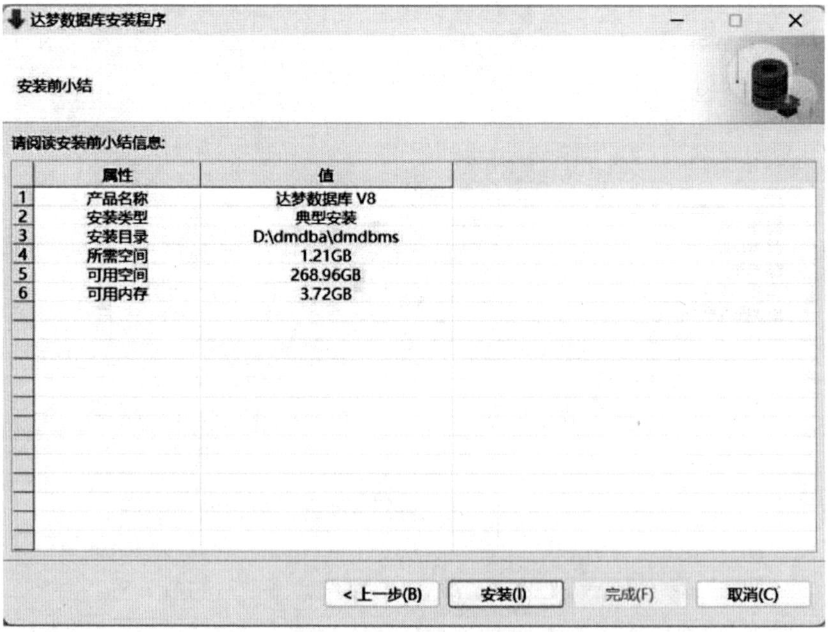


图 6-31　数据库安装信息

安装过程结束后，单击“完成”按钮，如图6－32所示。

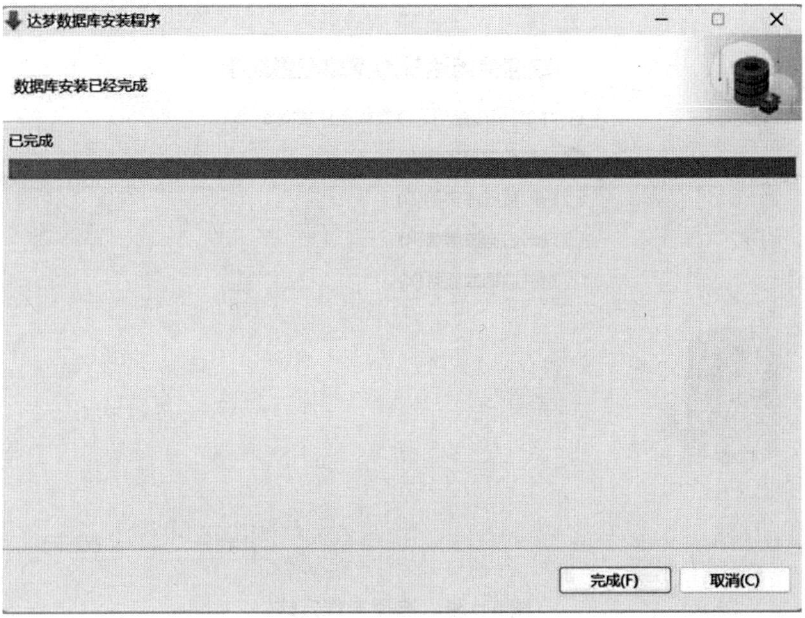


图6－32　安装过程结束

数据库安装完成后，选择“初始化数据库”，单击“初始化”按钮，如图6－33所示。

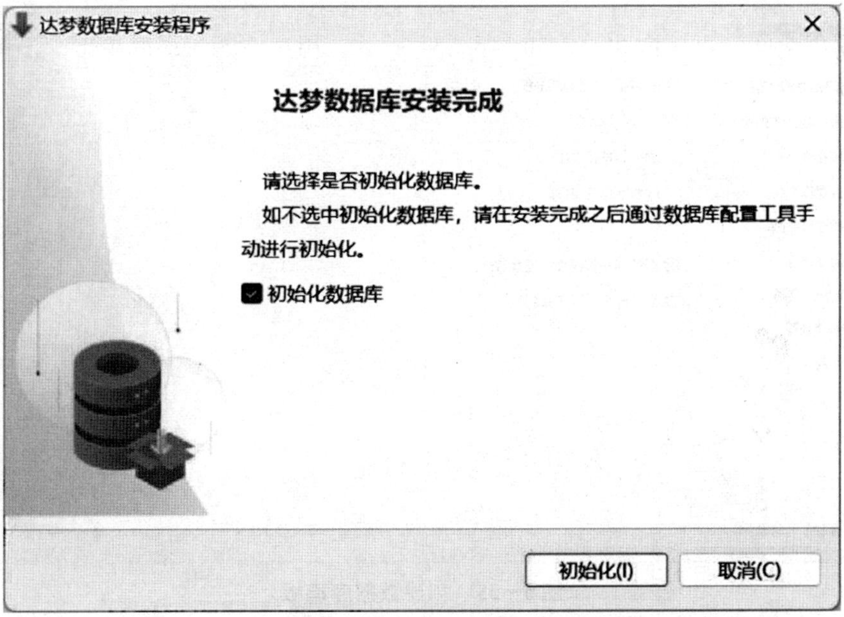


图6－33　初始化数据库

（三）配置实例

使用达梦数据库配置助手配置实例，首先选择操作方式，此处选择“创建数据库实例”，如图6－34所示。

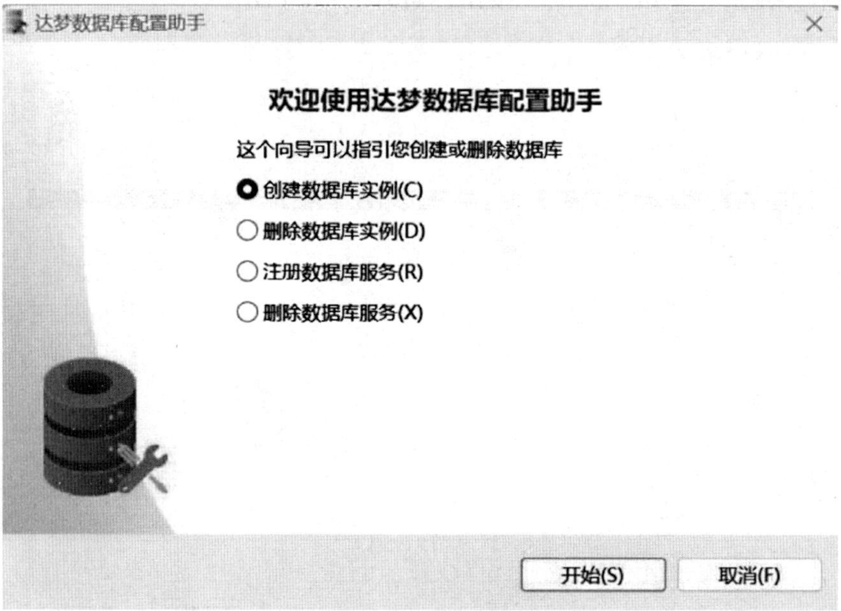


图 6－34　选择操作方式

单击“开始”按钮进入下一步，创建数据库模板，如图 6－35 所示。

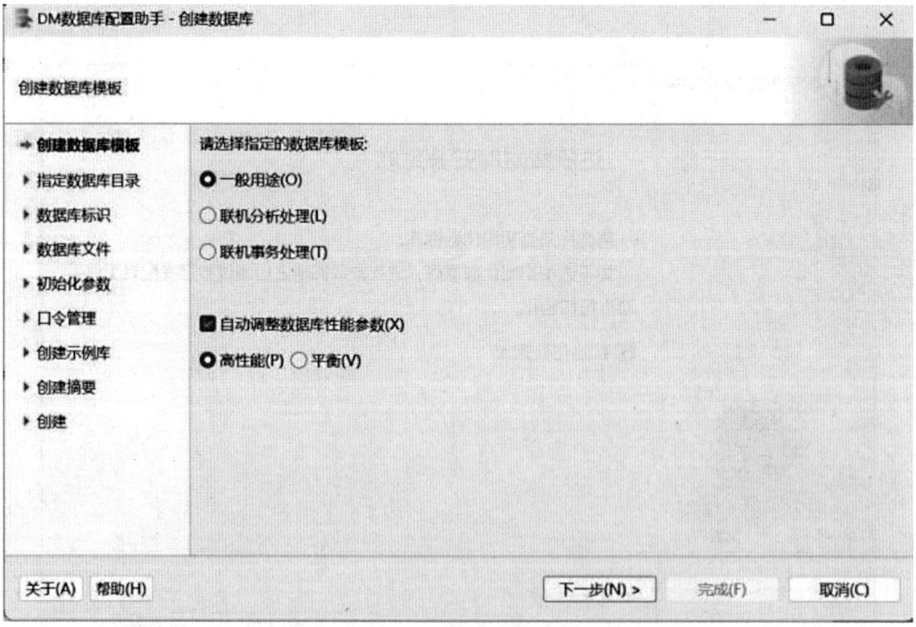


图 6－35　创建数据库模板

可以根据实际需求选择合适的数据库模板，此处选择“一般用途”，其他保持默认配置。单击“下一步”按钮，选择数据库实例目录，如图 6－36 所示。

单击“下一步”按钮，输入数据库标识，可自定义输入数据库名、实例名、端口号等参数或保持默认，如图 6－37 所示。

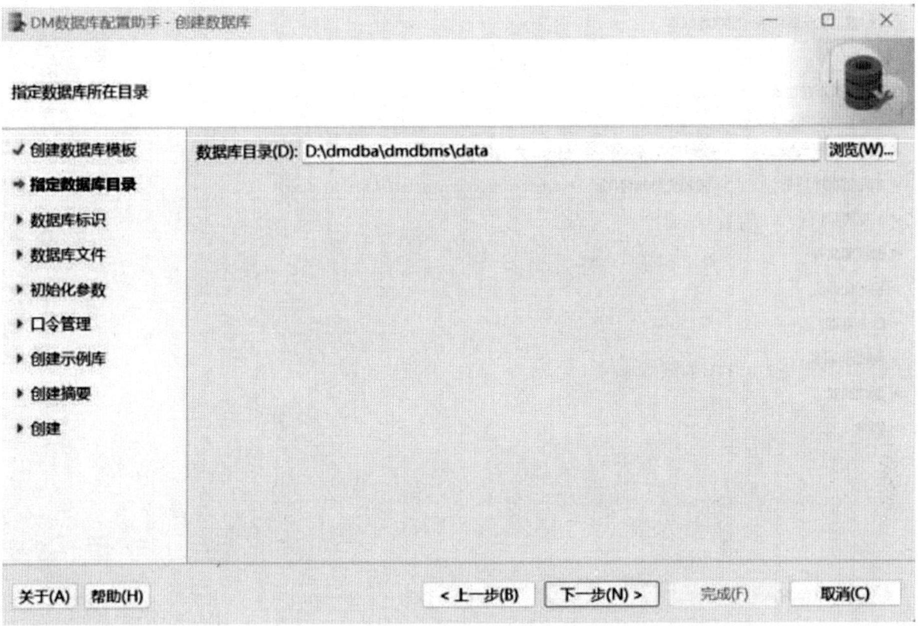


图 6－36　选择数据库实例目录

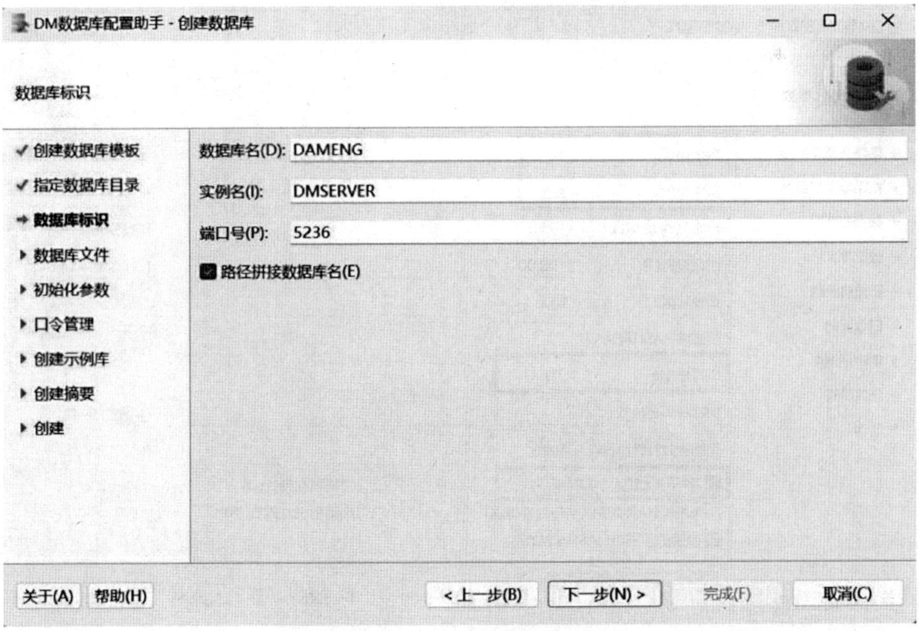


图 6－37　输入数据库标识

单击“下一步”按钮，设置数据库文件所在位置，此处保持默认配置路径，如图 6－38 所示。

单击“下一步”按钮，设置数据库初始化参数，如图 6－39 所示。相关参数说明如下。

（1）簇大小：默认值 16，可选值有 16、32、64。

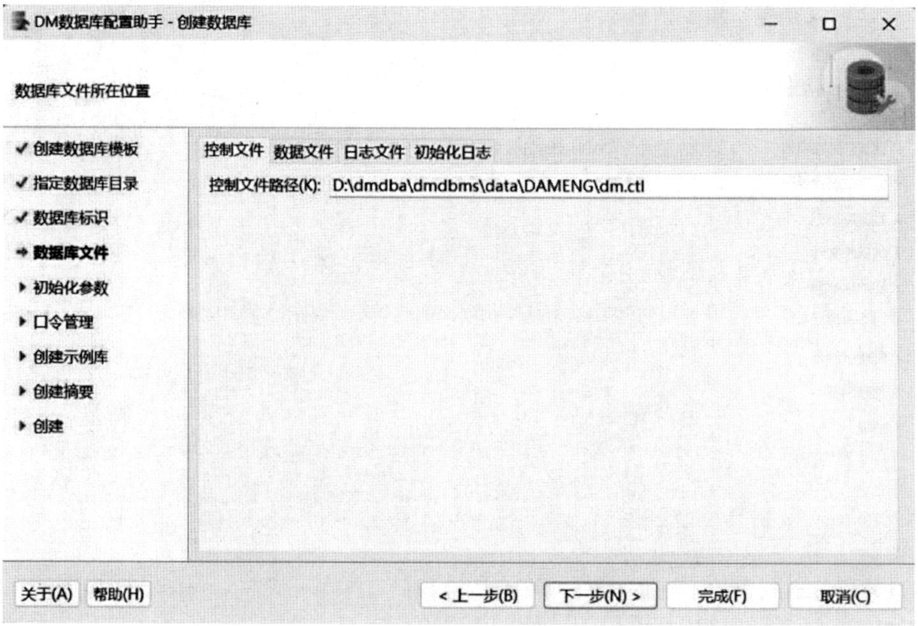


**图 6-38　设置数据库文件所在位置**

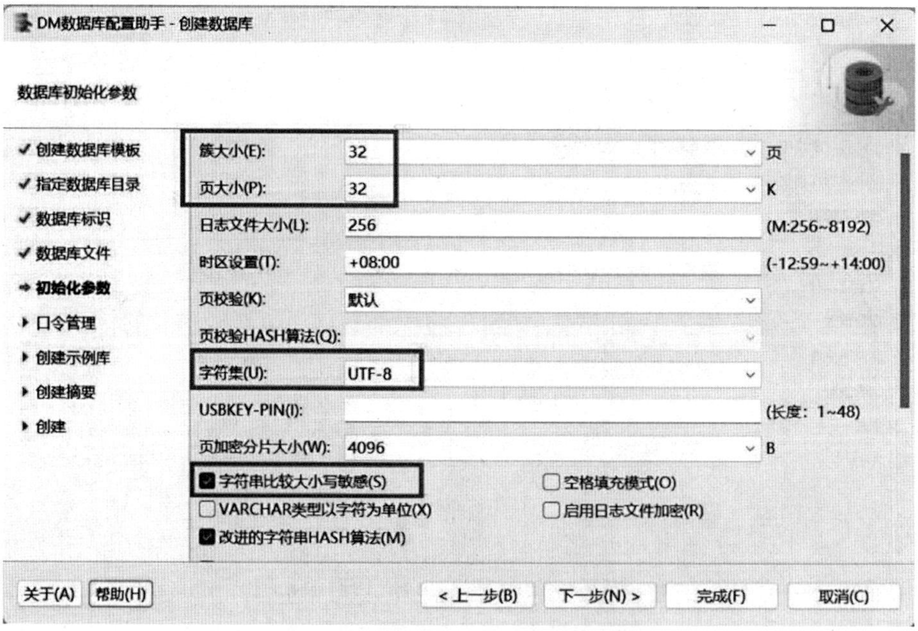


**图 6-39　设置数据库初始化参数**

（2）页大小：默认值 8，可选值有 4、8、16、32。

（3）日志文件大小：默认值 256，文件大小限制为 64MB～2GB。

（4）字符集：默认值 GB18030，可选值有 UTF-8、EUC-KR。

（5）字符串比较大小写敏感：选择该选项后，数据库对大小写敏感。

需要注意的是簇大小、页大小、字符串比较大小写敏感、字符集、空格填充模式等部分参数，一旦确定无法修改，需谨慎设置。

单击“下一步”按钮，设置口令管理，选择默认配置即可，默认口令与用户名一致，如图6－40所示。

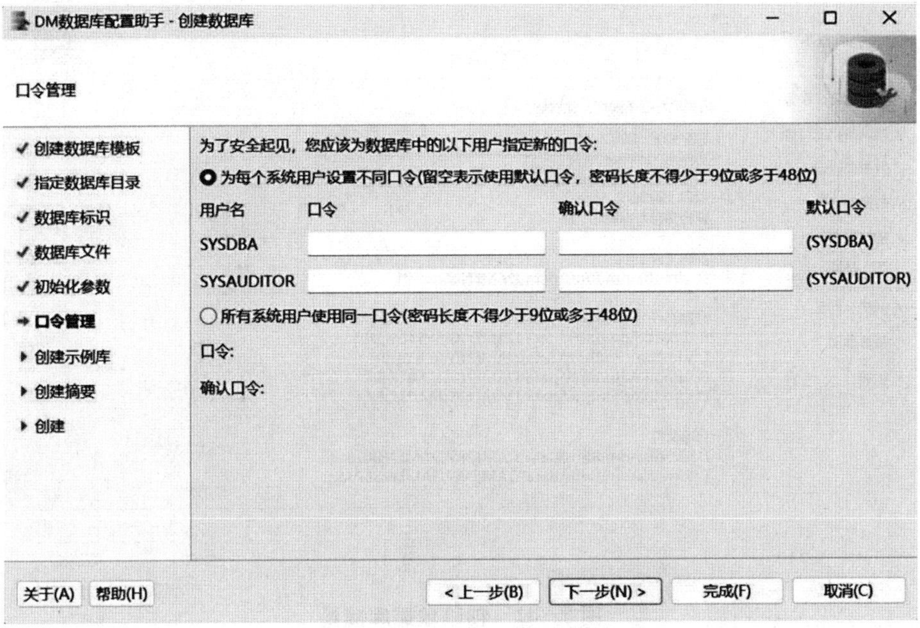


**图6－40　设置口令管理**

单击“下一步”按钮，选择创建示例库，此处可以勾选“创建示例库BOOKSHOP（S）”或“创建示例库DMHR（R）”，如图6－41所示。

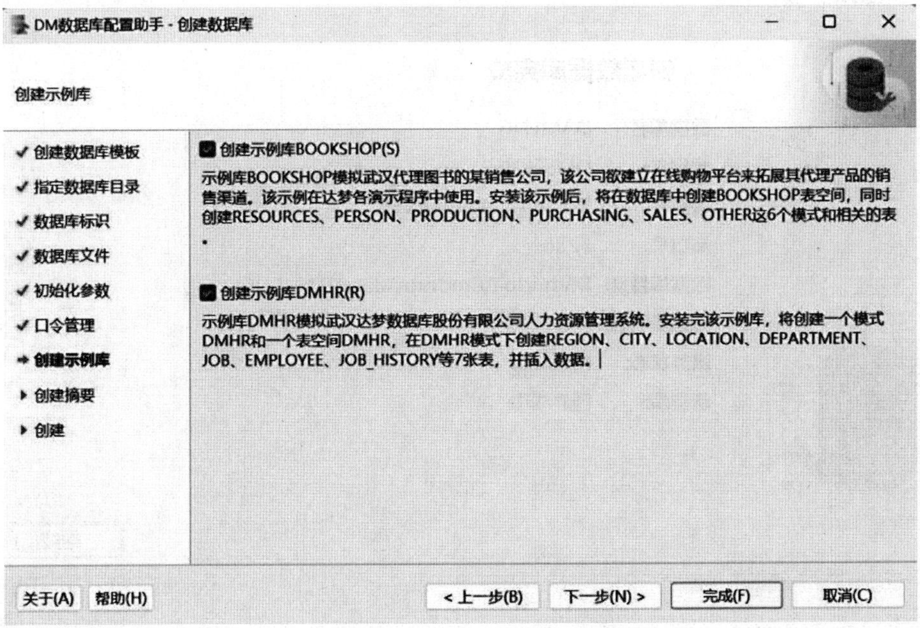


**图6－41　选择创建示例库**

单击“下一步”按钮，创建数据库摘要。在安装数据库之前，将显示用户通过 DM 数据库配置助手设置的相关参数，如图 6－42 所示。

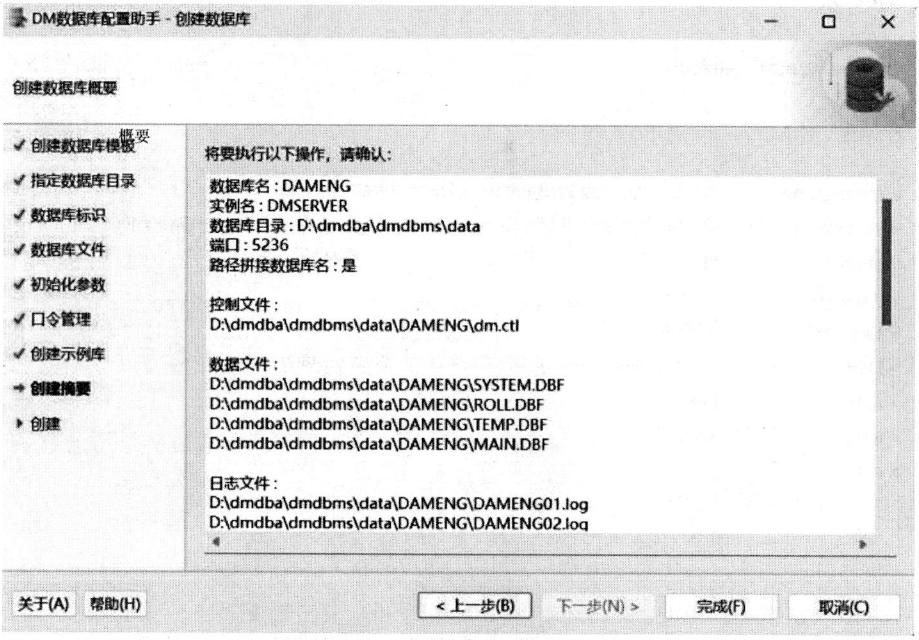


**图 6－42　创建数据库摘要**

单击“完成”按钮，进行数据库实例的初始化工作。创建完成后将弹出数据库相关参数及文件位置，单击“完成”按钮，如图 6－43 所示。

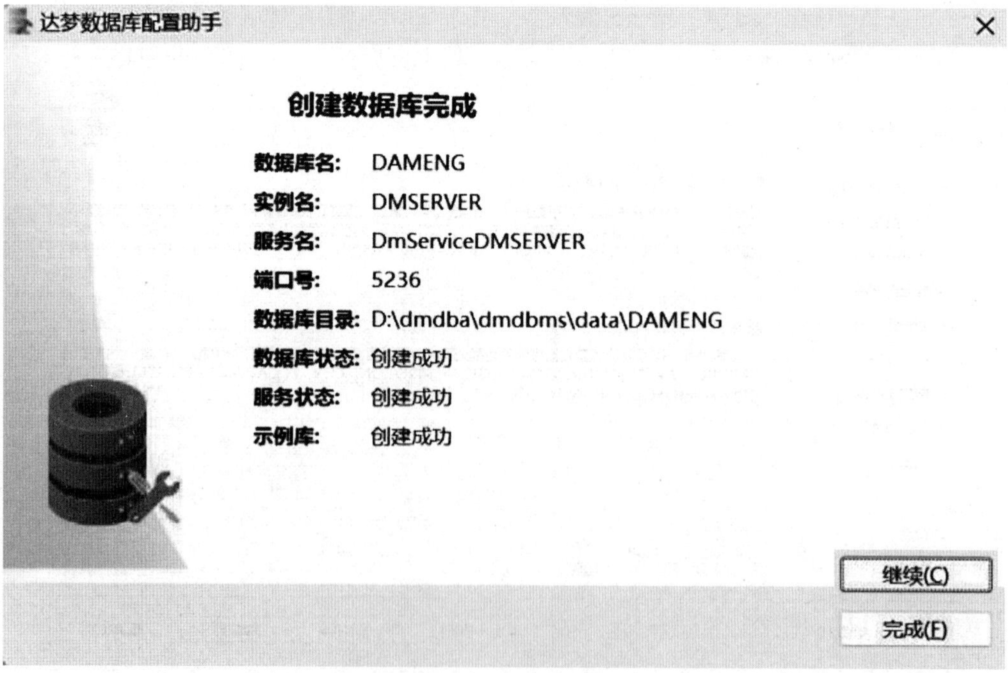


**图 6－43　安装完成**

## 二、达梦数据库的启动与关闭

在计算机“开始”栏找到“DM 服务查看器”快捷方式并打开，如图 6－44 所示。或者在数据库安装目录 tool 下，如“D：\ dmdba \ dmdbms \ tool”中找到 dmservice 应用程序并双击启动。

图 6－44　DM 服务查看器

通过“DM 服务查看器”查看到对应的 DM 系统服务，可选择启动或停止对应的服务，如图 6－45 所示。

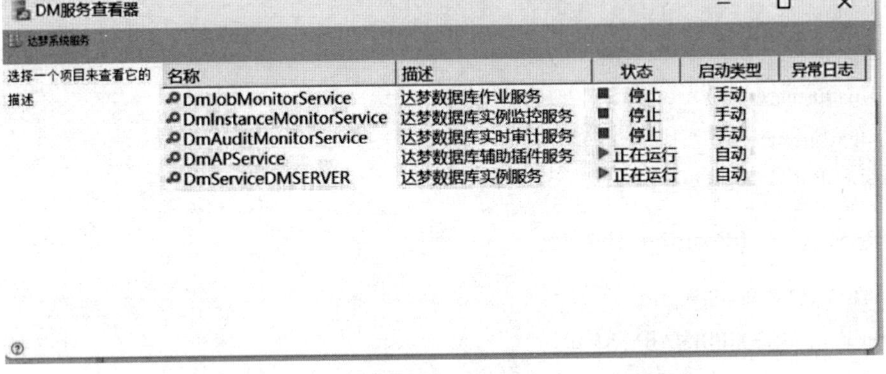


图 6－45　选择启动或停止对应的 DM 系统服务

## 三、在DM数据库中创建企业员工信息管理数据库以及基本表

### （一）创建员工信息表空间

在DM数据库中，表空间是数据库中存储数据的逻辑单元，它映射到物理磁盘上的一个或多个文件。为员工信息管理创建专门的表空间，有助于数据的组织和数据库性能的优化。

创建一个表空间 emp_tablespace 来存储数据，具体如下。

```
CREATE TABLESPACE emp_tablespace
DATAFILE 'D:\dmdba\dmdbms\data\DAMENG\EMP_DATA01.DBF' SIZE 180
AUTOEXTEND ON NEXT 40 MAXSIZE UNLIMITED;
```

### （二）创建用户 HR

使用命令行方式创建用户HR，密码“HR@123456”，使用散列算法SHA512，使用存储加密密钥“123456”，指定表空间为 emp_tablespace，索引表空间为 emp_tablespace，授予“PUBLIC”和“RESOURCE”权限。

```
CREATE USER "HR" IDENTIFIED BY "HR@123456" hash with SHA512 salt
ENCRYPT BY  "123456"
DEFAULT TABLESPACE emp_tablespace
TEMPORARY TABLESPACE emp_tablespace;
```

为用户HR授予“PUBLIC”和“RESOURCE”权限，具体如下。

```
GRANT PUBLIC, RESOURCE TO HR;
```

### （三）创建基本表

在DM数据库中，可以使用以下SQL语句来创建基本的员工信息管理数据表，包括部门表、职位表、管理员表和员工信息表。

**1. 创建部门表（Department_tb）**

```
CREATE TABLE Department_tb (
    department_id INT PRIMARY KEY,
    department_name VARCHAR (100),
    department_head VARCHAR (255),
    office_location VARCHAR (255)
) TABLESPACE emp_tablespace;
```

**2. 创建职位表（Position_tb）**

```
CREATE TABLE Position_tb (
    position_id INT PRIMARY KEY,
    department_id INT,
```

```
    position_name VARCHAR (100),
    position_description TEXT,
    FOREIGN KEY (department_id) REFERENCES Department_tb (department_id)
) TABLESPACE emp_tablespace;
```

**3. 创建管理员表（Administrator_tb）**

```
CREATE TABLE Administrator_tb (
    administrator_id INT PRIMARY KEY AUTO_INCREMENT,
    administrator_name VARCHAR (255),
    administrator_permission VARCHAR (255)
) TABLESPACE emp_tablespace;
```

**4. 创建员工信息表（Employee_tb）**

```
CREATE TABLE Employee_tb (
    employee_id INT PRIMARY KEY,
    department_id INT,
    position_id INT,
    emp_name VARCHAR (255),
    emp_sex VARCHAR (255),
    emp_age INT,
    hire_date DATE,
    contact VARCHAR (20),
    administrator_id INT,
    FOREIGN KEY (department_id) REFERENCES Department_tb (department_id),
    FOREIGN KEY (position_id) REFERENCES Position_tb (position_id),
    FOREIGN KEY (administrator_id) REFERENCES Administrator_tb (administrator_id)
) TABLESPACE emp_tablespace;
```

此处演示在达梦数据库中创建用于员工信息管理所需的表空间和基本表。

单元6-任务1

# 任务 2 迁移员工信息到达梦数据库

## 任务概述

本任务主要介绍如何将员工信息数据从其他数据库系统迁移到达梦数据库，包括数据导出与导入的方法，以及在数据迁移过程中需要注意的问题。通过本任务的学习，学生将掌握员工信息数据迁移的基本方法，能够将现有的数据迁移到达梦数据库中，确保数据的完整性和一致性。

## 知识储备

### 一、数据迁移概述

数据迁移是指将数据从一个数据库系统迁移到另一个数据库系统的过程。在数据迁移过程中，通常需要处理数据的格式转换、数据的导出和导入、数据的一致性校验以及可能的业务逻辑调整。数据迁移的目的是确保数据在新的数据库系统中能够正确存储和使用。

随着国家对信创工程的日益重视，拥有自主知识产权的国产数据库将成为主流。达梦数据库和 MySQL 体系结构上存在差异，SQL 语法也存在一定的差异，达梦数据库针对 MySQL 做了良好的兼容性适配。

### 二、迁移流程

将数据从 MySQL 迁移到达梦数据库是一项系统性工程，包含多个关键步骤。迁移流程如图 6-46 所示。

迁移流程模块的说明如下。

（1）需求分析：迁移会涉及诸多场景，如容灾备份、应用更改、数据库版本升级、数据库替代、业务分流等，不同的场景对数据迁移有不同的需求，需要针对性地选择迁移工具和方案。

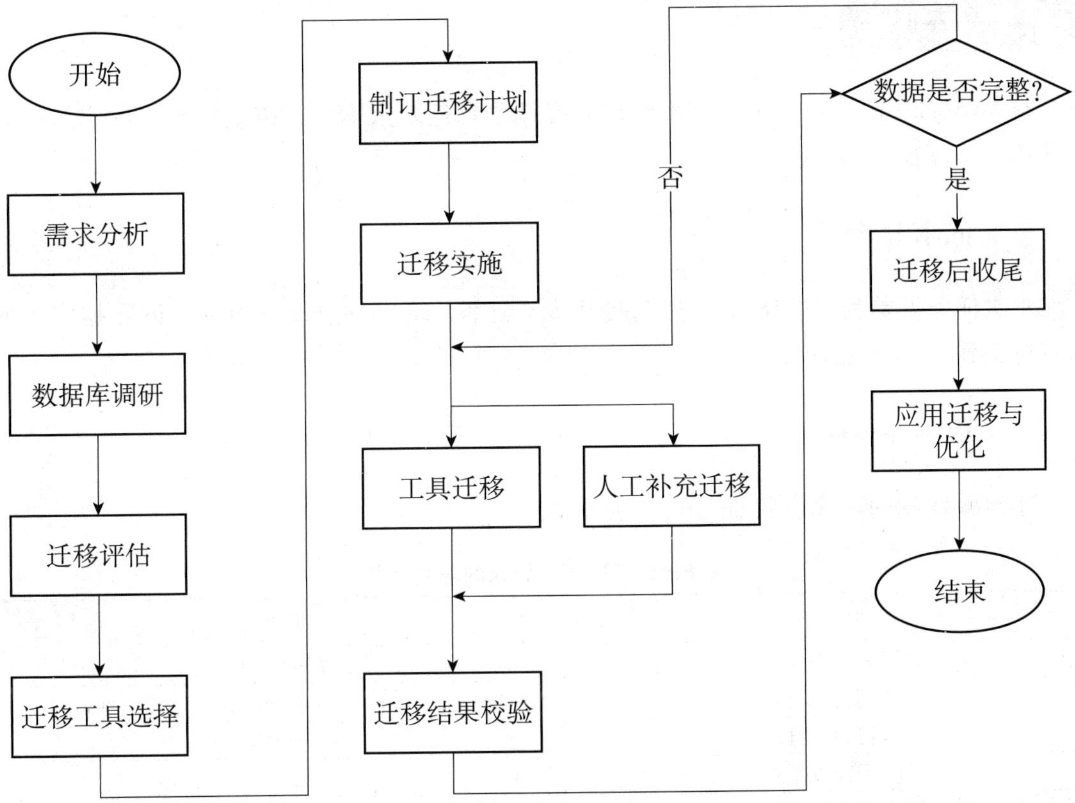


**图6－46　迁移流程**

（2）数据库调研：数据库调研是指在数据迁移前对源端和目的端数据库的环境、业务系统和数据库特性进行详细了解和分析，以确保迁移过程稳定、高效地完成。

（3）迁移评估：达梦数据库提供了两种工具进行迁移前源端数据库兼容性评估，分别是数据迁移工具 DTS 和达梦企业管理器 DEM，二者都可以提供迁移评估报告。

（4）迁移工具选择：达梦公司提供了三种迁移工具，分别是数据迁移工具 DTS、数据复制软件 DMDRS 和数据集成软件 DMDIS。

（5）制订迁移计划：根据需求分析和数据库调研结果，选择合适的迁移工具，制订详细的迁移步骤和时间表，以保障迁移工作的稳定实施。

（6）迁移实施：在正式迁移前，根据源端数据库的信息配置目的端数据库，并利用迁移工具和手动调整，确保数据和对象从源端数据库成功转移到目的端数据库。

（7）迁移结果校验：在迁移完成后，核对目的端数据库中的数据量、数据内容和对象数量是否与源端数据库一致，以确保迁移的准确性和完整性。

（8）迁移后收尾：迁移后的收尾工作包括索引补录、更新系统信息、备份、整理对象脚本等内容，保障迁移工作的完整性。

（9）应用迁移与优化：在完成数据库数据迁移后，连接应用到新数据库并进行功能和性能测试，优化慢 SQL，确保系统高效稳定运行。

## 任务实施

将 MySQL 中的企业员工信息管理数据库迁移到达梦数据库，需确保数据的完整性和一致性，具体步骤如下。

### 一、需求分析

本次任务需要利用 DTS 工具从 MySQL 8.0 迁移 employee_management_db 数据库中的所有对象到 DM8 数据库。

### 二、数据库调研

MySQL 源端的环境信息如表 6－1 所示。

**表 6－1　MySQL 源端的环境信息**

| 调研项 | 说明 |
|---|---|
| 应用后台操作系统 | Window 11 |
| 数据库后台操作系统 | Window 11 |
| 后台数据库 | MySQL |
| 应用开发平台 | 暂无 |
| 应用开发接口 | JDBC |
| 需要迁移的数据库对象 | 表（数据量）、分区表、视图、自定义类型、触发器、存储过程、函数、其他 |

MySQL 源端的数据库信息如表 6－2 所示。

**表 6－2　MySQL 源端的数据库信息**

| 调研项 | 说明 |
|---|---|
| 数据库架构 | 单机 |
| 节点数 | 1 |
| 数据库版本 | MySQL 8.0 |
| 待迁移库 | employee_management_db |
| IP 地址：端口 | locahost：3306 |
| 服务器运维用户名（密码） | root |
| 数据库用户名（密码） | 123456 |
| 字符集编码 | UTF－8 |
| 大小写敏感 | 不敏感 |

迁移前可先统计出需要迁移的数据库中的对象，提前了解迁移数据量、迁移数据对象、迁移数据类型，为考虑迁移时长、停机窗口提供依据。MySQL 8.0 中统计数据库中对

象的方法如下。

（1）统计员工信息管理数据库中表的数目。

```
SELECT COUNT（*）TABLES, TABLE_SCHEMA FROM INFORMATION_SCHEMA. TABLES
WHERE TABLE_SCHEMA = 'employee_management_db' GROUP BY TABLE_SCHEMA;
```

执行结果如图 6－47 所示。

消息　摘要　结果 1　剖析　状态

| TABLES | TABLE_SCHEMA |
|---|---|
| 15 | employee_management_db |

图 6－47　统计员工信息管理数据库中表的数目

（2）统计员工信息管理数据库中视图的数目。

```
SELECT TABLE_SCHEMA, COUNT（*）VIEWS FROM INFORMATION_SCHEMA. VIEWS
WHERE TABLE_SCHEMA = 'employee_management_db'
GROUP BY TABLE_SCHEMA;
```

执行结果如图 6－48 所示。

消息　摘要　结果 1　剖析　状态

| TABLE_SCHEMA | VIEWS |
|---|---|
| employee_management_db | 4 |

图 6－48　统计员工信息管理数据库中视图的数目

（3）统计员工信息管理数据库中所有的存储过程。

```
SELECT SPECIFIC_NAME FROM INFORMATION_SCHEMA. ROUTINES
WHERE ROUTINE_TYPE = 'PROCEDURE' AND ROUTINE_SCHEMA = 'employee_management_db';
```

执行结果如图 6－49 所示。

消息　摘要　结果 1　剖析　状态

| SPECIFIC_NAME |
|---|
| AddNewEmployee |
| GetEmployeeCount |
| LogEmployeeNames |

图 6－49　统计员工信息管理数据库中所有的存储过程

（4）统计员工信息管理数据库中所有的函数。

```
SELECT SPECIFIC_NAME FROM INFORMATION_SCHEMA. ROUTINES
WHERE ROUTINE_TYPE = 'FUNCTION' AND ROUTINE_SCHEMA = 'employee_management_db';
```

执行结果如图 6－50 所示。

消息　摘要　结果 1　剖析　状态

| SPECIFIC_NAME |
|---|
| CalculateBonus |
| GetDepartmentName |

图 6－50　统计员工信息管理数据库中所有的函数

（5）统计员工信息管理数据库中所有的触发器。

```
SELECT TRIGGER_SCHEMA, TRIGGER_NAME FROM INFORMATION_SCHEMA. TRIGGERS
WHERE TRIGGER_SCHEMA = 'employee_management_db';
```

执行结果如图 6－51 所示。

消息 摘要 结果 1 剖析 状态

| TRIGGER_SCHEMA | TRIGGER_NAME |
|---|---|
| employee_management_db | after_employee_update |
| employee_management_db | after_employee_delete |
| employee_management_db | AfterInsertEmployee |

**图 6－51　统计员工信息管理数据库中所有的触发器**

（6）将员工信息管理数据库中所有表的数据量记录到辅助表。

```
CREATE TABLE MYSQL_TABLES (TAB_OWNER VARCHAR(100), TAB_NAME VARCHAR(100), TAB_COUNT INT);
INSERT INTO MYSQL_TABLES SELECT TABLE_SCHEMA, TABLE_NAME, TABLE_ROWS FROM INFORMATION_SCHEMA. TABLES
WHERE TABLE_SCHEMA = 'employee_management_db' ORDER BY TABLE_ROWS DESC;
SELECT * FROM MYSQL_TABLES;
```

执行结果如图 6－52 所示。

消息 摘要 结果 1 剖析 状态

| TAB_OWNER | TAB_NAME | TAB_COUNT |
|---|---|---|
| employee_management_db | employee_log | 8 |
| employee_management_db | employee_tb | 8 |
| employee_management_db | position_tb | 8 |
| employee_management_db | salary_tb | 7 |
| employee_management_db | department_tb | 4 |

**图 6－52　统计员工信息管理数据库中所有表的数据量并记录到辅助表**

通过以上 SQL 语句统计出对象信息统计表，如表 6－3 所示。

**表 6－3　对象信息统计表**

| 调研项 | 说明 |
|---|---|
| 数据库名 | employee_management_db |
| 表数目 | 15 |
| 视图数目 | 4 |
| 存储过程数目 | 3 |
| 函数数目 | 2 |
| 触发器数目 | 3 |
| 数据量 | 35 |

## 三、迁移评估

使用 DM 数据迁移工具 DTS 进行迁移评估，详细步骤如下。

（1）打开 DM 数据迁移工具，单击“新建工程”按钮（也可以右键单击“迁移管理”视图空白处，选择“新建工程”）。在“新建工程”对话框中，填写工程名和工程描述（选填），最后单击“确定”按钮，如图 6－53 所示。

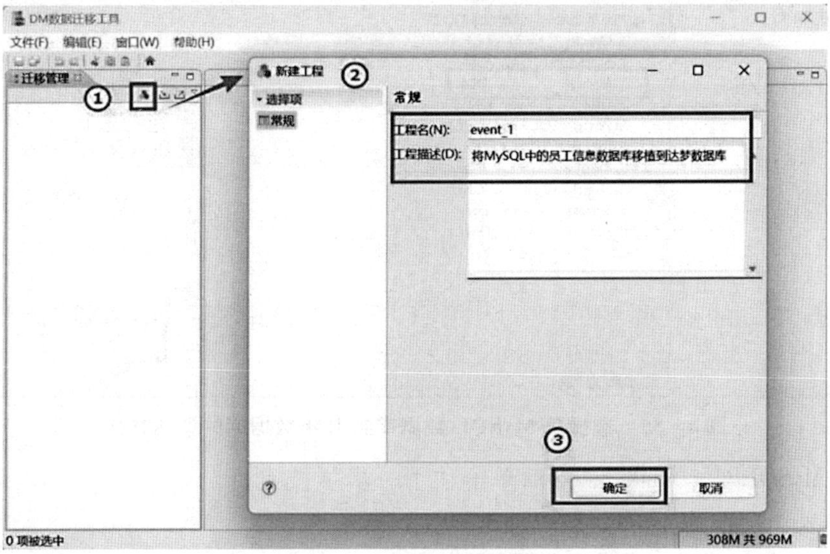


**图 6－53　新建工程**

（2）在“迁移管理”视图中展开工程节点，右键单击“评估”，选择“新建评估”。在“新建评估”对话框中，填写评估名称，最后单击“确定”按钮，如图 6－54 所示。

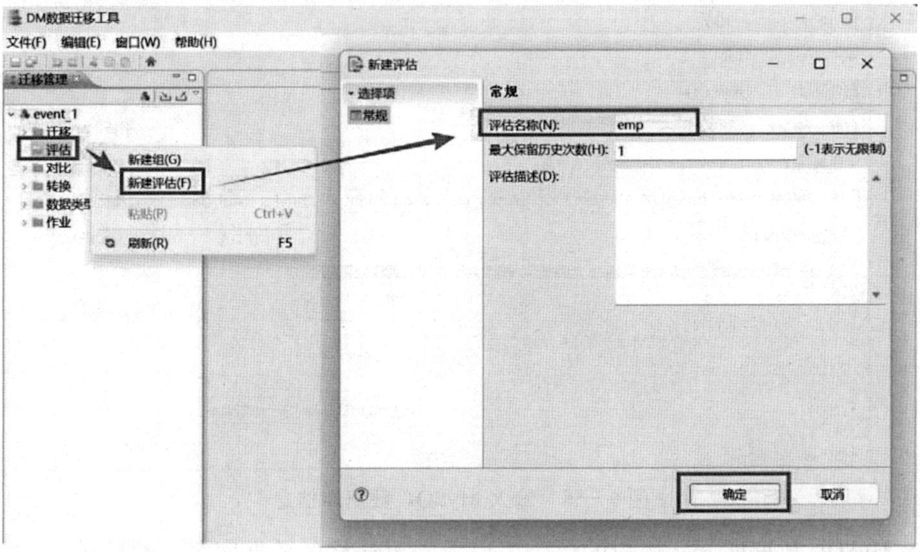


**图 6－54　新建评估**

（3）选择从MySQL数据库到DM数据库的评估方式，如图6－55所示。

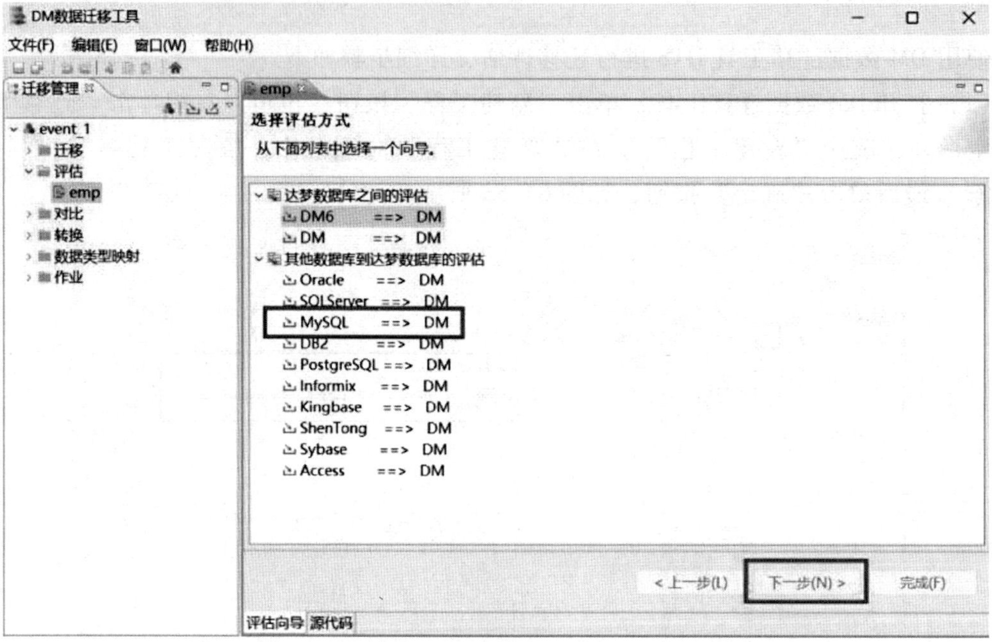


图6－55　选择从MySQL数据库到DM数据库的评估方式

单击“MySQL＝＝＞DM”，然后单击“下一步”按钮。

（4）输入MySQL数据库信息，如图6－56所示。

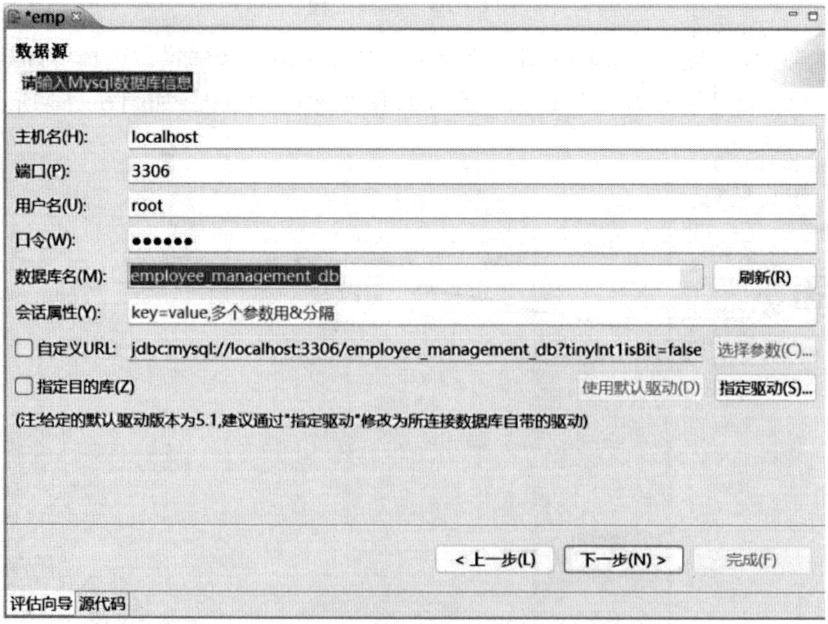


图6－56　输入MySQL数据库信息

输入MySQL数据库root用户的口令，以及需要迁移的数据库名，然后单击“下一步”按钮。

（5）配置需要评估的项目，如图 6－57 所示。

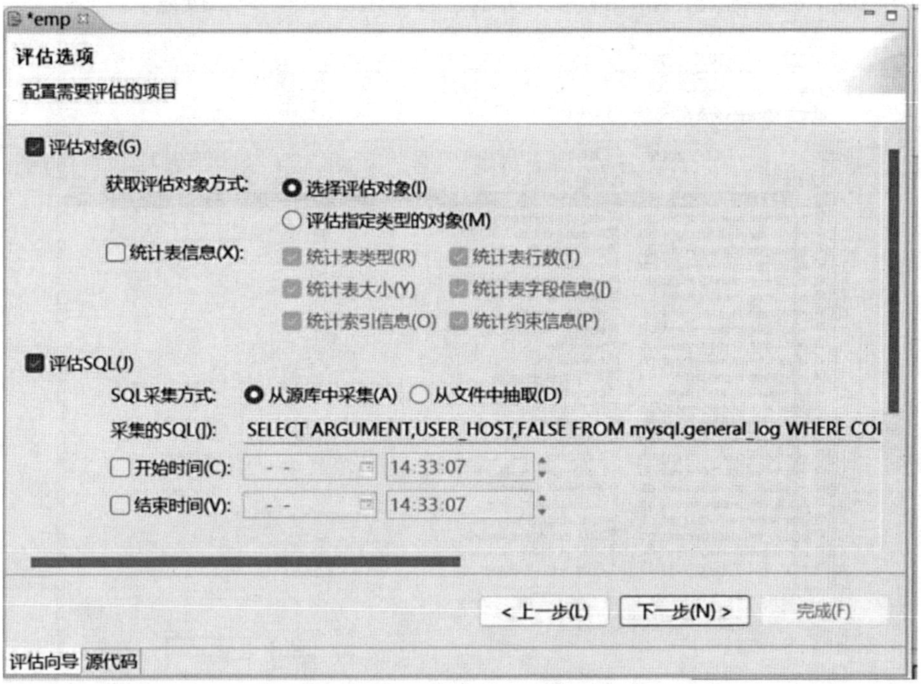


图 6－57　配置需要评估的项目

评估项目包括评估对象、评估 SQL、评估程序，此处直接单击“下一步”按钮。

（6）指定评估对象所在的模式，如图 6－58 所示。

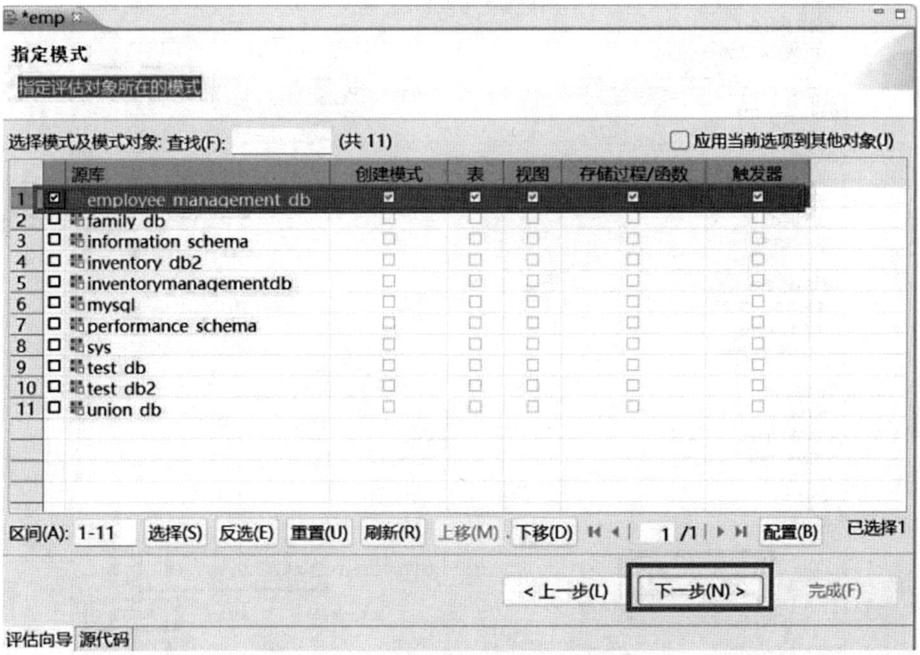


图 6－58　指定评估对象所在的模式

勾选源库“employee management db”，单击“下一步”按钮。选择源库“employee management db”的数据表，如图 6－59 所示，再单击“下一步”按钮。

图 6－59　选择源库“employee management db”的数据表

（7）审阅列表中将列出要执行的评估任务，如图 6－60 所示。

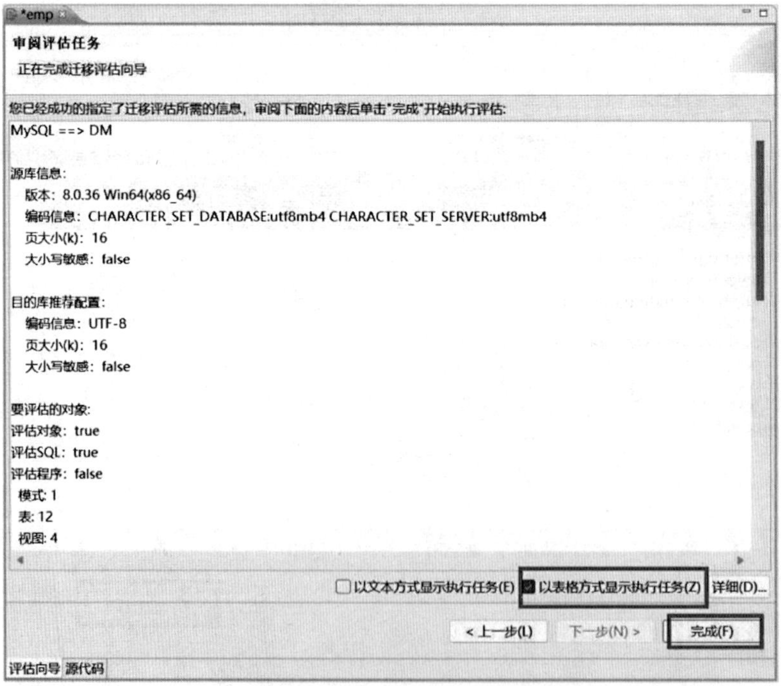

图 6－60　审阅评估任务

此处选择“以表格方式显示执行任务”，然后单击“完成”按钮，开始执行评估任务。

（8）评估任务执行结束如图 6－61 所示。

图 6－61　评估任务执行结束

（9）单击“查看评估报告”按钮，查看评估报告，如图 6－62 所示。

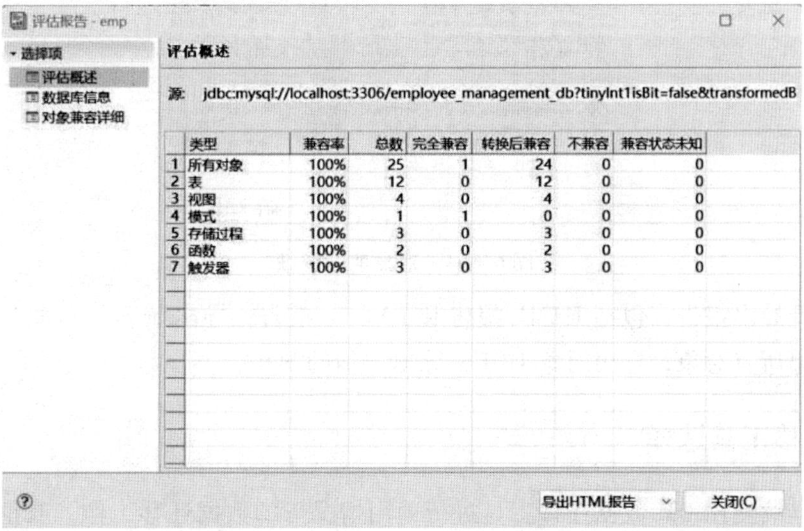


图 6－62　查看评估报告

1）评估概述，即总共评估多少对象，多少对象一致，多少对象不一致等，以及每个对象的评估情况。对于不一致的对象可以查看不一致的原因。

2）数据库信息，即列出评估的源库信息和目的库信息，如图 6－63 所示。

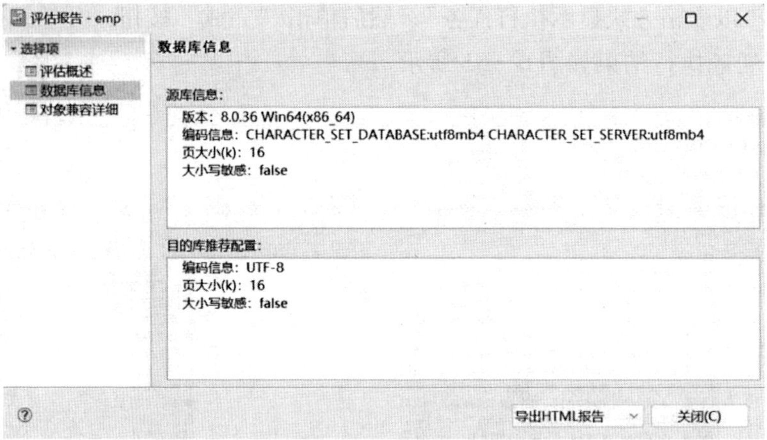


图 6－63　列出数据库信息

3）对象兼容详细，即列出每个对象的评估详细信息，如图 6－64 所示。

图 6－64　对象兼容详细

可以选择导出报告，包括 HTML 报告和 EXCEL 报告；导出兼容的对象，导出不兼容的对象，导出所有对象；导出对象 DDL，导出评估的 SQL。

## 四、迁移工具选择

本章将继续使用 DM 数据迁移工具进行通用情况下的数据迁移工作，其他特殊配置可根据实际需求进行调整。

## 五、制订迁移计划

根据待迁移的 MySQL 系统信息分析的情况，制订迁移计划：先对整个数据库进行一次性迁移，再对不兼容的对象进行补迁。

## 六、迁移实施

（1）打开DM数据迁移工具，在“迁移管理”视图中展开工程节点，右键单击工程节点下级的“迁移”，选择“新建迁移”，并自定义迁移名称，如图6－65所示，单击“确定”按钮后单击“下一步”按钮。

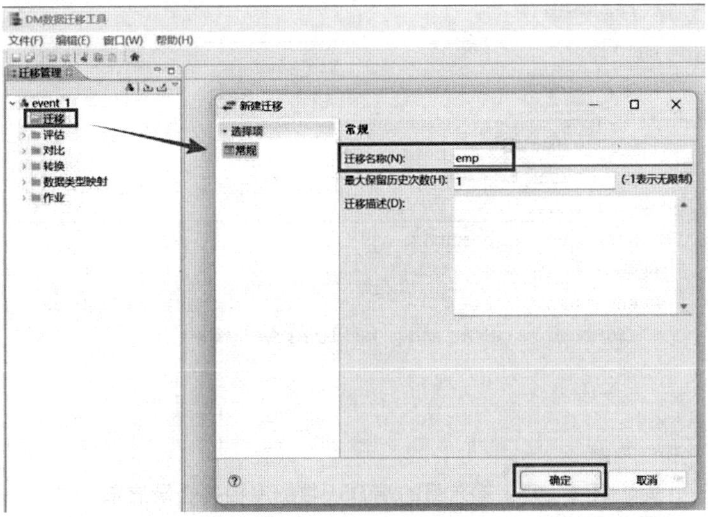


图6－65　新建迁移

（2）在“其他数据库迁移到达梦”选项中选择迁移方式为“MySQL ＝＝＞ DM”，如图6－66所示，单击“下一步”按钮。

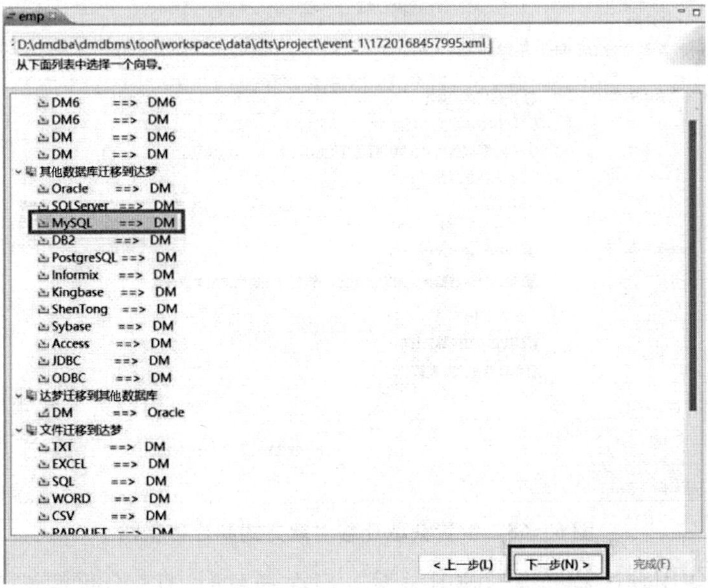


**图6－66　选择迁移方式为“MySQL ＝＝＞ DM”**

（3）迁移方式选择完毕后开始连接数据库，首先连接源端 MySQL 数据库，再连接目的端 DM 数据库。输入源端 MySQL 数据库相关登录信息，选择需要迁移的数据库，与迁移评估步骤的图 6－58 相同。

（4）输入目的端 DM 数据库相关登录信息，选择与源端对应的迁移用户连接数据库，如图 6－67 所示。

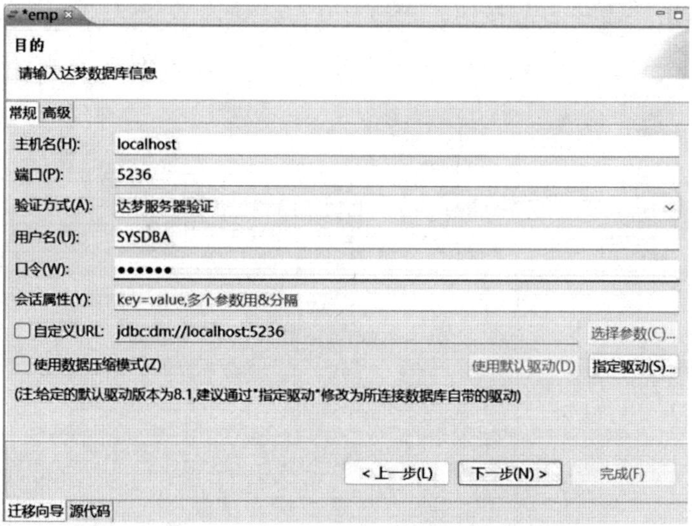


图 6－67　输入目的端 DM 数据库相关登录信息

输入 SYSDBA 用户的口令后单击“下一步”按钮。

（5）配置获取迁移对象方式和迁移策略，如图 6－68 所示。然后单击“下一步”按钮。

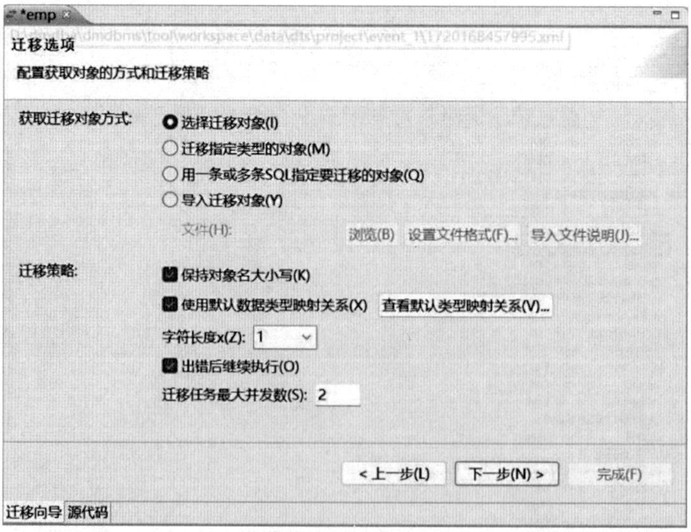


图 6－68　配置获取迁移对象方式和迁移策略

当勾选了“使用默认数据类型映射关系”后在迁移时 DTS 会将源端 MySQL 数据库中相应的数据类型采用默认的映射关系映射到目的端 DM 数据库中。

（6）勾选源端待迁移的数据库“employee management db”，如图6－69所示。然后单击“下一步”按钮。

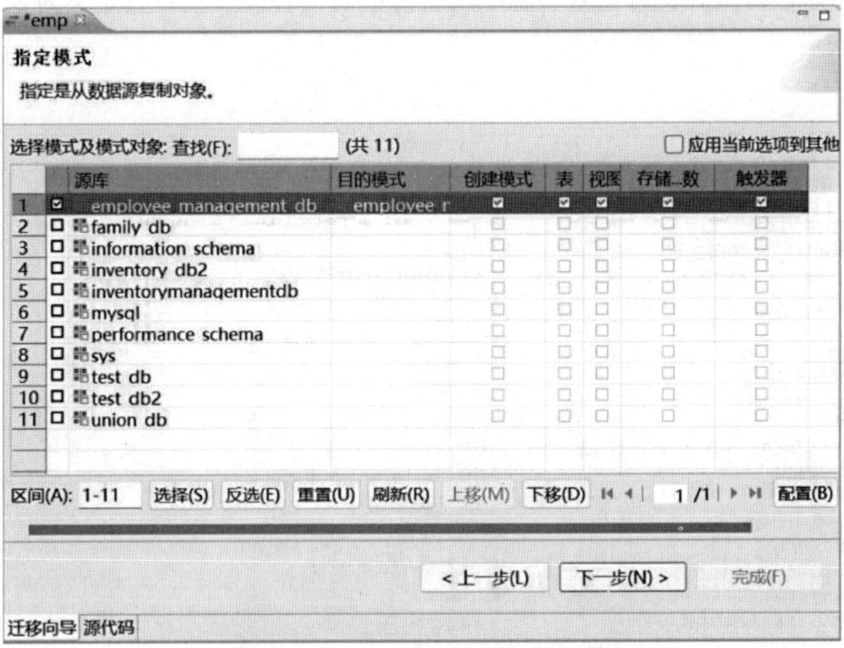


图6－69　勾选源端待迁移的数据库

（7）勾选源端数据库中需要迁移的对象，如图6－70所示。然后单击“下一步”按钮。

图6－70　勾选源端数据库中需要迁移的对象

用户可以通过单击右上方的“分析源对象”按钮统计并分析选中的源端待迁移对象，包括“源对象统计”“源表统计”“源表详细”。

（8）待迁移具体对象勾选完毕后可以通过单击“转换”按钮自定义对象迁移策略，如图 6－71 所示。

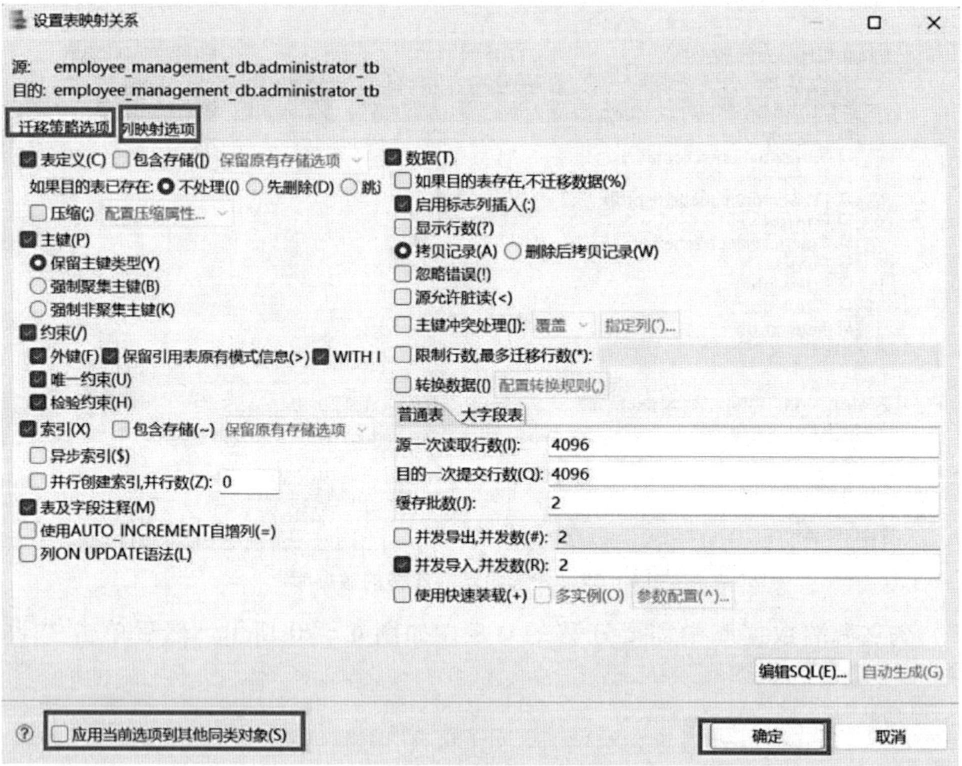

图 6－71　自定义对象迁移策略

单击“转换”按钮后可以设置表的映射关系，包括迁移策略选项和列映射选项。在迁移策略选项中可根据需要设置表及数据迁移的策略。在左侧可以选择“表定义”“主键”“约束”“索引”等的迁移策略；在右侧可以配置与迁移数据相关的策略。在列映射选项中可根据需求修改源端迁移到目的端表的列名、数据类型、精度、小数位数、默认值、是否可空、主键、自增列、起始值、增量信息等。

需要注意的是，完成映射关系的配置后，若勾选“应用当前选择项到其他同类对象”，将弹出对话框，选择其他同类对象，将此策略应用到相同对象上。若不勾选“应用当前选择项到其他同类对象”，那么配置的迁移策略只会对当前选中的表生效。

配置完成后，单击“确定”按钮，再单击“下一步”按钮。

（9）检查迁移任务，确认迁移对象是否正确，如图 6－72 所示。检查确认后勾选“以表格方式显示执行任务”，单击“完成”按钮即可开始迁移。

（10）迁移完成后，可查看任务执行的状态栏是否全部成功，单击“查看迁移报告”按钮查看任务的“成功”和“失败”状态，如图 6－73 所示。

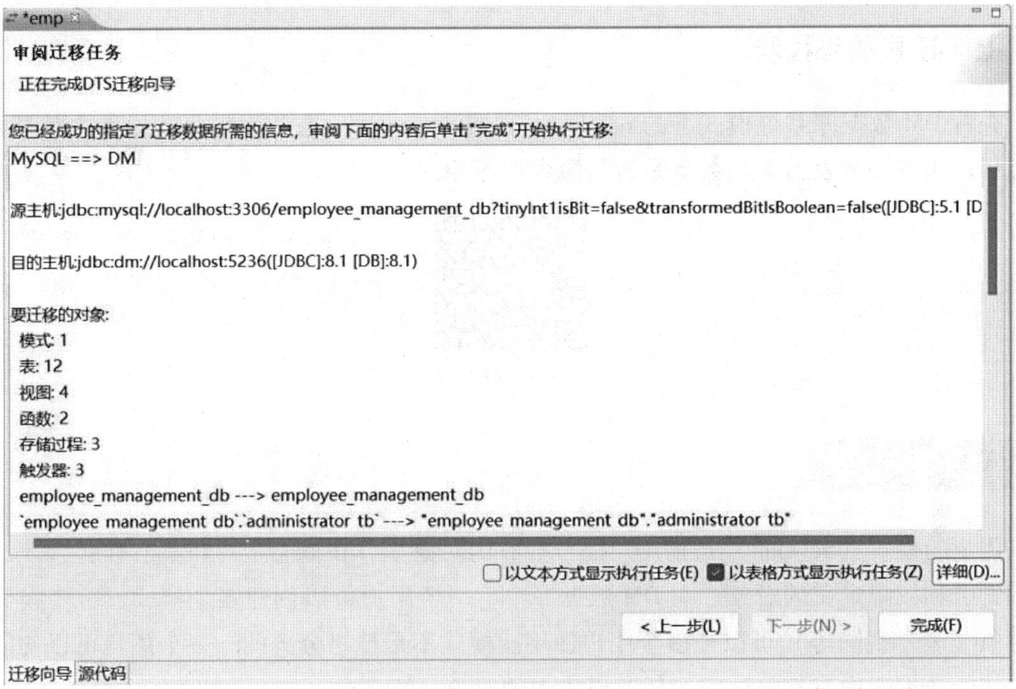

图 6－72　检查迁移任务

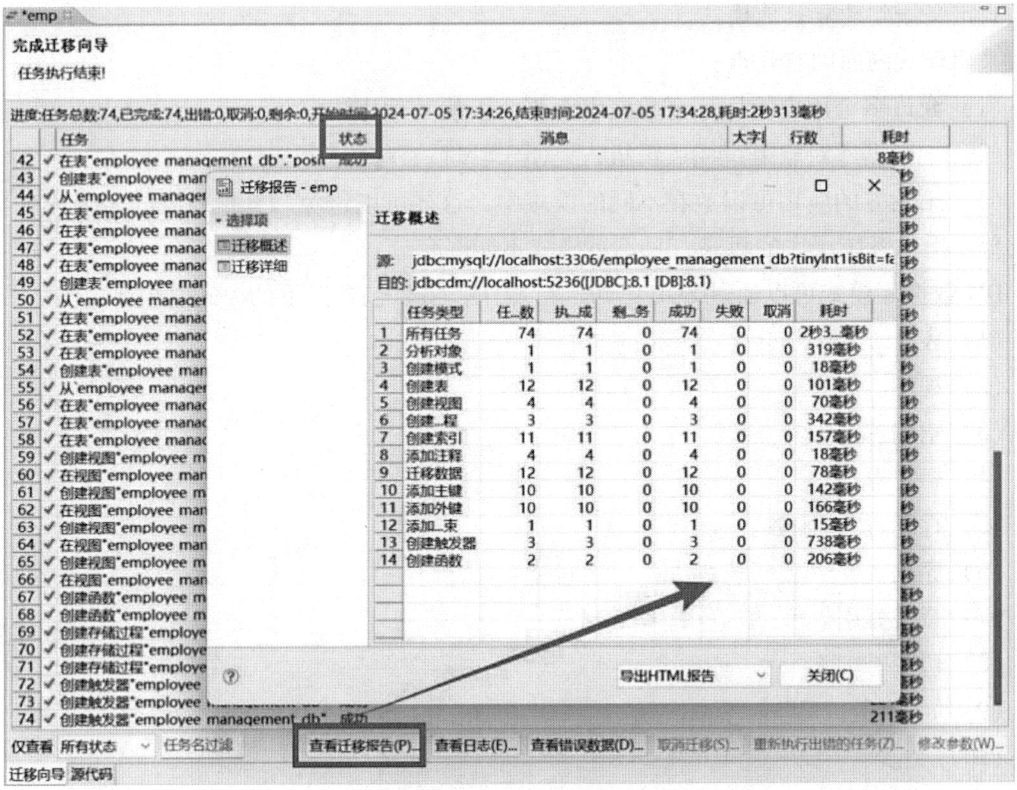

图 6－73　查看迁移报告

## 七、迁移结果校验

查看 DM 数据库系统模式下的 employee_management_db 是否存在，以及表、视图、存储过程、函数、触发器等的数量是否与源数据库相同。

单元 6－任务 2

## 拓展延伸

用户的模式（Schema）是指用户账号拥有的对象集，在概念上可将其看作包含表、视图、索引和权限定义的对象。在 DM 数据库中，一个用户可以创建多个模式，一个模式中的对象（表、视图等）可以被多个用户使用。模式不是严格分离的，一个用户可以访问其所连接的数据库中有权限访问的任意模式中的对象。

系统为每一个用户自动建立了一个与用户名同名的模式作为其默认模式，用户还可以用模式定义语句建立其他模式。

采用模式的原因有几点：

（1）允许多个用户使用一个数据库而不会干扰其他用户。

（2）把数据库对象组织成逻辑组，更便于管理。

（3）第三方的应用可以放在不同的模式中，这样可以避免和其他对象的名字冲突。模式类似于操作系统层次的目录，只不过模式不能嵌套。

DM 数据库模式可以通过 SQL 语句进行操作，主要包含以下的模式对象：

（1）表。

（2）视图。

（3）索引。

（4）触发器。

（5）存储过程/函数。

（6）序列。

（7）全文索引。

（8）包。

（9）同义词。

（10）类。

（11）外部链接。

在引用模式对象的时候，一般要在模式对象名前面加上模式名，具体格式如下。

```
[模式名].对象名
```

当然，在当前模式和要引用的模式对象所属的模式相同时，可以省略模式名。如果在访问一个表时，没有指明该表属于哪一个模式，系统就会自动在表前加上缺省的模式名。类似地，如果在创建对象时不指定该对象的模式，则该对象的模式为用户的缺省模式。

模式对象之外的其他对象统一称为非模式对象，非模式对象主要包括以下四类对象：

（1）用户。

（2）角色。

（3）权限。

（4）表空间。

## 单元小结

本单元通过详细介绍达梦数据库的基础知识和基本操作，以及从 MySQL 数据库迁移员工信息数据的具体流程，使学生全面掌握在达梦数据库中进行员工信息管理的技能。结合党的二十大精神，本单元强调自主创新和科技自立自强的重要性，培养学生的数据管理能力和自主研发能力，推动企业信息化建设和技术进步。通过本单元的学习，学生不仅能够有效地管理和迁移员工信息数据，还能为企业信息系统的安全和稳定运行提供坚实的技术保障。

## 课堂思考

迁移数据库是一项复杂的任务，涉及大量的数据和配置。结合企业实际案例，思考在迁移过程中可能遇到哪些技术难题和风险，如何通过合理地规划和使用合适的迁移工具来克服这些挑战。

## 课后练习

**一、填空题**

1. 在达梦数据库中，创建用户的命令是________。

2. 使用命令行方式创建用户 HR，密码为“HR@123456”，使用散列算法 SHA512 的命令是________。

3. 达梦数据库提供了多种工具，包含________、________、________。

4. 达梦数据库的逻辑存储结构包括________、________、________。

5. 数据迁移过程中，为了确保数据的完整性和一致性，需要对源端和目的端数据库进行________。

**二、选择题**

1. 达梦数据库的标准版主要面向的用户是（　　）。

A. 大型企业　　B. 政府部门、中小型企业

C. 个人开发者　　D. 教育机构

2. 下列选项中，不是达梦数据库特性的是（　　）。

A. 高安全性　　B. 低性能

C. 可扩展性　　D. 高可用性

3. 创建达梦数据库的表空间时，需要指定的参数有（　　）。

A. 数据文件路径和大小　　B. 用户名和密码

C. 数据库版本　　D. 连接字符串

4. 在数据迁移过程中，为了确保数据迁移的准确性和完整性，需要进行的操作是（　　）。

A. 数据校验　　B. 数据删除

C. 数据压缩　　D. 数据重命名

5. 下列选项中，可以用来进行数据迁移的工具是（　　）。

A. DM 数据迁移工具　　B. DM 控制台工具

C. DM 管理工具　　D. DM 数据库配置助手

**三、简答题**

1. 简述达梦数据库的特点。

2. 为什么在进行数据库迁移时需要进行详细的数据库调研？调研的主要内容包括哪些？

**四、操作题**

在 StudentGradesDB 数据库中，存在 Students 表、Classes 表、CourseInfo 表、Enrollments 表、Exams 表、Teachers 表。请完成以下操作。

1. 创建一个新用户 school_admin，密码为 Admin@1234，并授予该用户对 StudentGradesDB 数据库的全部权限。

2. 为 Students 表创建一个表空间 student_data，并将 Students 表的数据文件存储在路径“D:\dmdba\dmdbms\data\StudentGradesDB\student_data01.dbf”中，大小为 200MB，自动扩展为 40MB，最大尺寸为无限制。

3. 在 Students 表中插入一条新记录，假设表结构为（student_id，student_name，class_id，enrollment_date），插入以下数据：（1001，'John Doe'，101，'2024-01-15'）。

单元 7

# 综合案例：电商平台数据库设计与优化

- 任务 1　电商平台数据库设计与建模
- 任务 2　电商平台数据库实现
- 任务 3　电商平台数据库数据操作与维护
- 任务 4　电商平台数据库性能优化
- 任务 5　电商平台数据库安全加固

## 知识目标

- 理解电商平台数据库的基本结构和功能需求。
- 掌握数据库设计与建模的基本方法，包括需求收集与分析、实体关系模型构建以及关系数据模型转换。
- 了解 MySQL 数据库的基本操作，包括数据库和数据表的创建、约束条件的设置、数据插入、更新、查询和删除等。
- 熟悉数据库性能优化的方法，尤其是索引和视图的设计及数据库配置调优。
- 了解数据库安全加固的措施，包括用户权限管理、数据备份与恢复、网络安全配置以及数据加密技术。

## 技能目标

- 能够根据电商平台的业务需求，完成数据库的需求分析和建模工作，构建合理的实体关系模型。
- 熟练使用 MySQL 命令行工具创建和管理数据库及数据表，设置必要的约束条件。
- 能够进行基本的数据库操作，包括插入、更新、查询和删除数据，并掌握多表查询和嵌套查询的技巧。
- 能够设计并实现适当的索引和视图以优化查询性能，掌握数据库配置调优的方法。
- 掌握数据库安全加固的技术和方法，能够进行用户权限设置、数据备份与恢复，配置网络安全措施并应用数据加密技术。

## 素质目标

- 培养系统设计与规划能力。
- 认识到信息技术在推动电商行业发展中的重要作用，增强对信息化建设的认同感和责任感。
- 关注技术应用的社会价值，理解数据库技术在推动电商行业发展、提升消费者体验等方面的积极作用。
- 培养数据操作与维护的规范性意识，培养职业素养和责任心。
- 认识信息安全的重要性，自觉维护国家信息安全和社会稳定，树立正确的网络道德观念。

## 内容导学

本单元以电商平台为综合案例，全面介绍数据库设计与优化的实战方法。通过本单元的学习，学生将掌握从需求分析到数据库设计、实现、维护、优化和安全加固的完整流程。结合党的二十大精神，推动信息技术与实体经济深度融合，提升信息化水平，促进数字经济发展。

# 任务1　电商平台数据库设计与建模

## 任务概述

本任务主要介绍如何进行电商平台数据库的设计与建模，包括需求分析、数据建模及实体关系图（E-R图）的绘制等内容。通过本任务的学习，学生将掌握数据库设计与建模的基本方法，为后续的数据库实现和优化打下坚实基础。

## 知识储备

### 一、了解电商平台

（1）发展历程：电商平台起源于20世纪90年代，随着互联网的普及和电子支付技术的发展，电商平台迅速崛起，并成为全球零售业的重要组成部分。

（2）平台类型：主要包括B2C（企业对消费者）、B2B（企业对企业）、C2C（消费者对消费者）、O2O（线上到线下）等多种类型，不同类型的平台在业务流程和数据库设计上有所不同。

（3）技术演变：从最初的简单网页展示，到现在复杂的分布式系统、云计算、大数据和人工智能的应用，电商平台的技术架构和数据库管理方式不断演进。

### 二、使用电商平台作为综合案例的原因

（1）行业需求：电商平台是现代商业中最重要的应用之一，涵盖了商品展示、交易处理、支付管理、用户管理等核心功能，具有广泛的实际应用价值。

（2）复杂性和全面性：电商平台涉及多种业务场景和功能模块，如用户管理、订单处理、商品管理、库存管理等，能够全面考查学生对数据库设计和管理的综合能力。

（3）市场趋势：随着互联网技术的发展，电商平台已经成为企业开拓市场、提升竞争力的重要手段，学生学习和掌握电商平台的数据库设计技能具有重要的职业发展战略意义。

（4）综合训练：电商平台案例能够涵盖数据库设计、实现、优化、安全等各个方面，通过此案例的学习，学生可以系统全面地掌握数据库管理系统的核心技术。

（5）实践应用：通过对电商平台的实际案例分析和操作，学生可以将理论知识与实际应用相结合，提高解决实际问题的能力和手段。

## 任务实施

### 一、对电商平台进行业务分析

在设计电商平台数据库之前，首先对电商平台的业务流程和需求进行详细分析。

#### （一）需求收集与分析

分析电商平台的基本功能以及相关数据。

#### （二）业务流程分析

（1）用户注册与登录：分析用户注册、登录所需的数据字段。

（2）商品管理：分析商品上架、下架、分类、库存、价格管理流程。

（3）订单处理：分析订单创建、支付、发货、收货、评价的全过程。

（4）支付管理：分析多种支付方式和支付安全性需求。

（5）售后服务：分析退换货、退款、投诉等售后服务的流程。

#### （三）数据需求分析

（1）用户数据：包括用户信息、登录信息、购买历史、评价记录等。

（2）商品数据：包括商品信息、分类、库存、价格、促销信息等。

（3）订单数据：包括订单信息、状态、支付、物流信息等。

（4）评价数据：包括用户对商品和服务的评价信息。

（5）日志数据：包括用户操作日志、系统错误日志、交易日志等。

#### （四）关键业务需求分析

（1）数据一致性：确保高并发情况下的数据一致性和完整性。

（2）性能需求：支持高并发用户和高订单处理量。

（3）安全需求：保护用户隐私和支付信息的安全性。

#### （五）功能模块划分

（1）用户管理：用户注册、登录、资料修改、账号安全等。

（2）商品管理：商品添加、修改、删除、分类管理、库存管理等。

（3）订单管理：订单创建、支付、取消、查看、评价等。

（4）支付管理：多种支付方式的集成与管理。

（5）售后服务：退换货申请、退款处理、投诉管理等。

（6）日志管理：用户操作日志、系统错误日志、交易日志的记录与查询。

## 二、为电商平台数据库构建实体关系模型

根据业务分析结果，构建实体关系模型（ERM），定义各实体及其关系。

### （一）实体定义

用户（User）：存储用户的基本信息、登录信息。
商品（Product）：存储商品的基本信息、分类、库存、价格。
订单（Order）：存储订单的基本信息、状态、支付、物流信息。
评价（Review）：存储用户对商品和服务的评价信息。
日志（Log）：存储用户操作日志、系统错误日志、交易日志。

### （二）实体关系

用户与订单：一个用户可以有多个订单，一个订单属于一个用户。
订单与商品：一个订单可以包含多个商品，一个商品可以出现在多个订单中。
商品与评价：一个商品可以有多个评价，一个评价对应一个商品。
用户与评价：一个用户可以写多个评价，一个评价属于一个用户。
用户和日志：一个用户可以有多条操作日志，一条操作日志属于一个用户。

### （三）绘制实体关系图（E-R图）

电商平台基础数据库E-R图如图7－1所示。

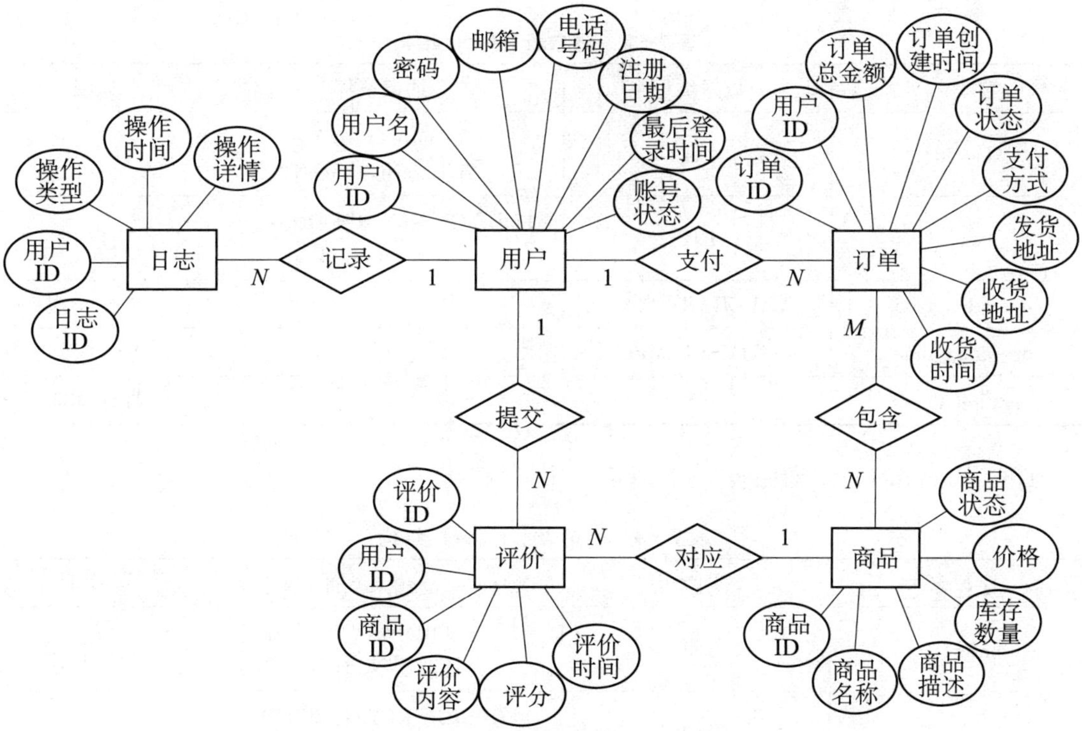


**图7－1　电商平台基础数据库E-R图**

## 三、为电商平台数据库构建关系数据模型

将 E-R 模型转换为关系数据模型，通过表格呈现数据库表的结构。

用户表（user）结构如表 7－1 所示。

**表 7－1　用户表（user）结构**

| 字段名 | 数据类型 | 约束条件 | 说明 |
|---|---|---|---|
| user_id | INT | PRIMARY KEY,<br>AUTO_INCREMENT | 用户 ID |
| username | VARCHAR（50） | NOT NULL，UNIQUE | 用户名 |
| password | VARCHAR（255） | NOT NULL | 密码 |
| email | VARCHAR（100） | NOT NULL，UNIQUE | 邮箱 |
| phone_number | VARCHAR（20） | | 电话号码 |
| registration_date | DATE | | 注册日期 |
| last_login_time | TIMESTAMP | | 最后登录日期 |
| account_status | ENUM（'Active',<br>'Inactive'，'Banned'） | | 账号状态 |

日志表（log）结构如表 7－2 所示。

**表 7－2　日志表（log）结构**

| 字段名 | 数据类型 | 约束条件 | 说明 |
|---|---|---|---|
| log_id | INT | PRIMARY KEY,<br>AUTO_INCREMENT | 日志 ID |
| user_id | INT | FOREIGN KEY REFERENCES<br>user（user_id） | 用户 ID |
| operation_type | VARCHAR（255） | | 操作类型 |
| operation_time | TIMESTAMP | | 操作时间 |
| operation_details | TEXT | | 操作详情 |

订单表（order）结构如表 7－3 所示。

**表 7－3　订单表（order）结构**

| 字段名 | 数据类型 | 约束条件 | 说明 |
|---|---|---|---|
| order_id | INT | PRIMARY KEY,<br>AUTO_INCREMENT | 订单 ID |
| user_id | INT | FOREIGN KEY REFERENCES<br>user（user_id） | 用户 ID |

续表

| 字段名 | 数据类型 | 约束条件 | 说明 |
| --- | --- | --- | --- |
| total_amount | DECIMAL（10，2） | | 订单总金额 |
| creation_time | TIMESTAMP | | 订单创建时间 |
| order_status | ENUM（'Pending', 'Processing', 'Shipped', 'Delivered', 'Cancelled'）, | | 订单状态 |
| payment_method | VARCHAR（50） | | 支付方式 |
| shipping_address | VARCHAR（255） | | 发货地址 |
| delivery_address | VARCHAR（255） | | 收货地址 |
| delivery_time | TIMESTAMP | | 收货时间 |

商品表（product）结构如表 7－4 所示。

**表 7－4　商品表（product）结构**

| 字段名 | 数据类型 | 约束条件 | 说明 |
| --- | --- | --- | --- |
| product_id | INT | PRIMARY KEY, AUTO_INCREMENT | 商品 ID |
| product_name | VARCHAR（255） | NOT NULL | 商品名称 |
| product_description | TEXT | | 商品描述 |
| stock_quantity | INT | | 库存数量 |
| price | DECIMAL（10，2） | | 价格 |
| product_status | ENUM（'Available', 'Out of Stock', 'Discontinued'） | | 商品状态 |

订单商品表（Order_Product）结构如表 7－5 所示。

**表 7－5　订单商品表（Order_Product）结构**

| 字段名 | 数据类型 | 约束条件 | 说明 |
| --- | --- | --- | --- |
| order_id | INT | FOREIGN KEY REFERENCES order（order_id） | 订单 ID |
| product_id | INT | FOREIGN KEY REFERENCES product（product_id） | 用户 ID |
| quantity | INT | | 下单数量 |

评价表（review）结构如表 7－6 所示。

表7-6 评价表（review）结构

| 字段名 | 数据类型 | 约束条件 | 说明 |
|---|---|---|---|
| review_id | INT | PRIMARY KEY AUTO_INCREMENT | 评价 ID |
| user_id | INT | FOREIGN KEY REFERENCES user（user_id）, | 用户 ID |
| product_id | INT | FOREIGN KEY REFERENCES product（product_id） | 商品 ID |
| review_content | TEXT | | 评价内容 |
| rating | INT | | 评分 |
| review_date | DATE | | 评价时间 |

## 四、对电商平台数据库进行物理结构设计

电商平台数据库的物理结构设计是将逻辑模型转化为数据库实际存储的具体结构的过程。以下是电商平台数据库物理结构设计的一些关键考虑因素。

### （一）存储引擎选择

基于电商平台的特点，选择适当的存储引擎。一般来说，如果需要支持事务处理和数据一致性，通常选择 InnoDB 引擎。InnoDB 支持事务（ACID 特性）、外键约束，并且提供更好的崩溃恢复能力。

### （二）表的设计

根据需求分析和实体关系模型，创建适当的数据表，如用户表、商品表、订单表、评价表等。将每个实体映射到一个数据表，定义合适的字段和数据类型。需要确保表设计能够支持平台的业务逻辑和性能需求。

### （三）数据类型和大小

合理选择数据类型以节省存储空间并提高查询效率。例如，对于用户表中的电话号码字段可以选择 VARCHAR（20），对于商品表中的价格字段可以选择 DECIMAL（10，2）。同时，根据实际业务需要为字段设置适当的长度和限制，避免浪费存储空间。

### （四）索引策略

为常用的查询字段创建索引，以提高查询性能。例如，用户表的主键用户 ID（user_id）、订单表的订单状态（order_status）、商品表的商品 ID（product_id）等。主键应该有索引，外键也需要索引来加速连接操作。同时，避免过多的索引，因为每个索引都会增加写操作的开销。

### （五）分区和分表

如果预计数据量会很大，考虑是否需要对表进行分区或分表。MySQL 支持分区表，可以按照日期、范围等方式进行分区，提高查询和管理的效率。例如，订单表可以按照订单创建时间进行分区。

### （六）数据安全和备份

设计合适的数据备份策略，定期对数据库进行备份。使用 MySQL 的备份工具或命令，保证数据的安全存储。定期演练数据恢复过程，确保在数据丢失时能够迅速恢复。

### （七）存储空间分配

根据业务需求和数据增长预测，分配足够的存储空间。注意监控数据库空间的使用情况，避免存储空间不足导致无法写入等问题。

### （八）性能优化

使用 MySQL 的性能优化工具，分析慢查询日志，找出影响性能的查询。根据分析结果优化查询语句和索引。定期进行性能调优，确保数据库的高效运行。

### （九）高可用性和负载均衡

如果需要高可用性，考虑使用 MySQL 复制来实现主从架构。可以将读操作分流到从服务器，减轻主服务器的负载。使用负载均衡技术，确保系统在高并发访问下的稳定性。

### （十）监控和调优

使用 MySQL 自带的监控工具或第三方监控工具，实时监控数据库性能指标。根据监控结果进行调优，保证数据库的高效运行。

### （十一）安全性

针对电商平台的敏感数据，采取数据库安全措施，如访问控制、加密等，以保护数据的机密性和完整性。遵循最小权限原则，为用户分配最低权限，以减少数据泄露或破坏的风险。

在企业的实际应用中，存储数据的方式可以是本地服务器、远端服务器或云服务器，每种方式都有其优势和考虑因素。应该根据企业的具体需求、预算以及技术要求来选择适当的存储方式。

单元 7－任务 1

# 任务 2 电商平台数据库实现

## 任务概述

本任务是指导学生将设计好的数据库模型实现到 MySQL 数据库中。学生将学习如何创建数据库、数据表，以及设置约束条件。同时，通过数据库和数据表的详细创建步骤，学生将掌握 MySQL 的基本操作命令，为后续的数据操作与维护做好准备。

## 任务实施

### 一、创建电商平台数据库

在 MySQL 中创建一个新的数据库用于存储电商平台数据信息。

```
CREATE DATABASE ecommerce_db
CHARACTER SET utf8mb4
COLLATE utf8mb4_unicode_ci;
-- 选择使用 ecommerce_db 数据库
USE ecommerce_db
```

### 二、创建电商平台数据表

#### （一）创建用户表

```
CREATE TABLE user (
    user_id INT PRIMARY KEY AUTO_INCREMENT,
    username VARCHAR（50）NOT NULL UNIQUE,
    password VARCHAR（255）NOT NULL,
    email VARCHAR（100）NOT NULL UNIQUE,
```

```
    phone_number VARCHAR (20),
    registration_date DATE,
    last_login_time TIMESTAMP,
    account_status ENUM ('Active', 'Inactive', 'Banned')
);
```

## (二) 创建日志表

```
CREATE TABLE log (
    log_id INT PRIMARY KEY AUTO_INCREMENT,
    user_id INT,
    operation_type VARCHAR (255),
    operation_time TIMESTAMP,
    operation_details TEXT,
    FOREIGN KEY (user_id) REFERENCES user (user_id)
);
```

## (三) 创建订单表

```
CREATE TABLE order (
    order_id INT PRIMARY KEY AUTO_INCREMENT,
    user_id INT,
    total_amount DECIMAL (10,2),
    creation_time TIMESTAMP,
    order_status ENUM ('Pending', 'Processing', 'Shipped', 'Delivered', 'Cancelled'),
    payment_method VARCHAR (50),
    shipping_address VARCHAR (255),
    delivery_address VARCHAR (255),
    delivery_time TIMESTAMP,
    FOREIGN KEY (user_id) REFERENCES user (user_id)
);
```

## (四) 创建商品表

```
CREATE TABLE product (
    product_id INT PRIMARY KEY AUTO_INCREMENT,
    product_name VARCHAR (255) NOT NULL,
    product_description TEXT,
    stock_quantity INT,
    price DECIMAL (10,2),
    product_status ENUM ('Available', 'Out of Stock', 'Discontinued')
);
```

### （五）创建订单商品表

```
CREATE TABLE Order_Product (
    order_id INT,
    product_id INT,
    quantity INT,
    FOREIGN KEY （order_id） REFERENCES 'order' （order_id），
    FOREIGN KEY （product_id） REFERENCES product （product_id）
)；
```

### （六）创建评价表

```
CREATE TABLE review (
    review_id INT PRIMARY KEY AUTO_INCREMENT,
    user_id INT,
    product_id INT,
    review_content TEXT,
    rating INT,
    review_date DATE,
    FOREIGN KEY （user_id） REFERENCES user （user_id），
    FOREIGN KEY （product_id） REFERENCES product （product_id）
)；
```

单元7-任务2

# 任务3　电商平台数据库数据操作与维护

## 任务概述

本任务主要讲解电商平台数据库的数据操作与维护方法。学生将学习如何进行数据的插入、更新、查询和删除操作，并通过具体实例掌握多表查询和嵌套查询的应用技巧。此外，还将介绍如何定期维护数据库，确保数据的一致性和完整性，提高数据库的运行效率。

## 任务实施

### 一、添加电商平台数据库数据

在电商平台数据库中，添加数据是初始化数据库和日常运营中必不可少的操作。下面为数据库各表中添加初始示例数据。

（1）为 user 表添加记录。

```
INSERT INTO user (username, password, email, phone_number, registration_date, last_login_time, account_status)
VALUES
('张三', 'password1', 'zhangsan@example.com', '13800000000', '2023-01-01', '2023-06-01 10:00:00', 'Active'),
('李四', 'password2', 'lisi@example.com', '13800000001', '2023-01-02', '2023-06-02 10:00:00', 'Active'),
('王五', 'password3', 'wangwu@example.com', '13800000002', '2023-01-03', '2023-06-03 10:00:00', 'Inactive');
```

（2）为 product 表添加记录。

```
INSERT INTO product (product_name, product_description, stock_quantity, price, product_status)
```

```
VALUES
('手机','高性能智能手机',100,3999.99,'Available'),
('笔记本电脑','轻薄便携笔记本电脑',50,5999.99,'Available'),
('平板电脑','便携式平板电脑',75,2999.99,'Out of Stock');
```

（3）为 order 表添加记录。

```
INSERT INTO 'order'（user_id, total_amount, creation_time, order_status, payment_method, shipping_address, delivery_time）
VALUES
(1,3999.99,'2023-05-01 09:00:00','Shipped','Credit Card','北京市海淀区','2023-05-02 09:00:00'),
(2,5999.99,'2023-05-02 09:00:00','Processing','Alipay','上海市浦东新区',NULL),
(3,2999.99,'2023-05-03 09:00:00','Cancelled','WeChat Pay','深圳市南山区',NULL);
```

（4）为 order_product 表添加记录。

```
INSERT INTO Order_Product（order_id, product_id, quantity）
VALUES
(1,1,1),
(2,2,1),
(3,3,1);
```

（5）为 review 表添加记录。

```
INSERT INTO review（user_id, product_id, review_content, rating, review_date）
VALUES
(1,1,'手机很好用，性价比高',5,'2023-05-05'),
(2,2,'笔记本电脑非常轻便，适合办公使用',4,'2023-05-06'),
(3,3,'平板电脑还不错，但是目前缺货',3,'2023-05-07');
```

（6）为 log 表添加记录。

```
INSERT INTO log（user_id, operation_type, operation_time, operation_details）
VALUES
(1,'Login','2023-06-01 10:00:00','用户张三登录系统'),
(2,'Order','2023-05-02 09:00:00','用户李四下单购买笔记本电脑'),
(3,'Cancel Order','2023-05-03 09:00:00','用户王五取消订单');
```

## 二、修改电商平台数据库数据

在电商平台中，对用户个人资料的修改以及其他数据的更新是常见的操作。例如：

（1）将用户“张三”的邮箱地址更新为新的邮箱地址“new_email@example.com”。

```
UPDATE user SET email = 'new_email@example.com' WHERE username = '张三';
```

（2）在销售过程中，商品的库存数量需要实时更新。将商品“手机”的库存数量减少 1。

```
UPDATE product SET stock_quantity = stock_quantity - 1 WHERE product_name = '手机';
```

（3）订单状态的更新是订单处理流程中的重要环节。将订单 ID 为 1 的订单状态更新为“已发货”。

```
UPDATE 'order' SET order_status = 'Shipped' WHERE order_id = 1;
```

## 三、查看电商平台数据库数据

查看数据是数据库操作的基本需求，接下来完成查询特定数据的要求。

（1）查看用户名为“张三”的账号状态。

```
SELECT username, account_status FROM user WHERE username = '张三';
```

执行结果如图 7－2 所示。

```
mysql> SELECT username,account_status FROM user WHERE username = '张 三';
+----------+----------------+
| username | account_status |
+----------+----------------+
| 张三     | Active         |
+----------+----------------+
1 row in set (0.00 sec)
```

**图 7－2　查看用户名为“张三”的账号状态**

（2）查看订单总金额大于 100 元的订单数量。

```
SELECT COUNT ( * ) AS order_count
FROM 'order'
WHERE total_amount > 100;
```

执行结果如图 7－3 所示。

```
mysql> SELECT COUNT(*) AS order_count
    -> FROM `order`
    -> WHERE total_amount > 100;
+-------------+
| order_count |
+-------------+
|           3 |
+-------------+
1 row in set (0.00 sec)
```

**图 7－3　查看订单总金额大于 100 元的订单数量**

（3）查看价格在 2000 元到 3000 元之间的商品记录。

```
SELECT * FROM product WHERE price BETWEEN 2000 AND 3000;
```

执行结果如图 7－4 所示。

```
mysql> SELECT * FROM product WHERE price BETWEEN 2000 AND 3000;
+------------+--------------+---------------------+----------------+---------+----------------+
| product_id | product_name | product_description | stock_quantity | price   | product_status |
+------------+--------------+---------------------+----------------+---------+----------------+
|          3 | 平板电脑     | 便携式平板电脑      |             75 | 2999.99 | Out of Stock   |
+------------+--------------+---------------------+----------------+---------+----------------+
1 row in set (0.00 sec)
```

**图 7－4　查看价格在 2000 元到 3000 元之间的商品记录**

（4）查询用户表和订单表中的数据，以获取每个用户的所有订单信息。

```
SELECT user. user_id, user. username, 'order' . order_id, 'order' . total_amount, 'order' . creation_time
FROM user
JOIN 'order' ON user. user_id  =  'order' . user_id;
```

执行结果如图 7－5 所示。

```
mysql> SELECT user.user_id, user.username, `order`.order_id, `order`.total_a
mount, `order`.creation_time
    -> FROM user
    -> JOIN `order` ON user.user_id = `order`.user_id;
+---------+----------+----------+--------------+---------------------+
| user_id | username | order_id | total_amount | creation_time       |
+---------+----------+----------+--------------+---------------------+
|       1 | 张三     |        1 |      3999.99 | 2023-05-01 09:00:00 |
|       2 | 李四     |        2 |      5999.99 | 2023-05-02 09:00:00 |
|       3 | 王五     |        3 |      2999.99 | 2023-05-03 09:00:00 |
+---------+----------+----------+--------------+---------------------+
3 rows in set (0.00 sec)
```

**图 7－5　查询用户表和订单表中的数据**

（5）查询用户每个最新订单的详细信息。

```
SELECT user_id, order_id, total_amount, creation_time
FROM 'order'
WHERE creation_time  =  (
    SELECT MAX （creation_time）
    FROM 'order' AS inner_order
    WHERE inner_order. user_id  =  'order' . user_id
)；
```

执行结果如图 7－6 所示。

```
mysql> SELECT user_id, order_id, total_amount, creation_time
    -> FROM `order`
    -> WHERE creation_time = (
    ->     SELECT MAX(creation_time)
    ->     FROM `order` AS inner_order
    ->     WHERE inner_order.user_id = `order`.user_id
    -> );
+---------+----------+--------------+---------------------+
| user_id | order_id | total_amount | creation_time       |
+---------+----------+--------------+---------------------+
|       1 |        1 |      3999.99 | 2023-05-01 09:00:00 |
|       2 |        2 |      5999.99 | 2023-05-02 09:00:00 |
|       3 |        3 |      2999.99 | 2023-05-03 09:00:00 |
+---------+----------+--------------+---------------------+
3 rows in set (0.00 sec)
```

**图 7－6　查询用户每个最新订单的详细信息**

（6）查询所有总金额高于平均订单金额的订单。

```
SELECT order_id, user_id, total_amount
FROM 'order'
WHERE total_amount > (
    SELECT AVG (total_amount)
    FROM 'order'
);
```

执行结果如图 7－7 所示。

```
mysql> SELECT order_id, user_id, total_amount
    -> FROM `order`
    -> WHERE total_amount > (
    ->     SELECT AVG(total_amount)
    ->     FROM `order`
    -> );
+----------+---------+--------------+
| order_id | user_id | total_amount |
+----------+---------+--------------+
|        2 |       2 |      5999.99 |
+----------+---------+--------------+
1 row in set (0.00 sec)
```

图 7－7　查询所有总金额高于平均订单金额的订单

## 四、删除电商平台数据库数据

删除数据是数据库操作中非常常见的一部分，特别是在需要清理数据、纠正错误或删除不需要的信息时。

用户注销账号后，需要删除用户信息。删除用户表中用户 ID 为 5 的记录。

```
DELETE FROM user WHERE user_id = 5;
```

## 五、使用存储过程和触发器实现业务逻辑自动化

（1）创建一个存储过程，用于插入新订单，并在插入订单的同时减少商品库存数量。

```
DELIMITER //

CREATE PROCEDURE AddNewOrder (
    IN p_user_id INT,
    IN p_total_amount DECIMAL (10,2),
    IN p_payment_method VARCHAR (50),
    IN p_shipping_address VARCHAR (255),
    IN p_delivery_time TIMESTAMP,
    IN p_product_id INT,
```

```
    IN p_quantity INT
)
BEGIN
    DECLARE v_order_id INT;
    DECLARE v_stock_quantity INT;

    -- 开始事务
    START TRANSACTION;

    -- 将新订单数据插入 order 表
    INSERT INTO 'order' (user_id, total_amount, creation_time, order_status, payment_method, shipping_
address, delivery_time)
    VALUES (p_user_id, p_total_amount, NOW (), 'Pending', p_payment_method, p_shipping_ad-
dress, p_delivery_time);

    -- 使用 LAST_INSERT_ID () 获取刚插入的订单 ID
    SET v_order_id = LAST_INSERT_ID ();

    -- 将订单和商品数据插入 Order_Product 表
    INSERT INTO Order_Product (order_id, product_id, quantity)
    VALUES (v_order_id, p_product_id, p_quantity);

    -- 查询当前商品库存量并存储在 v_stock_quantity 中
    SELECT stock_quantity INTO v_stock_quantity
    FROM product
    WHERE product_id = p_product_id;

    -- 如果库存足够，则更新商品表中的库存量，并提交事务
    IF v_stock_quantity > = p_quantity THEN
        -- 减少库存量
        UPDATE product
        SET stock_quantity = stock_quantity - p_quantity
        WHERE product_id = p_product_id;

        -- 提交事务
        COMMIT;
    ELSE
        -- 如果库存不足，则回滚事务，并触发错误信息
        ROLLBACK;
```

```
        SIGNAL SQLSTATE '45000' SET MESSAGE_TEXT = 'Not enough stock available';
    END IF;
END //

DELIMITER ;
```

调用存储过程 AddNewOrder（）插入新订单。

```
CALL AddNewOrder (
    1,                              -- user_id
    150.00,                         -- total_amount
    'Credit Card',                  -- payment_method
    '123 Main St, Anytown',  -- shipping_address
    '2024-07-01 10:00:00',          -- delivery_time
    2,                              -- product_id
    3                               -- quantity
);
-- 验证订单插入记录
SELECT * FROM 'order';
```

执行结果如图 7－8 所示。

```
mysql> SELECT * FROM `order`;
+----------+---------+--------------+---------------------+--------------+----------------+----------------------+---------------------+
| order_id | user_id | total_amount | creation_time       | order_status | payment_method | shipping_address     | delivery_time       |
+----------+---------+--------------+---------------------+--------------+----------------+----------------------+---------------------+
|        1 |       1 |      3999.99 | 2023-05-01 09:00:00 | Shipped      | Credit Card    | 北京市海淀区           | 2023-05-02 09:00:00 |
|        2 |       2 |      5999.99 | 2023-05-02 09:00:00 | Processing   | Alipay         | 上海市浦东新区         | NULL                |
|        3 |       3 |      2999.99 | 2023-05-03 09:00:00 | Cancelled    | WeChat Pay     | 深圳市南山区           | NULL                |
|        4 |       1 |       150.00 | 2024-07-10 14:48:51 | Pending      | Credit Card    | 123 Main St, Anytown | 2024-07-01 10:00:00 |
+----------+---------+--------------+---------------------+--------------+----------------+----------------------+---------------------+
4 rows in set (0.00 sec)
```

**图 7－8　验证订单插入记录**

订单表中插入了一条新记录，继续验证订单商品表的插入记录，具体如下。

```
SELECT * FROM 'Order_Product';
```

执行结果如图 7－9 所示。

```
mysql> SELECT * FROM `Order_Product`;
+----------+------------+----------+
| order_id | product_id | quantity |
+----------+------------+----------+
|        1 |          1 |        1 |
|        2 |          2 |        1 |
|        3 |          3 |        1 |
|        4 |          2 |        3 |
+----------+------------+----------+
4 rows in set (0.00 sec)
```

**图 7－9　验证订单商品表的插入记录**

验证商品表库存减少的记录，具体如下。

```
SELECT * FROM product;
```

执行结果如图 7－10 所示。

```
mysql> SELECT * FROM product;
+------------+--------------+---------------------+----------------+---------+----------------+
| product_id | product_name | product_description | stock_quantity | price   | product_status |
+------------+--------------+---------------------+----------------+---------+----------------+
|          1 | 手机         | 高性能智能手机      |             99 | 3999.99 | Available      |
|          2 | 笔记本电脑   | 轻薄便携笔记本电脑  |             47 | 5999.99 | Available      |
|          3 | 平板电脑     | 便携式平板电脑      |             75 | 2999.99 | Out of Stock   |
+------------+--------------+---------------------+----------------+---------+----------------+
3 rows in set (0.00 sec)
```

**图 7－10　验证商品表库存减少的记录**

（2）创建一个触发器，当插入新的评价时，自动更新商品表中的平均评分和评价数量。

```
DELIMITER //

CREATE TRIGGER after_review_insert
AFTER INSERT ON review
FOR EACH ROW
BEGIN
    DECLARE avg_rating DECIMAL (10,2);
    DECLARE review_count INT;

    -- 计算平均评分
    SELECT AVG (rating), COUNT ( * )
    INTO avg_rating, review_count
    FROM review
    WHERE product_id = NEW. product_id;

    -- 更新商品表中的平均评分和评价数量
    UPDATE product
    SET average_rating = avg_rating, review_count = review_count
    WHERE product_id = NEW. product_id;
END //

DELIMITER ;
```

为商品表添加两个新字段 average_rating 和 review_count，具体如下。

```
ALTER TABLE product ADD COLUMN average_rating DECIMAL (10,2) DEFAULT 0;
ALTER TABLE product ADD COLUMN review_count INT DEFAULT 0;
```

插入评价记录到评价表并触发触发器，具体如下。

```
INSERT INTO review (user_id, product_id, review_content, rating, review_date)
VALUES (1, 1, 'Great product! ', 5, '2024-07-01');
INSERT INTO review (user_id, product_id, review_content, rating, review_date)
VALUES (2, 1, 'Good quality. ', 4, '2024-07-02');
```

查询商品表中是否存在平均评分以及评价数量，具体如下。

```
SELECT product_name, average_rating, review_count
FROM product
WHERE product_id = 1;
```

执行结果如图7-11所示。

```
mysql> SELECT product_name, average_rating, review_count
    -> FROM product
    -> WHERE product_id = 1;
+--------------+----------------+--------------+
| product_name | average_rating | review_count |
+--------------+----------------+--------------+
| 手机         |           4.67 |            3 |
+--------------+----------------+--------------+
1 row in set (0.00 sec)
```

**图7-11　查询1号商品的平均评分以及评价数量**

单元7-任务3

# 任务 4 电商平台数据库性能优化

## 任务概述

本任务旨在提升学生对数据库性能优化的理解与实践能力。学生将学习如何设计索引与视图来提高查询效率，以及如何对数据库进行配置调优。通过实际操作，学生将掌握数据库性能优化的常见方法和技巧，确保电商平台在高并发访问的情况下仍能保持高效运行。

## 知识储备

数据库配置调优是指通过调整数据库的配置参数，提高数据库的性能和效率，减少系统资源的消耗。它涉及数据库服务器的硬件配置、操作系统配置以及数据库管理系统的参数设置。

数据库配置的常见调优参数如下。

（1）内存配置：调整缓冲池、缓存区、共享内存等参数，提高数据读取和写入的效率。

（2）I/O 配置：优化磁盘 I/O 操作，包括调整读写缓冲区、日志文件的存放位置等。

（3）连接配置：设置最大连接数、连接超时时间等，确保数据库能够高效处理并发请求。

（4）日志配置：配置日志记录和归档方式，保证数据的持久性和恢复能力。

（5）查询优化：调整查询缓存、优化器相关参数，提高查询执行速度。

## 任务实施

### 一、为电商平台数据库设计索引与视图

在设计电商平台数据库的索引与视图时，需要考虑查询性能的提升以及数据访问的简

化。请完成以下任务。

（1）为用户名创建唯一索引，提高用户名查询的速度，具体如下。

```
CREATE UNIQUE INDEX idx_username ON user (username);
```

（2）为订单状态创建索引，加快按订单状态查询的速度，具体如下。

```
CREATE INDEX idx_order_status ON 'order' (order_status);
```

（3）创建用户订单视图，用于展示用户及其订单的详细信息，具体如下。

```
CREATE VIEW user_orders AS
SELECT
    u. user_id,
    u. username,
    u. email,
    o. order_id,
    o. total_amount,
    o. creation_time,
    o. order_status
FROM
    user u
JOIN
    'order' o ON u. user_id = o. user_id;
```

查询 user_orders 视图结果集，具体如下。

```
SELECT * FROM user_orders;
```

执行结果如图 7－12 所示。

```
mysql> SELECT * FROM user_orders;
+---------+----------+-----------------------+----------+--------------+---------------------+--------------+
| user_id | username | email                 | order_id | total_amount | creation_time       | order_status |
+---------+----------+-----------------------+----------+--------------+---------------------+--------------+
|       1 | 张三     | new_email@example.com |        1 |      3999.99 | 2023-05-01 09:00:00 | Shipped      |
|       1 | 张三     | new_email@example.com |        4 |       150.00 | 2024-07-10 14:48:51 | Pending      |
|       2 | 李四     | lisi@example.com      |        2 |      5999.99 | 2023-05-02 09:00:00 | Processing   |
|       3 | 王五     | wangwu@example.com    |        3 |      2999.99 | 2023-05-03 09:00:00 | Cancelled    |
+---------+----------+-----------------------+----------+--------------+---------------------+--------------+
4 rows in set (0.00 sec)
```

**图 7－12　查询 user_orders 视图结果集**

（4）创建订单商品视图，用于展示订单及其包含商品的详细信息，具体如下。

```
CREATE VIEW order_products AS
SELECT
    o. order_id,
    o. user_id,
    p. product_id,
```

```
    p. product_name,
    op. quantity,
    p. price
FROM
    'order' o
JOIN
    order_product op ON o. order_id = op. order_id
JOIN
    product p ON op. product_id = p. product_id;
```

查询 order_products 视图结果集，具体如下。

```
SELECT * FROM order_products;
```

执行结果如图 7－13 所示。

mysql> SELECT * FROM order_products ;

| order_id | user_id | product_id | product_name | quantity | price |
|---|---|---|---|---|---|
| 1 | 1 | 1 | 手机 | 1 | 3999.99 |
| 4 | 1 | 2 | 笔记本电脑 | 3 | 5999.99 |
| 2 | 2 | 2 | 笔记本电脑 | 1 | 5999.99 |
| 3 | 3 | 3 | 平板电脑 | 1 | 2999.99 |

4 rows in set (0.00 sec)

**图 7－13　查询 order_products 视图结果集**

（5）创建商品评价视图，用于展示商品及其评价的详细信息，具体如下。

```
CREATE VIEW product_reviews AS
SELECT
    p. product_id,
    p. product_name,
    r. review_id,
    r. user_id,
    r. review_content,
    r. rating,
    r. review_date
FROM
    product p
JOIN
    review r ON p. product_id = r. product_id;
```

查询 product_reviews 视图结果集，具体如下。

```
SELECT * FROM product_reviews;
```

执行结果如图 7－14 所示。

```
mysql> SELECT * FROM product_reviews ;
+------------+--------------+-----------+---------+------------------------------+--------+-------------+
| product_id | product_name | review_id | user_id | review_content               | rating | review_date |
+------------+--------------+-----------+---------+------------------------------+--------+-------------+
|          1 | 手机         |         1 |       1 | 手机很好用，性价比高         |      5 | 2023-05-05  |
|          1 | 手机         |         4 |       1 | Great product!               |      5 | 2024-07-01  |
|          1 | 手机         |         5 |       2 | Good quality.                |      4 | 2024-07-02  |
|          2 | 笔记本电脑   |         2 |       2 | 笔记本电脑非常轻便，适合办公使用 |      4 | 2023-05-06  |
|          3 | 平板电脑     |         3 |       3 | 平板电脑还不错，但是目前缺货 |      3 | 2023-05-07  |
+------------+--------------+-----------+---------+------------------------------+--------+-------------+
5 rows in set (0.00 sec)
```

**图 7－14　查询 product_reviews 视图结果集**

## 二、对电商平台数据库进行配置调优

（1）调整数据库的内存配置参数，以提高数据缓存的命中率，减少磁盘 I/O 操作，请完成以下配置。

调整 InnoDB 缓冲池大小，innodb_buffer_pool_size 决定了 InnoDB 存储引擎可以使用的内存量，设置为 2GB（2147483648 字节），具体如下。

```
SET GLOBAL innodb_buffer_pool_size = 2147483648;
```

innodb_log_buffer_size 影响 InnoDB 日志缓冲区的大小，设置为 64MB（67108864 字节）。

```
SET GLOBAL innodb_log_buffer_size = 67108864;
```

（2）配置数据库的连接参数，以支持更多的并发连接，提高连接的响应速度，请完成以下配置。

max_connections 决定了允许的最大连接数。设置最大连接数为 500，具体如下。

```
SET GLOBAL max_connections = 500;
```

调整连接超时时间为 300s，具体如下。

```
SET GLOBAL wait_timeout = 300;
```

innodb_thread_concurrency 决定了 InnoDB 处理并发查询的线程数。

```
SET GLOBAL innodb_thread_concurrency = 16;
```

（3）日志记录是数据库维护和恢复的重要手段，合理配置日志记录参数，可以提高数据库的持久性和恢复能力，请完成以下配置。

innodb_log_file_size 决定了每个 InnoDB 日志文件的大小，设置为 1GB（1073741824 字节），但需要在配置文件中设置并重启 MySQL 服务，具体如下。

```
[mysqld]
innodb_log_file_size = 1073741824;
```

（4）调整查询优化相关参数，以提高查询执行的效率，请完成以下配置。

调整优化器搜索深度为 5，具体如下。

```
SET GLOBAL optimizer_search_depth = 5;
```

开启慢查询日志，以识别性能瓶颈。

```
SET GLOBAL slow_query_log = 1;
SET GLOBAL long_query_time = 1; -- 记录超过1s的查询
```

通过索引和视图设计，以及数据库配置调优，可以显著提高电商平台数据库的性能和效率。

单元7-任务4

# 任务5 电商平台数据库安全加固

## 任务概述

本任务强调电商平台数据库的安全管理。学生将学习用户权限设置、数据备份与恢复、网络安全措施及数据加密等内容。通过这一任务，学生将掌握如何构建一个安全可靠的数据库系统，确保数据在存储和传输过程中的安全性，防范潜在的安全威胁与风险。

## 知识储备

电商平台数据库安全加固的方式主要有以下几种。

（1）用户权限管理。

遵循最小权限原则，为用户分配最低权限，以减少数据泄露或破坏的风险。

角色管理方面，通过创建不同角色并分配不同权限，可以更好地管理和控制用户访问。

（2）数据备份与恢复。

定期进行数据备份，以防止数据丢失。在不同地点存储备份，以防止因自然灾害或其他突发事件导致的数据丢失。定期演练数据恢复过程，确保在数据丢失时能够迅速恢复。

（3）网络安全措施。

配置防火墙，限制未经授权的访问。使用SSL/TLS加密数据传输，保护数据在传输过程中的安全。

（4）数据库安全配置。

采用强密码策略，设置复杂密码并定期更换，防止密码被破解。

审计与监控方面，开启数据库审计功能，记录所有操作日志，定期监控和分析日志，及时发现和处理异常操作。

（5）数据加密。

数据加密有如下两种方式。

1）静态数据加密：对数据库中存储的数据进行加密，防止数据泄露。

2）动态数据加密：对传输中的数据进行加密，确保数据在传输过程中不被窃取。

## 任务实施

### 一、设置用户权限

创建用户并分配合适的权限，遵循最小权限原则，具体如下。

```
-- 创建只读用户
CREATE USER 'readonly_user'@'localhost' IDENTIFIED BY 'password';
GRANT SELECT ON ecommerce_db. * TO 'readonly_user'@'localhost';
-- 创建读写用户
CREATE USER 'readwrite_user'@'localhost' IDENTIFIED BY 'password';
GRANT SELECT, INSERT, UPDATE, DELETE ON ecommerce_db. * TO 'readwrite_user'@'localhost';
```

创建角色并分配权限，然后将角色分配给用户，具体如下。

```
-- 创建角色
CREATE ROLE 'readwrite_role';
GRANT SELECT, INSERT, UPDATE, DELETE ON ecommerce_db. * TO 'readwrite_role';
-- 分配角色给用户
GRANT 'readwrite_role' TO 'readwrite_user'@'localhost';
```

### 二、数据备份与恢复

使用 mysqldump 工具对 ecommerce_db 数据库进行备份，具体如下。

```
mysqldump -u root -p ecommerce_db > D://mysql_backup/ecommerce_db_bak. sql
```

在数据丢失时，使用备份文件进行数据恢复，具体如下。

```
mysql -u root -p ecommerce_db < D://mysql_backup/ecommerce_db_bak. sql
```

需要注意的是，定期进行数据恢复演练，确保备份文件有效，并能在数据丢失时迅速恢复。

单元 7 - 任务 5

## 拓展延伸

在数据库管理系统中，用户角色是为了简化权限管理而引入的一种机制。角色是权限的集合，用户通过被赋予某个角色来获得该角色所具有的权限。MySQL 中的用户角色管理不仅提高了安全性，还简化了权限的分配和管理。

角色是数据库中的一个对象，包含一组权限。通过将角色赋予用户，可以实现权限的灵活管理和重用。角色的主要优势在于：

（1）简化权限管理：可以将一组权限集中到一个角色中，避免逐一赋予用户权限的烦琐操作。

（2）提高安全性：通过角色的分配和回收，可以更好地控制用户对数据库的访问和操作。

（3）便于权限修改：修改角色的权限会自动影响所有被赋予该角色的用户，避免逐个用户修改权限的麻烦。

关于角色的相关操作如下。

使用 CREATE ROLE 语句来创建一个新角色，语法格式如下。

```
CREATE ROLE 'read_only';
CREATE ROLE 'read_write';
```

使用 GRANT 语句将权限授予角色。例如，授予 read_only 角色只读权限，具体如下。

```
GRANT SELECT ON *.* TO 'read_only';
GRANT SELECT, INSERT, UPDATE, DELETE ON mydatabase.* TO 'read_write';
```

使用 GRANT 语句将角色赋予用户。例如，将 read_only 角色赋予用户 user1，具体如下。

```
GRANT 'read_only' TO 'readonly_user '@ 'localhost';
GRANT 'read_write' TO 'readwrite_user '@ 'localhost';
```

用户在登录后，可以使用 SET ROLE 语句来激活某个角色，具体如下。

```
SET ROLE 'read_only';
```

使用 SHOW GRANTS 语句查看用户 readonly_user 被赋予的角色和权限，具体如下。

```
SHOW GRANTS FOR 'readonly_user '@ 'localhost';
```

执行结果如图 7－15 所示。

```
mysql> SHOW GRANTS FOR 'readonly_user'@'localhost';
+-----------------------------------------------------------+
| Grants for readonly_user@localhost                        |
+-----------------------------------------------------------+
| GRANT USAGE ON *.* TO `readonly_user`@`localhost`         |
| GRANT SELECT ON `ecommerce_db`.* TO `readonly_user`@`localhost` |
| GRANT `read_only`@`%` TO `readonly_user`@`localhost`      |
+-----------------------------------------------------------+
3 rows in set (0.00 sec)
```

**图 7－15　使用 SHOW GRANTS 语句查看用户 readonly_user 被赋予的角色和权限**

使用 DROP ROLE 语句来删除一个角色 read_only，具体如下。

```
DROP ROLE 'read_only';
```

## 单元小结

本单元系统地学习了电商平台数据库的设计与优化。从需求收集和业务分析入手，构建实体关系模型和关系数据模型，并在 MySQL 中实现数据库和数据表的创建与管理。首先，通过数据操作练习，学生掌握了数据插入、更新、查询和删除的基本方法。其次，探讨了数据库性能优化，通过索引和视图设计提高了查询效率，并进行了配置调优。最后，学习了数据库安全加固的策略，包括用户权限管理、数据备份与恢复、网络安全配置和数据加密，确保数据库的安全性和稳定性。

## 课堂思考

在实际项目中，电商平台的功能可能远比学生在课堂上设计的数据库要复杂。请思考如何扩展当前的数据库设计，以支持更多的功能，如购物车、优惠券、用户积分等。应该如何调整和优化数据库结构来应对这些新的需求？

## 课后练习

**一、填空题**

1. 电商平台数据库设计的第一步是________，它的目的是了解平台的基本功能和相关数据。

2. 在构建实体关系模型时，定义实体及其________是关键步骤之一。

3. 为了确保数据库的性能，通常会为频繁查询的字段创建________。

4. 在进行数据库安全加固时，遵循________原则是用户权限管理的基本准则。

5. 为了实现业务逻辑自动化，可以使用________和触发器。

**二、选择题**

1. 下列选项中，适合用于存储用户密码的数据类型是（　　）。

A. VARCHAR（50）　B. TEXT　C. INT　D. VARCHAR（255）

2. 下列选项中，不属于数据库性能优化措施的是（　　）。

A. 创建索引　B. 添加更多数据　C. 设计视图　D. 调整查询语句

3. 数据库安全加固中，下列选项中不属于用户权限管理措施的是（　　）。

A. 分配最低权限　B. 定期更换密码

C. 创建角色　D. 限制数据备份

4. 在电商平台的日志表中，记录用户操作的时间字段类型是（　　）。

A. DATE　B. TIMESTAMP　C. INT　D. VARCHAR（50）

5. 在进行数据库迁移时，保证数据完整性和一致性的最佳方法是（　　）。

A. 直接复制文件　　B. 使用 SQL 语句插入数据

C. 使用数据迁移工具　　D. 手动输入数据

## 三、简答题

1. 请简述电商平台数据库设计的基本步骤。

2. 在电商平台数据库中，为什么需要定期进行数据备份与恢复演练？

## 四、操作题

在 StudentGradesDB 数据库中，存在 Students 表、Classes 表、CourseInfo 表、Enrollments 表、Exams 表、Teachers 表。在 Navicat for MySQL 中请完成以下操作。

1. 创建一个存储过程，用于插入新的学生信息，并将该学生自动分配到一个指定的班级（Classes 表）。要求包括学生 ID、学生姓名、班级 ID 等信息。

2. 创建一个触发器，在 Enrollments 表中插入新记录时，自动更新 Classes 表中的学生人数，并验证触发器是否正常工作。

# 参考文献


［1］汪敏．新型活页式教材的构建模式探析：以《MySQL 数据库工作手册》为例［J］．传播与版权，2023（2）：23－25.

［2］鲁大林．MySQL 数据库应用与管理［M］．北京：机械工业出版社，2019.

［3］柳青，程晨．MYSQL 数据库技术应用一体化课程开发研究［J］．造纸装备及材料，2024，53（5）：251－253.